能源与气候——前景展望

〔美〕M.B. 麦克尔罗伊　著

鲁　玺　王书肖　郝吉明　译

科学出版社

北　京

图字：01-2017-3338 号

内 容 简 介

全球气候正在以一种前所未有的速度变化着，地球能源的收支平衡被打破，由于日益严重的温室效应，地球从太阳所获得的能量超过了返还太空的能量。海洋所含的热量在增加，地球表层和大气层的温度在升高，中纬度的冰川在融化，海平面持续上升，北冰洋的冰盖正在消失，这些说法都不是理论推断而是基本事实。本书紧跟气候变化科学研究前沿，引领广大读者一起探讨当前全球面临的能源与气候变化问题，论述高屋建瓴，深入浅出。在全面探讨化石能源（煤、石油、天然气）的开发与使用对环境与气候变化影响的基础上，着重阐述未来多种低碳能源（核能、风能、太阳能、水能、地热和生物能）的前景与面临的挑战。此外，还特别比较了中、美两个能源大国的能源体系，阐明了两国在应对全球气候变化的挑战中的关键地位。最后，为全球能源系统提出了持续、低碳的未来发展路径，为我们重新审视中国的能源战略和发展模式提供借鉴。

本书可供对能源、环境与气候变化感兴趣的各类读者阅读，包括政府公务人员、企业管理人员、高等院校师生、科研人员及普通读者。

审图号：GS（2018）912 号

图书在版编目（CIP）数据

能源与气候：前景展望 /（美）M. B. 麦克尔罗伊（Michael B. McElroy）著；鲁玺，王书肖，郝吉明译. —北京：科学出版社，2018.6
书名原文：Energy and Climate: Vision for the Future
ISBN 978-7-03-056974-5

Ⅰ.①能… Ⅱ.①麦…②鲁…③王…④郝… Ⅲ.①能源-研究②气候变化-研究 Ⅳ.①TK01②P467

中国版本图书馆 CIP 数据核字（2018）第 051686 号

责任编辑：杨 震 刘 冉 宁 倩 / 责任校对：韩 杨
责任印制：肖 兴 / 封面设计：东方人华

斜 峯 出 版 社 出版
北京东黄城根北街 16 号
邮政编码：100717
http://www.sciencep.com

保定市中画美凯印刷有限公司 印刷
科学出版社发行 各地新华书店经销
*

2018 年 6 月第 一 版 开本：720×1000 1/16
2018 年 6 月第一次印刷 印张：16 1/4
字数：330 000
定价：98.00 元
（如有印装质量问题，我社负责调换）

译 者 序

本书的翻译工作在两个大背景下展开：一是联合国发布了题为《新的征程和行动——面向 2030》的报告，提出了 17 大类 2030 年可持续发展目标；一是《巴黎协定》正式签署并开始实施。减少全球气候变化的风险和影响已经成为全人类可持续发展进程中共同面临的课题与挑战。确保清洁能源的可持续性发展无疑与实现《巴黎协定》温升目标息息相关。目前的化石能源使用对气候变化造成了怎样的影响？哪些能源可以帮助人类应对气候变化并推动可持续发展？这些问题是本书探讨的核心问题。除此之外，本书还客观地对比了中国和美国的能源使用现状和发展前景，探究二者开发、使用新能源的潜力。他山之石可以攻玉。本书带给中国读者的思考是：在新时代，我们如何调整改善能源结构，走出一条绿色低碳之路，实现经济和社会的可持续发展。

本书的作者 M. B. 麦克尔罗伊教授是美国哈佛大学的学术大师和全球杰出的环境能源学家。他曾任美国政府环境顾问，美国前副总统、诺贝尔和平奖得主戈尔先生称其为自己在气候变化方面的"启蒙导师"。他 29 岁即被聘为哈佛大学终身教授，是该校有史以来最年轻的终身教授之一。他创建了哈佛大学地球与行星科学系、环境科学与公共政策系两大院系，并担任首任系主任。除此之外，他还领导创办了哈佛大学首个跨学院的校级研究机构——哈佛大学环境中心（中国项目组），致力于推动中美两国在气候、能源与环境领域的交流合作。多年来，麦克尔罗伊教授以其丰富的学识、独到的见解和敏锐的洞察力，指导了一批又一批活跃在世界环境与能源前沿领域的杰出科学家与领导者。

本书是麦克尔罗伊教授在能源与环境领域的又一部力著，处处体现了他的智慧、卓见以及多年的研究心得。作者针对全球变暖和极端天气事件频发的现状，详尽分析了人为因素导致的气候变化以及全球能源系统的演变历程。本书不仅剖析了化石能源存在的问题与挑战，也探讨了各种低碳能源技术的应用前景，包括风能、太阳能、水能、地热能、潮汐能和生物质能等。不同于其他能源与气候领域的专业书籍，本书从地球发展演变的视角出发分析能源与气候变化的相关问题，冷静客观地向人类提出警示：我们必须摆脱对化石能源的依赖，开发替代性新能源势在必行，刻不容缓。除此之外，作者还特别关注中国的能源使用现状和发展前景，认为中国在应对全球气候变化的挑战中将发挥关键作用。麦克尔罗伊教授采用简明诙谐的语言和生动有趣的实例阐释了严肃深奥的能源与气候问题，深入浅出，通俗易懂。本书视角独到，观点新颖，内容翔实，为应对气候变化及能源结构的转型升级提供了重要的理论和实践基础。

三位译者在不同阶段分别与麦克尔罗伊教授合作共事。郝吉明院士与麦克尔罗伊教授有着 20 多年的研究合作，他们不仅是同事也是老朋友。王书肖和鲁玺是麦克尔罗伊教授亲自指导的博士后与博士研究生。在译者看来，本书体现了麦克尔罗伊教授作为科学家和教育家所具备的探寻真理、思考现实问题并积极寻求解决方案的坚韧和勇气，以及以推动人类社会可持续发展为己任，致力于改善地球环境的责任感和使命感。

谨以此中文译本献给我们共同热爱的中国环境事业。

译　者

2018 年 3 月于清华园

前　言

　　全球气候正在以近代人类历史上前所未有的速度发生变化。地球从太阳吸收的能量远超返回太空的能量。作为一个整体，地球在不断获取能量。海洋热含量增加，地表和大气层升温，中纬度地区冰川持续消融，海平面不断上升，北冰洋冰盖一直萎缩。所有这些推断都是基于实际观测的事实而得出。

　　温室气体，尤其是二氧化碳、甲烷和一氧化二氮浓度增加，是造成地球能量收支不平衡的主要原因。以煤炭、石油和天然气为代表的化石燃料燃烧，导致这些气体浓度不断增加，至少高于过去 80 万年中任何时间段的浓度。如果要阻止当前趋势持续恶化，经济模式转型，大力发展替代能源成为必然。面对这一挑战，我们需要立即做出反应。气候变化的影响已经十分显著，未来其带来的破坏性影响只可能增加。

　　明确区分天气和气候这两个概念尤为重要。气候是地球上某一地区多年时段大气的一般状态，是该时段各种天气过程的综合表现。天气的本质是不断变化的，因而我们很难预测未来超过两周的天气变化情况。正如《纽约时报》专栏作家 Thomas Friedman 所述，有充足可信的证据表明，天气正变得越来越不可预测，近年来，洪水、干旱、暴风和热浪等自然灾害日趋频繁，这恰恰是气候变暖所导致的。大气中水蒸气含量正在增加，水蒸气冷凝的同时会释放热量，这是大气主要的能量来源。如果气象条件有利于上升运动，则预示着风暴即将来临。由于大气中水蒸气浓度较高，因此雨雪天气情况会多于往常。如果大气中的水分供应在全球范围内能够保持相对恒定（一项合理的假设），那么其他地方一定少雨，或者出现更多的洪水与干旱情况。风暴携带有更多能量，这也增加了其发生的概率，从而导致更严重的冲击。无论是出于有意或无意的人为原因，还是自然原因（如雷电等），森林区域的持续干旱增加了发生火灾的可能性。无论哪种情况，都会严重地破坏人类生命财产和自然资源，影响广泛。

　　在科学界有一项共识，即人为因素导致的气候变化是真实紧迫的，并且很快就会发生，应该引起人们的重视。然而，仍有人对这一结论提出异议，尤其是在美国。这些怀疑论者虽然也是其他领域的杰出代表，但几乎毫无例外，他们并不是气候科学家。正如我在本书后边所述，他们的论点只代表个人意见，尽管其并未以专业气候科学家获取的观测数据和基础科学理论作为论据，但仍然具有一定影响力，我们需要对他们的论点做出回应。因此，我决定在本书专设两个章节，一章概述人们为什么需要认真对待气候问题，另一章回应那些异议者提出的观点。

过去几年中，基于大学通识教育课程的赞助，我在哈佛大学教授了一门课程，该课程目的是让学生体验有用的思维模式和分析技能，这对于基础广泛的人文科学教育至关重要。通识教育课程旨在促使学生在其学习领域补充专业知识，如物理和生物科学、社会科学和人文学科等传统学科。来自不同学科背景的学生选择我教授的课程，主要是出于对能源与环境问题的关注。我的教学目标是从历史到不久的将来，对本课程涵盖的主题进行广泛概述。我之前写的一本书（*Energy: Perspectives, Problems, and Prospects*, Oxford University Press, 2010*），主要目的是作为支撑本课程的资料。写那本书时，为了适合更多的读者阅读，书中包含了方程和数值实例。我的一些非科学家朋友不得不忍受这种细节，这使他们感到沮丧。这也说明，如果该书可以删除这些专业细节，重新出版发行，效果也许更好，并获得更多的读者。

当我开始写这本书时，我已有弱化专业细节的想法。因此，我决定使用文字和图表来呈现相关资料，而非之前的方程和数值实例。这一点很重要，但并非严格意义上的妥协。为了满足那些可能希望更深入探讨相关主题的读者，我选择在书中引用原始文献作为参考资料。要想在气候问题上进行有根据的辩论，并从根本上解决这一问题，首先必须了解气候和相关的能源知识。令我失望的是，尽管这些问题在美国被大量公开讨论，但却缺乏实质内容。我希望本书所提供的资料，至少能为鼓励进行有根据的辩论提供支撑。大量的能源系统数据以及有关气候系统的详尽论述可能会令普通读者稍感困惑，但我认为非常重要的一点是，陈述事实的同时不能掩盖细节。标准的高中科学课程讲解应该为学科提供充足的背景，让感兴趣的读者充分理解。如果读者不愿仔细阅读本书多个图表中展示的细节，也应该能够比较容易地跳过这些细节，继续阅读本书主线内容。

本书首先进行总体概述，随后介绍能源基础，并论述美国和中国当前能源系统现状，然后是上述提到关于气候的章节。接下来是有关具体能源选择的一系列章节，包括煤炭、石油、天然气、核能、风能、太阳能、水能、地热能和生物质能。这些内容从全球视角进行阐述，其中美国和中国是特别关注的对象，我们必须认识到这两个国家在应对全球气候变化挑战方面发挥的关键作用。当前中国已

---

* 中文版《能源：展望、挑战与机遇》，科学出版社，2011——译注

经取代美国，在温室气体排放方面位居全球第一，特别是二氧化碳排放问题尤为
突出。最后，本书总结了目前正在采取的至少能够降低温室气体排放增长率的措
施，以及理论上可以将能源系统对全球气候的长期影响最小化的未来低碳能源前
景。未来我们很大程度上必须过渡到使用可再生能源的低碳社会，低碳能源包括
风能、太阳能、水能、生物质能、地热能以及潜在的核能等，我们应当知道如何
去做。正如所讨论的，要想获得成功，我们需要重点投资基础设施，尤其是升级
现有电力分配网络，实现预期的技术进步，进行全球合作，更为重要的是，要有
坚定的政治领导。

致　　谢

　　2015 年 8 月下旬，美国西部大部分地区野火肆虐，过去几年中该地区经历长期干旱，这是不可避免的结果。生命不断逝去，财产遭到破坏，经济损失估计高达数十亿美元。来自遥远的澳大利亚和新西兰的消防员也参与了救火。极端天气频发，不仅包括降水和气温波动，还有猛烈的暴风雨。极端天气的影响不仅局限于美国西部，还扩展到全球各地。

　　导致极端天气频发的根本原因并非一个谜团，它与大气不断积聚热量直接相关，主要由于我们过度且不可持续地依赖煤炭、石油和天然气作为现代能源经济的主要能源，它们是二氧化碳的主要排放源。当前大气二氧化碳浓度水平高于过去至少 85 万年中的任何时期。除非我们采取行动，否则二氧化碳浓度肯定会攀升到自恐龙时代（超过 5000 万年以前）至今都没有过的高度。地球从太阳吸收的能量超过不断返回到太空的能量，过剩的能量主要存储在海洋中。气候模式正在发生变化，海平面不断升高。正如本书所述，毫无疑问，我们要对气候变化负责。

　　面对这些问题构成的挑战，尤其是在美国，其反应常常不是基于相关科学因素的考虑，而是依赖于特定政治哲学立场。我之所以决定写这本书，核心因素是确信人们对人为原因导致气候变化的反应，应该通过对相关事实进行客观分析来确定。如何就解决这个问题进行建设性对话，出发点应该是承认问题的存在。我的目标是定义这一挑战，并提出如何解决这一挑战的构思和愿景。

　　本书有两章是气候方面的内容，一章是提出关于为什么应该认真对待人为导致的气候变化问题，另一章是对持异议者进行回应。前者所用材料主要是几年前 D. James Baker 和我为美国情报机构所做研究的相关资料，内容为极端气候对国家安全的影响（http://environment.harvard.edu/sites/default/files/climate_extremes_report_2012-12-04.pdf）。感谢 Linda Zall 高瞻远瞩，委托我们做这项研究，感谢担任评审的十位杰出专家（报告中有他们的姓名）。特别感谢 Gregory Bierman，Ric Cicone，Marc Levy 和 Tom Parris 分享他们的专业知识，并对本研究做出重要贡献。

　　同时，还要感谢我的同事 D. James Baker，Ralph Cicerone，鲁玺，Chris Nielsen，Ruth Reck，William Schlesinger 和 Yuk Yung，他们花费大量时间阅读了全部书稿。我衷心感谢他们不吝时间，为提高终稿质量无私奉献。特别感谢鲁玺，在本项工作中，他对能源科学各领域的深刻见解，使我受益匪浅。同时，感谢黄俊灵分享他对科学的热爱，并在我的指导下写出优秀的博士论文。

在我哈佛大学的职业生涯中，能够有幸与诸多杰出同事结交，从他们身上学习。特别感谢 Fred Abernathy，George Baker，Jim Anderson，Daniel Jacob，Dale Jorgenson，Dan Schrag 和 Steve Wofsy，我与他们分享我对未来能源发展的认知。与哈佛商学院教授 Joseph Lassiter 进行的对话和电子邮件交流，使我对未来核能发展有了更加谨慎的认知，感谢 Joe。

过去几年中，我非常荣幸，同时也很乐意能够为哈佛大学一些才华横溢的本科生提供建议，并与之一起工作，他们选择在我的指导下写一些与能源相关的高水平论文。需要特别提到的人有 Andrew Cohen，Charles Gertler，Jonathan Park，Jackson Salovaara，Jun Shepard，Nora Sluzas 和 Jeremy Tchou（按姓氏字母顺序排列）。他们工作质量总是很高，这可以通过其在大学时所受到的一些卓越奖励，以及某些情况下在专业文献附加的后续出版物来证明。我感谢他们对其所承担工作投入的热情，以及对我们研究计划做出的重要贡献。

最后，我想向 Stephen McElroy 表达我的谢意，他阅读了本书大部分原稿，有针对性地提出了很多需要改进的内容和有关表述的建议，还要感谢 Cecilia McCormack，他为我们的办公秩序，我们的研究团队，以及我个人的职业生涯提供了完好保障。

单位换算表

磅	lb	1 lb=0.454 kg
公顷	hm^2	1 hm^2=10^4 m^2
海里	nml	1 nml=1.852 km
华氏度	℉	华氏度（℉）=摄氏度（℃）×1.8+32
加仑	gal	1 gal(US)=3.785 43 L
克卡	therm	1 therm=105.506 MJ=29.3 kWh
库德	quad	1 qual=10^{15} BTU
英尺	ft	1 ft=0.304 8 m
英寸	in	1 in=2.54 cm
英国热量单位	BTU	1 BTU 指的是将 1 磅（0.454 kg）水加热 1℃所需的热量
英里	mile	1 mile=1.609 344 km
英亩	acre	1 acre=4046.856 m^2
	ppb	1 ppb=10^{-9}量级，十亿分之一
	ppm	1 ppm=10^{-6}量级，百万分之一

目　　录

1　绪论 ··· 1

2　能源基础 ··· 12

3　当代美国能源系统及其与中国能源系统的比较 ············· 23

4　人类活动导致的气候变化：为什么我们需要严肃地对待 ···· 30

5　人类活动导致的气候变化：怀疑论者提出的论点 ·········· 59

6　煤：充足但存在着问题 ······································· 72

7　石油：过去的波动与未来的不确定性 ······················ 80

8　天然气：化石燃料中最清洁的能源 ························· 97

9　核能：乐观的开端，暗淡的未来 ··························· 111

10　风能：机遇和挑战 ··· 128

11　太阳能：丰富但昂贵 ··· 143

12　水能：来自流水的能量 ······································ 160

13　地球热量和月球引力：地热和潮汐能 ····················· 172

14　生物质：交通运输中石油的替代燃料 ····················· 182

15　限制美国和中国的排放：北京协议 ························ 195

16　低碳能源前景 ·· 209

索引 ·· 235

1 绪 论

气候变化导致的破坏性风险是现实且紧迫的。热带地区形成的低压系统可以发展成一级飓风，沿着美国东海岸缓慢北上。通常情况下，飓风应当右转穿过大西洋。然而，此次桑迪飓风的情况异乎寻常，这场风暴遇到了一个具有强烈低压系统的急流，该急流的形成与北极地区反常的温暖状况有关。预报显示这场风暴没有右转，而是向左转并在新泽西海岸经过一段反常的温暖水域时强度逐渐增加。这场飓风被人们称为世纪风暴。纽约和新泽西受到破坏性冲击，风暴的影响北至缅因州，南到北卡罗来纳州。下曼哈顿区被 14 英尺（约 4.27 米）高的巨浪吞没，地铁被淹，39 大道以南城区陷入一片黑暗。斯塔滕岛居民的房屋被毁、遭遇停电、与外界完全隔离，这些灾害已经威胁到他们的生命安全。当洪水吞没大部分市区后，被淹死的人数多达 23 人。新泽西海滩上的社区也被冲毁。风暴过去一周之后，纽约和新泽西仍有超过一百万的家庭和企业未恢复供电。本次损失估计高达 600 亿美元。这就是关于 2012 年 10 月下旬桑迪飓风造成的破坏性影响的报道。

桑迪飓风的影响引起了有关人类活动诱导全球气候变化议题的讨论。纽约州州长 Andrew Cuomo 评论道：“从本次事件中我们认识到，气候变化和极端天气问题都是确实存在的事实。”市长 Michael Bloomberg 的反应更加明确，他说：“气候正在发生变化。纽约市和世界各地经历的极端天气增加，这或许是气候变化导致的结果，也可能不是，但考虑到本周遭受的破坏，这一风险应当让所有领导人立刻采取行动。”奥巴马在他连任总统之后说道：“我们希望我们的孩子在美国成长，而不是这个因气候变暖而产生破坏性威胁的星球。”然而有些人则怀疑这些事件的关联性。来自商业频道 CNBC 的一位记者提出，这场飓风应当仅仅被看作是时运不济，是一个百年才一遇的偶然事件。另外，在同一个节目上的一位嘉宾建议大家可以松一口气了，因为在未来一百年内，我们几乎不可能再遭遇类似情况。我们应当如何协调这些不同观点？事实又是怎样的呢？

气候变化产生的严重威胁确实存在。海平面上升速度超过了预期值，只要 10% 的格陵兰冰盖融化，就会使全球海平面升高 1 米。2012 年夏天，受异常温暖天气影响，格陵兰冰盖有很大一部分在持续几天的时间内被一层液态水覆盖。如果目前覆盖在南极洲西部陆地上的冰盖融化，影响将更加严重。北冰洋夏季冰盖正在逐渐消退，预测未来几十年内，该地区每年至少会出现一段大面积无冰时期。极端天气愈加频发，越来越多史无前例的热浪、毁灭性的森林火灾、暴风雨、洪水和干旱天气频繁发生。现代工业经济依赖于煤、石油和天然气等化石能源。化石能源的燃烧过程伴随着大量二氧化碳（CO_2）的排放。如果我们不能立刻采取行动，从根本上解决温室气体浓度必然升高的问题，情况可能会变得更糟。现在 CO_2 浓度高于过去 80 万年的任何时候。鉴于目前趋势，未来几十年内，CO_2 浓度很可能攀升至自 5000 万年前恐龙时代以来前所未有的高度。此外，我们担心影响气候变化的温室气体不只是 CO_2。相比 CO_2，甲烷（CH_4）和一氧化二氮（N_2O）的温室效应更强，如今浓度也达到了创纪录的高水平，未来很可能进一步升高。

我们能确定像桑迪这样的飓风和全球气候变化有直接关系吗？答案是否定的。桑迪飓风可能仅仅是一个掷骰子得到的糟糕结果，一个百年一遇的偶然事件，这可以从历史纪录中推断出。但类似事件重复发生的可能性正在增加，以前百年一遇的事件，未来可能会更为普遍（二十年一遇或十年一遇？）。天气和气候的基本游戏规则正在改变。过去发生的事情并非是未来可能发生事件的可靠指南。

继续无限期地依赖煤、石油、天然气这些影响气候变化的化石燃料，并不是一个合适的选择。我们需要尽快过渡到更易接受、更可持续的发展道路，以满足未来对能源的需求。与此同时，还需要尽量减少对经济以及日常生活方式的潜在不利影响。这一挑战是可以克服的。但是，若想要成功解决这一问题，我们首先要承认问题是真实存在的。

首先是充分认识这一问题，然后来面对那些试图将气候变化意识形态化，或者为了短期的政治或者经济利益而拒绝面对气候变化问题的人。我们的目标是坦诚地提供事实，告诉大家我们知道什么以及不知道什么，来帮助大家更理智地讨论这一复杂的问题。我计划在本书中列出气候变化需要被认真对待的原因，同时还将回应那些气候变化异议者的论点。人类活动导致的气候变化威胁真实与否，以及是否严重，都不应该被视为政治游戏。然而，政治能够并且应当在讨论如何处理这一问题时发挥作用。

有关如何最优地实现这一目标，仍有讨论空间，但是我们需要理智地探讨。把这一问题推迟到明天，或者下一个选举周期，都是不负责任的选择。

生命是永恒的：人类历史很短

历史上生命对地球的影响广泛而深远，与之相比，人类开始假想自己成为地球主人的时间则非常短暂，认识到这一点具有重要的启发意义。

地球大约有 45 亿年的历史。在过去的 35 亿年里，生命一直是我们这颗星球的历史特征。早期生命形式由原核生物构成，这是一种能够从环境中的化学物质或阳光中直接获取能量的简单生物。细菌和蓝绿藻是这些早期生命形式的实例，它们有着很强的适应能力。直到今天，在地球以生命为特征的复杂网络中，这些原核生物仍发挥着重要作用。生物进化的第二阶段涉及我们所说的真核生物，以及比它们的原核祖细胞更复杂的单细胞生物。Lynn Margulis 认为真核生物是由先前存在的原核生物通过细胞融合演化而来，一种原核生物吃掉另一种，从而把它们的 DNA 融合在一起。长久以来，生物进化的步伐显然是不连续的。既有大量新物种涌现的时期，也有大规模物种灭绝的时代，二者相互抵消。几乎现在所有生物门的祖先都存在于像伯吉斯页岩这样的地方，这是 1909 年由 C. D. Walcott 在加拿大落基山高地发现的一处化石集群，距今约有 4.4 亿年。

根据伯吉斯页岩记录，在寒武纪时期（距今 5.43 亿至 5.1 亿年）新生命形式出现爆炸式增长之后的几亿年（距今 2.25 亿年）间，地球生物经历了像 Stephen Jay Gould 所说的"所有物种鼻祖的灭绝"。这一重大事件导致当时多达 95%的海洋物种遭到灭绝。第二次大规模灭绝发生在距今 6500 万年前，地球受到巨型陨石（群）撞击，导致恐龙灭绝，为后来哺乳动物乃至人类的出现创造了契机。Gould 幽默地评价道："从字面上来说，我们作为大型的理性动物能够存在，应该感谢我们的幸运之星。"毫无疑问，大规模环境变化在这些时期的灭绝事件中发挥了重要作用。另一方面，不适应环境的物种遭受灭绝，为新物种进入历史舞台和取代其地位做出了贡献。

板块构造很大程度上促进了地球上生命存续的长期持久性。以海洋为例，随着生物死亡，尸体的碎片部分沉落到海底，并被埋藏且有效地固定在沉积物中。这一过程能够去除生命的必需元素，如碳、氮、磷。以碳为例，在大气-海洋-生物圈中碳的寿命（也就是在典型碳原子被转移到沉积物之前所需的平均时间）小于 20 万年。这意味着，如果沉积物中的碳损失是永久性的，则对于生命体来说至关重要的地表环境在很久以前就已经耗尽了组成生物体的碳元素。幸运的是，沉积过程是暂时的。沉积物在巨大地壳板块上传输，地壳像竹筏一样漂浮在又热又重的下地幔上。当地壳汇聚时，沉积物可能被抬升也可能被收缩到下地幔中。抬升会形成山脉，碳和其他生命必需元素可以通过抬升的岩石在风化作用下直接循环，返回到大气和生物圈系统。如果沉积物被带回地幔，它将由于接触高温地幔而被加热到高温。沉积物中的碳和其他挥发性物质可以作为温泉和火山的一部分,大规模地被释放或转移到大气和海洋中。在地球历史的进程中,平均每个碳原子至少要经历 10 次这样由构造驱动的循环过程。

人类是如何适应这种生物进化大冒险的呢?一个清晰的事实是我们进入生命舞台的时间非常短暂。线粒体 DNA 的研究表明,我们有着共同的母系祖先——生活在距今 15 万年前非洲的"夏娃"。我们最早的祖先是游牧民、猎人和采集者,他们要频繁地四处奔波寻找食物。到了 2 万年前,他们已经把活动范围扩大到除南极洲以外的所有大陆。人类首次到达美洲可能在距今约 3 万年前,他们趁着最后一个大冰河时代穿过白令海峡,当时海平面比现在大约低 120 米(北美和亚洲通过大陆桥相连)。

想想这意味着什么,如果我们将地球 45 亿年的历史压缩为 1 年,那么直到 12 月 31 日午夜前的 3.5 分钟,人类才第一次到达美洲!

农业和畜牧业的发展是地球物种历史上第一项重要性转变。最早可能扎根于距今一万年前的中东区域,该地区被称为"肥沃月湾"。我们的祖先先后学会了利用铜、锡和铁制作工具和武器(在距今 5000 年到 3000 年间)。此外,木材是早期人类社会经济实用的能源,对于随后各种文明的发展和兴盛至关重要。当木材供应枯竭时,文明随之崩溃。正如 Perlin(1989)举例所述,这是历史上反复出现的规律,如美索不达米亚、埃及、印度河地区、巴比伦、克里特岛、希腊、塞浦路斯以及后来的罗马。

早期西方文明主要集中在地中海周围,随后转移到大西洋沿岸地区,特别是西班牙和葡萄牙,之后是法国、荷兰和英国。这几千年时间里,东方文明一直由中国主导。的确,正如 Fairbank 和 Goldman(2006)指出的,大部分时间里,中国是"世界上高度文明的国家,不仅能和罗马媲美,更远超中世纪的欧洲"。从 16 世纪到 19 世纪初,中国一直是世界最大经济体。然而,现代工业时代的黎明并未在中国到来,而是出现在欧洲西北部的边缘——英国。工业革命发生在大约 250 年前(按照之前的类比,这相当于 12 月 31 日午夜前 2 秒)。从此,世界彻底改变。

工 业 革 命

工业革命通常是指 18 世纪末和 19 世纪初在英国开展的一系列变革。这些变革大都涉及生产方式的转变,从利用人力或动物的力量,过渡到利用水力特别是后期利用燃煤产生蒸汽来推动机器运转。工业革命的发展具有划时代意义,并为我们当今面临的挑战提供了重要背景。

英国拥有商业传统优势以及广阔的殖民地，其高效生产出的商品在英国以及世界大部分地区都有着现成的市场。新机械化时代带来了创造财富的机会，并且很快扩散至与英国毗邻的欧洲大陆国家，以及新大陆，包括美国。他们进行了一系列创新，真正改变了世界。

1712 年，Thomas Newcomen 将蒸汽发动机引入英国，用于从地下矿井抽水，18 世纪后半叶，James Watt 改良了蒸汽机，逐渐被应用于研磨面粉、运行纺织厂、驱动早期铁路机车、取代船帆为船舶提供动力，还有其他很多应用。Samuel Morse 对新兴电力有着独到见解，他于 1843 年引入第一台在售电报机，成功地在巴尔的摩和俄亥俄铁路上，即巴尔的摩终点站和华盛顿特区最高法院之间，实现了第一次长途电报信息交换。在之后的 5 年内，美国设置了超过 12 000 英里（19 312 千米）的电报线，由至少 29 家不同公司运营。1866 年，第一条跨大西洋电缆投入运行。Alexander Graham Bell 发明了电话，1878 年，第一个电话交换台在纽黑文成立。Thomas Alva Edison 是那个时代最高产的发明家，他在新泽西州门洛帕克市建立了世界上第一个有组织的研究实验室。1882 年，他改进电灯泡并建立了第一个中央发电站用于发电和配电（位于纽约下曼哈顿的珍珠街）。Henry Ford 引入了分散劳动责任和提高效率的生产流水线概念，运用这一创新，在 1908 年第一次生产出人们普遍购买得起的汽车，即 T 型车。到 1927 年，当最后一辆汽车走下生产线时，T 型车已经在全球至少 21 个国家卖出了 1500 万台。这种显著增长主要是由于获得了大量廉价能源，从最初的煤到石油，再到最近的天然气。然而在工业革命带来经济快速增长和社会繁荣发展的同时，人们未曾预料到大气 CO_2 浓度也急剧上升。

加快变革的步伐

与第二次世界大战之后的世界相比，当今世界完全不同。Thomas Friedman 敏锐地察觉到，现在我们生活在一个越来越"扁平"的世界里。如果在中国或者印度生产商品，然后销售到美国或欧洲是有利可图的，那么一定会有聪明的商人抓住这个机会。得益于即时通信，俄罗斯或者阿根廷天气不利导致的粮食产量不足，立刻会对很远地方的粮食和面包价格产生重大影响。全球股市同步涨跌。向美国出口钢铁的中国钢厂，排放的二氧化碳不仅会对这两个国家的气候产生影响，也会影响全球气候。当今世界，国际间的相互关联和依存度不断提高。这种变化前所未有并非常重要，我们要准备好应对与父母以及祖父母时代的确大相径庭的生活状况。

现在世界人口数量创历史新高。1950 年全球约有 25 亿人。如今世界人口已超过 70 亿。根据现在的预测，到 2050 年，全球人口总量将超过 90 亿。考虑通货膨胀因素，1950 年以来世界经济（世界生产总值，GWP）总量增长了 8 倍。全球商品和服务市场的发展、技术进步的驱动（特别是通信技术）、易于获取的能源（特别是化石燃料），尤其是通过经济可行的方式进行便利的远途货物运输，这些条件均为促进经济飞速发展提供了可能性。第二次世界大战之前，经济的增长和繁荣主要局限于西方国家，但是现在市场已经扩大到了除非洲部分地区以外的多个地方。

日本和所谓的"亚洲四小龙"，即韩国、中国台湾、中国香港和新加坡，是全球贸易扩张的早期受益者，作为世界上人口最多的两个国家，中国和印度最近也加入进来。中国现代经济增长开始于 20 世纪 70 年代末邓小平推行的改革开放。相较于中国，印度经济起步晚了约 10 年。现在两国经济以接近两位数（百分比）的速度增长，2013 年中国经济增长率为 7.7%（相比 2010 年的 10.4% 有所下降），同年印度为 5.0%（相比 2010 年的 10.3% 有所下降）。相比之下，2013 年美国总体增长率为 1.9%，欧盟 15 个国家增长率为 -0.4%，全世界总体增长率为 3.1%（均为 2013 年数据）。当前世界的经济实力比以往任何时期都要强大。与此同时，国家内部和国家之间收入差距都有所增加。

一个严峻的挑战

汇丰银行是一家国际银行，2012 年，他们预计到 2050 年全球经济将增长 3 倍，该分析隐含的假设是无意外发生，但当前趋势是不可持续的。我们要做到能够预见问题，而不仅仅是在问题发生时做出反应。我们真的可以期望在不到 40 年的时间里，全球经济规模增长 3 倍，而不对地球上生命所需的生态资源造成威胁吗？我们能否开发出一种能源，既能实现经济增长，又不破坏人类过去发展所依赖的气候系统？当今世界，国与国之间的相互关联度越来越高，我们可以确保维持公平和秩序的政治实体的持续稳定吗？未来几年内，我们很可能不得不处理这些复杂且相互关联的问题，需要进行合理预期并做好准备。

为迅速增长的人口提供食物，这一需求对未来人类的发展提出了严峻挑战。过去的半个世纪中，单位面积耕地的粮食产量已经大幅增加。为实现这一目标，我们在土地中施用的杀虫剂、除草剂和化肥量日益增加，从地下蓄水层中抽水灌溉农田，通过选择性育种提高主要作物产量，所有这些都需要能源，主要由富碳的化石能源提供。随着经济实力的增强，我们选择向食物链上方移动，更加倾向于食用肉类和奶制品，而不仅仅依赖田地里种植的作物。这种饮食习惯的变化增加了对粮食的需求，动物生长也需要食物。

我们向田地里施用的氮肥一部分转化为一氧化二氮（N_2O）释放到大气中。反刍动物中的牛、绵羊和山羊会产生甲烷（CH_4），生产水稻的稻田同样也产生甲烷。如前所述，N_2O 和 CH_4 都是温室效应较强的气体，它们在大气中的浓度也像 CO_2 一样以惊人的速度上升。正如汇丰银行所表示的，在这个日益富裕的世界中，技术会在解决重要挑战上发挥关键作用。在此情况下，我们必须面对无法预料的天气和气候变化所带来的挑战。

随着全球化社会的日益富裕和稳步发展，为满足人们对环境服务、食品和能源的需求，我们的地球也面临着压力。空气和水污染影响着很多人的健康，尤其是对处于快速成长中的发展中国家，如中国和印度。土壤退化、地下水损耗、过热的天气、洪水和干旱使我们在满足对食物的需求方面越来越力不从心。在日益拥挤的世界中，我们很容易受到突发自然灾害的影响。其中，基本的能源商品价格，特别是石油，在出现极短期的供应中断时极易飙升和波动。当自然灾害突然发生时，处在危险之中的是地球上一些最贫穷的人，但相对富有的人，也并未远离危险。看看 2005 年美国卡特里娜飓风带来的损失（1800 人死亡，损失达 810 亿美元），2011 年日本 Tohoku 地震和随后海啸造成的影响（61 000 人死亡，世界银行估计经济损失高达 2350 亿美元），以及最近为桑迪飓风付出的代价。着重强调所有这些挑战的根本目的在于对局部性、区域性和全球性气候变化的预期，在于对我们过去没有充分准备的变化的预期。

历史上更暖和更冷的气候

异议者否定人为活动会引起气候变化，他们普遍认为气候变化发生在过去，并且认为现在和过去发生的气候变化没什么不同。这种观点是在对事实了解不充分的基础上提出的，事实是我们目前正以前所未有的排放量加速向大气中排放温室气体，我们的行为创造了一个全新的气候机制。接下来是对过去气候历史的简要概述。

有证据表明，早期的地球相对温暖，这是一个令人惊讶的结果，因为当时太阳输出的能量要比现在少得多。在太阳输出能量较低的情况下，温暖地球悖论在气候文献中通常被称为微弱太阳悖论。这个悖论通常的解释是，假设地球早期大气中存在多种化合物，它们会捕获那些原本直接释放到太空中的热量，即形成一个更有效的温室。目前还不清楚这些化合物的成分，它们可能包括更高浓度的二氧化碳（CO_2）、甲烷（CH_4）或其他红外吸收性物质。支持原始大气中存在更高浓度的温室气体的一个合理的解释：在地球形成的后期阶段，地球可能被彗星撞击，从而造成了这样的结果。早期火山活动所富含的高浓度挥发性（气体）物质可能也产生了一定的影响。另外一个因素是用于风化和去除 CO_2 等气体的新生地壳物质非常有限。

初始温暖阶段过去之后是寒冰阶段，大陆冰川的第一个证据出现在约 25 亿年前的地质记录中。在 7.5 亿～5.8 亿年前至少有四次极端气候事件，那一时期从北极到南极，地球似乎已经冰封，这就是 Joseph Kirschvink（1992）所说的"冰雪地球"。Paul Hoffman 和他的同事（1998）提出，冰雪地球现象可能是由大气层的 CO_2 浓度急剧下降造成的，最有可能的原因是构造（火山）活动暂时减少。他们提出，CO_2 水平下降到如此程度，即使在热带，温度也会下降到冰点以下。一层厚冰将海洋覆盖，使海洋与大气有效地隔绝。然而，CO_2 浓度不会无限期地维持在低水平。相反，由于大陆火山的不断喷发，CO_2 浓度开始缓慢上升。最终，CO_2 浓度上升使气候变暖，达到将海洋冰盖融化的程度。以前冰冻面下相对温暖的水经过蒸发，使变暖不断加速。大气和海洋再次接触，海洋和大气的化学性质也发生了重要变化。在海洋沉积物中观察到的碳酸盐矿物质（地质学家称为盖帽碳酸盐）呈爆炸性增长，这种现象可以证明上述观点。这种情况下，生物体不得不对海洋和陆地的快速变化做出反应。

白垩纪从 1.45 亿年前持续到 6600 万年前，这段时期气候相对温暖。温暖状况持续到约 500 万年前。当时森林苔原边界延伸到北纬 82°，大约处于现在边界以北的 2500 千米，包含了现在被冰雪覆盖的格陵兰岛。过去耐寒植被在斯匹次卑尔根群岛（古纬度为北纬 79°）很常见，埃尔斯米尔岛（古纬度为北纬 78°）的短吻鳄和飞行狐猴生活得很好，即使是无法在短暂霜冻条件下生存的棕榈树，也能在中亚生长和存活。当然，上面所描述的一切在今天不可能存在。这些现象意味着，在北半球高纬度的冬季，尽管那时来自太阳的能量极少，甚至根本没有，温度也相对温和。

我们该如何解释这些异常现象，学术界产生了很多观点。有充分理由相信，相较目前，曾经的 CO_2 浓度明显较高，但如果我们继续依赖化石燃料，即煤、石油和天然气作为我们全球能源经济的主要资源，未来的 CO_2 浓度也许会达到过去的水平。有观点认为，如今热带地区支配气候条件的哈得来环流，是导致水分在热带雨林上升，在热带沙漠沉降的原因，这一过程提供的水蒸气已被大幅耗尽，可能已经延伸到更高纬度。第二种可能性是，当时平流层中水蒸气浓度比今天高很多（对流层气候异常导致的结果），导致在高纬度冬季时期形成一个非常有效的温室环境。因此高纬度地区能够保留前一个夏季积累的很大一部分热量(Imbrie and Imbrie，1986)。接下来，一个关键问题是，这些情况将来是否会重演。

较之过去数百万年，现在的地球更加寒冷。在此期间，大陆形成了大面积冰盖，主要集中在北美和欧洲西北部。随着时间推移，由于受地球轨道参数细微变化的影响，尤其是根据旋转轴倾斜（称为黄赤交角）和地球位置变化（地球绕太阳旋转时存在的季节变量，称为二分点岁差），冰层此消彼长。在任何特定时间和特定纬度上，入射太阳光的强度会根据这些变化而变化，在此时间尺度上，大约有41 000年会响应黄赤交角变化，约有22 000年会响应与二分点岁差相关的变化。相关理论认为，当夏季阳光强度处于下降阶段时冰盖增长，在光强增强时冰盖降低(McElroy，2002)。过去80万年中，有8次主要冰期，每次持续约10万年。最后一次冰期发生在距今约2万年前，当时海平面比现在低了约120米，表明大量水从海洋转移到大陆，以满足大陆冰盖对水的需求。即使在距今7000年前，海平面仍比现在低约20米。

气候从最后一个冰期恢复正常是偶发事件。从距今约15 000年开始，在格陵兰和热带地区都观察到了急剧变暖的迹象。随后，在距今约13 000年，气候突然逆转，类似于冰期重新开始，持续了约2000年。这次寒潮被称为新仙女木期，它显然是全球性的，其发生通常归因于大西洋环流的变化。有趣的是，由冷到暖的转变发生在短短20年里，标志着新仙女木期结束，这突出了一个事实：气候上发生的重要变化可以非常迅速。我们在考虑不久的将来可能出现的气候变化时，务必要记住这一点。随后，气候恢复温暖，在距今8000～5000年间达到最大值（这段时期称为高温期）。此后，温度几乎持续平稳下降，直到公元950～1250年间才适度升高（中世纪温暖期），随后在公元1500～1850年间气温愈加寒冷（小冰期）。历史气候的长期记录以及地球轨道特征的变化表明，从"小冰期"开始，地球可能已经进入了下一个大冰期。这种情况下，人类通过燃烧煤、石油和天然气向大气中排放大量 CO_2，或许已经拯救了地球。但是，正如我们稍后会讨论的，到目前为止，我们也许已经在这条路上走得太远了！

因此，对于那些认为地球过去既有寒冷时期又有温暖时期的人，我同意他们的观点。然而，我对人类能够适应这些变化的观点持怀疑态度，因为我们没有在数千万年前和更早的温暖时期生存过。人类历史上，像 CO_2 这样的温室气体浓度从未像现在这样高。这是通过测量极地冰川中远古时代的大气成分而得出的事实，并非理论推测。未来当我们面对类似情况时，过去的经验并不一定具有可信的参考价值。

编 写 计 划

本书内容主要关于能源。写书动机是出于一种压倒一切的紧迫感，我们必须马上采取行动，以应对未来气候变化的不确定性所带来的挑战。出于一些原因，本书主要介绍美国的相关情况。同时我还将中国的情况列为关键要素，因为中国现在是世界第二大经济体（仅次于美国）、世界上最大煤炭消费国、第二大石油消费国（仅次于美国）和世界上最大的 CO_2 排放国（2006 年超过美国）。强调美国主要有以下原因：首先，美国是世界上最大经济体，可能至少在未来几十年内保持这一地位。其次，如果我们要从目前以化石能源为基础的全球能源经济转型到气候友好型，我认为美国的领导力至关重要，毕竟美国是世界上最具有科技创造力的国家（从爱迪生、福特到今天的互联网、Facebook、Twitter、iPod 和 iPhone）。另一个动机是回应在气候变化议题上美国各种不同的争论。在美国，少数直言不讳的人受到排斥，人们甚至不接受人类可以改变气候这件事的可能性。多数情况下，采取这一立场的人所表达的观点似乎是基于空想而非客观分析，这些人可能被宗教思想误导，质疑科学，怀疑政府，或认为当权者正利用这一问题推进一些其他议程，比如增加税收。关于这个主题，现在迫切需要更多理智的言论，好让教育工作者去教授学生，让领导者去领导群众。我希望本书可以为此目标做出贡献。

第 2 章介绍能源基础，包括什么是能源，我们如何使用能源，我们为它付出了什么，能源从哪里来，以及我们对它的依赖程度如何。第 3 章概述在国家层面，美国和中国如何分配能源，包括有关 CO_2 排放的总结。第 4 章和第 5 章讨论人类活动引起的气候变化，第 4 章提出为什么要认真对待该问题，第 5 章则对持相反观点的人做出回应。第 6~14 章概述每种可选能源的现状、问题和前景，依次探讨煤、石油、天然气、核能、风能、太阳能以及其他具有发展潜力的能源，包括水能、地热和生物燃料。第 15 章讨论 2014 年 11 月 12 日美国总统奥巴马和中国国家主席习近平在北京宣布的近期中美联合限制温室气体排放的历史性协议。第

16 章概述未来无碳化石燃料能源系统的设想，同时提出实现这一目标需要采取的措施，以及如未能实现该目标需要采取的行动。

参 考 文 献

Fairbank, J. K., and M. Goldman. 2006. *China: A new history*. Cambridge, MA: Belknap Press of Harvard University Press.

Hoffman, P. E., A. J. Kaufman, G. P. Halverson, and D. P. Schrag. 1998. A Neoproterozoic Snowball Earth. *Science* 281: 1342–1346.

Imbrie, J., and K. P. Imbrie. 1986. *Ice Ages: Solving the mysteries*. Cambridge, MA: Harvard University Press.

Kirschvink, J. L. 1992. Late Proterozoic low-latitude global glaciation: The Snowball Earth. In *The Proterozoic biosphere*, ed. J. W. Schopf and C. Klein, 51–52. Cambridge, England: Cambridge University Press.

McElroy, M. B. 2002. *The atmospheric environment: Effects of human activity*. Princeton, NJ: Princeton University Press.

Perlin, J. A. 1989. *Forest journey: The role of wood in the development of civilization*. Cambridge, MA: Harvard University Press.

2 能源基础

什么是能源？

什么是能源？我们应该如何使用？如何测量？为此我们要付出什么代价？能源最终来源于哪里？我们有必要对能源有一些基本认识。不过你并不需要为了解能源去攻读物理学学位，其实你对能源有着很多直观的印象。当你需要启动汽车或卡车时，你需要购买汽油或柴油作为能源。当你冬天在室内享受着暖气和热水时，你消耗的是石油或天然气中的热量，这同样是能源。另外，你所吃的食物也是一种能源。你可能会用天然气或电能来做饭，这也是另一种重要能源。

我们很容易忽视利用电能的方方面面，如照明、收音机、电视机、冰箱、冰柜、计算机、手机、电梯、水泵、洗衣机、洗碗机和夏天使用的空调系统等，它几乎存在于生活的各个方面。但试想一下，如果你穿越到过去，至少 50 年前或更久，几乎没有如此便利的电器。19 世纪末，汽车仍然是富裕阶级的玩具，直到 1908 年亨利·福特（1863～1947 年）推出了著名的人民汽车，即 T 型车后，汽油才变成日常消耗品。

我们要通过获取商品化的能源才能完成任务，否则，可能会陷入困境。那么，我们到底该如何定义所谓的"能"呢？科学用语应当是精准的。物理系统的能是指系统对外做功的能力。相对应地，在力的作用下使系统发生位置变化所消耗的能量，定义为功。力是物理系统中动量随时间的变化率。动量是指物体速度和质量的乘积。更为复杂的是，我们需要以单位制来测量这些物理量。具体而言，我们需要对基本量——如长度（距离）、质量和时间设定标准。1960 年 10 月以来，科学界共用国际单位制（简称 SI）作为标准。在国际单位制下，长度的基本单位是米（m），质量的基本单位是千克（kg），时间的基本单位是秒（s）。其他物理量均可用国际单位制下的基本单位予以定义。为了纪念英国著名物理学家詹姆斯·焦耳（1818～1889 年），能（能量）的单位在国际单位制里定义为焦耳（J）。这或许超出了你想了解的范围。

能量计量单位的生活实例

日常生活中，我们并不使用焦耳作为各种不同形式能量的计量单位。无论汽车还是卡车，当我们购买汽油或者柴油时总以加仑（1 gal=3.785 43 L）作为计量单位，用于房屋供暖的燃油同样如此。毫无疑问，加仑是一个体积单位，并非能量单位。天然气账单通常以克卡（1 therm=105.506 MJ）单位报价。对于天然气来说，1 克卡是指含有 10^5（100 000）英国热量单位（BTU）能量的天然气。1 BTU 指的是将 1 磅（0.454 kg）水加热 1℃所需的热量。同时，电费往往以千瓦时（kWh）计价。为纪念蒸汽机的改良者，苏格兰发明家和科学家詹姆斯·瓦特（1736～1819年），设立瓦特（W）作为功率的计量单位。它并非一个能量单位，而是指单位时间可用的能量，1 W 定义为以每秒 1 J 的速率供应的能量。1 kWh 对应的能量是指以 1 kW 功率运行 1 小时所消耗的能量，等于 3 600 000 J。举个例子，让 10 个 100 W 的灯泡持续照明 1 小时，会消耗 1 kWh 的能量（1 kWh 相当于 1 000 瓦特小时，前缀 k 表示乘以 1000）。

当我们考虑个人能量消耗时，采用单一的单位比较方便。正常人通过食物以 100 W 的速率消耗能量（相当于开着 100 W 灯泡所需的能量）。这意味着我们每人每天需要 2.4 kWh 的能量，以维持必要生理机能（呼吸、血液流动等）的正常运行。作者的住宅在马萨诸塞州的剑桥，冬天用天然气燃料加热水流来进行供暖。同时还使用天然气进行烹饪和烧水。2013 年 8 月到 2014 年 8 月期间，我们平均每天以 6.2 克卡（therm），相当于每天 182 kWh（1 therm=29.3 kWh）的速度使用天然气，其中大部分用于冬季供暖期（2013～2014 年冬季新英格兰甚至全美天气都异常寒冷）。同一时期，我们每人每天的电力需求大约为 15 kWh。综上可知，这意味着每人每天耗费的天然气和电力加起来约 98 kWh，几乎是人类为了维持生存所需食物热量的 40 倍。

以 kWh 计，1 加仑（3.79 升）汽油的能量相当于 32.63 kWh。根据统计数据，美国每辆车每年平均里程数为 12 000 英里（19 312 千米），每燃烧 1 加仑汽油大约可行驶 22.5 英里（36.2 千米），也就是每日消耗 1.46 加仑（5.53 升）汽油，即需要 47.6 kWh 的能量。我和我妻子对汽车的使用程度远不及全国平均水平，并且我们的汽车燃油效率高。假设人均汽油需求量为每天 21 kWh，结合前文所述，排除食物需求，我们人均能量消耗为每天 119 kWh，大约是生存所需最低能耗的 50 倍。

我们可能还要在这份个人能源清单中加上乘坐飞机时平摊在我们身上的飞机燃油消耗量。David MacKay[①]指出，假设你每年进行一次跨州飞行，你每日能量预算要增加 30 kWh。考虑到其他因素，更加精确的能量预算大约为每人每日 170 kWh。计算一下你自己的每日能源消耗量（可以通过下一节提到的网站进行计算）。

我们为能源支付的价格

2013～2014 年间，剑桥的汽油平均零售价格为每加仑 3.5 美元，天然气和电力价格分别为每克卡 1.75 美元和每千瓦时 19.3 美分。这个价格是对市区居民的零售价格，而对于大型工厂或贸易商，价格则会更低，这是由于其需求具有可预测性，运输成本普遍较低。把这些数据换算成以千瓦时为单位的能源消耗，剑桥居民的能源支付价格如下：10.8 美分/千瓦时（汽油），6.1 美分/千瓦时（天然气），还有上述的 19.3 美分/千瓦时（电力）。

以单位能源为基础来说，电力价格较为昂贵。这是很容易理解的。电力作为一种二次能源，必然由其他一次能源转化而来。从全国来看，2013 年美国 39% 的电力来自煤，27% 来自天然气，19% 来自核能，7% 来自水力，4% 来自风能，其他则包括石油（1.0%）、木材（1.0%）、其他生物质能（0.5%）、地热（0.4%）和太阳能（0.2%）。相对其他能源来讲，电力价格高昂说明其以煤、天然气或者石油为基础的转化效率较低，一般不超过 40%。其中，老旧燃煤发电厂效率低至 20%，相较之下，燃气电厂效率更高，采用气体联合循环系统的电厂效率约为 50%[②]。燃料中其他未转化为电能的能量则以废热形式排放到环境中（热量也是一种能量的表现形式）。

如图 2.1（2014 年 8 月数据）所示，美国不同地区电力价格差异显著。夏威夷州价格最高（明显异常），为 37.8 美分/千瓦时，华盛顿州价格最低，为 8.93 美分/千瓦时，全国平均价格为 13.0 美分/千瓦时。电力价格较低的十个州中有四个（肯塔基州、西弗吉尼亚州、印第安纳州、蒙大拿州）通过本地生产的大量廉价燃煤获得低价电力，有三个州（爱达荷州、华盛顿州、俄勒冈州）将水力发电（大坝为多年前建造）作为主要电力来源。东北部的七个州（康涅狄格州、纽约州、新泽西州、罗得岛州、新罕布什尔州、佛蒙特州、缅因州），加上加利福尼亚州，在价格上占据了本土前九的位置。这几个州有一个共同点，更愿意为降低污染物排放支付更高费用，有助于维护空气质量和环境健康。煤炭是污染最重的化石燃料，它在几个州的电力来源中所占的比例很小。这几个州大部分电力来源于天然气、核能和水力的组合。其中，在康涅狄格州和纽约州，（昂贵的）石油发电占很大的比例。

我的同事鲁玺博士向我推荐了一个网站（http://www.epa.gov/cleanenergy/energy-and-you/how-clean.html），可通过输入邮政编码和电力供应商便捷地查询当地发电结构和相应排放量。如果读者想要更详细地了解个人能源清单，可以参考这个网站。

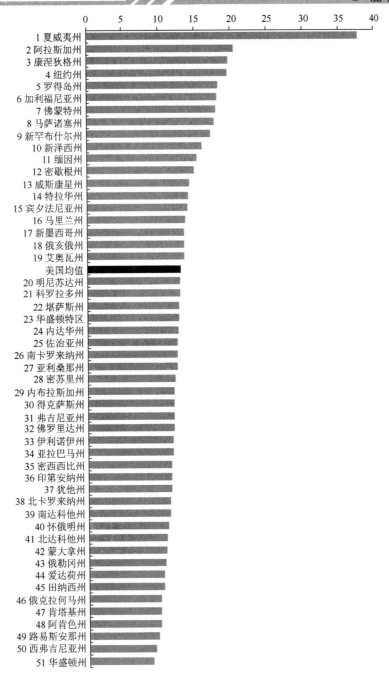

图 2.1　2014 年 8 月各州居民住宅电价排名

资料来源：http://www.eia.gov/state/rankings/?sid=US#/series/31

全球大环境对美国电力价格影响不大。如上所述，美国 66% 的电力来自本国生产的煤和天然气，19% 来自核能。同时，美国拥有丰富的煤矿、天然气和铀资源，在可预见的未来，足以满足燃煤、燃气电厂和核电厂的需要。但用于运输行业的汽油、柴油和飞机燃油则不同，其价格会因国际供给关系的微小变化而产生较大波动。

2008 年 7 月金融危机之前，原油价格最高达到每桶 147 美元（1 桶相当于 42 加仑），而到 2008 年 12 月 26 日，原油价格跌至每桶 37.58 美元，之后开始缓慢复苏。这个价格在 2011 年年初到 2014 年 9 月末回到并维持在每桶 100 美元上下，随后开始下降。金融市场没能预料到这次降价。曾有专家预测，由于中东石油产区当时破坏性事故频发，特别是极端恐怖组织 ISIS 在伊拉克和叙利亚的崛起，国际原油价格应该上升。作为美国原油价格的基准，2014 年 12 月 14 日西得克萨斯轻质原油（WTI）2015 年 1 月的期货价格降至每桶 58 美元，每加仑不到 3 美元，这是美国油价 2011 年年初以来的最低值。未来石油价格曲线基本上难以预测（这部分我写于 2014 年 12 月末）。可以肯定的是，石油提取量的不断增加和消费量的不断减少（第 7 章会有更详细的讨论），是美国乃至全球石油价格产生变化的主要原因。此外，相对停滞的全球经济也对原油价格产生了一定影响。我们可以从一些数据来解析近期美国石油经济的重要变化，美国液体燃料总需求中，净进口份额从 2005 年的 60% 下降到 2013 年的 33%。美国现在是石油制品净出口国。2013 年 9 月，中国取代美国，成为世界上最大的原油与石油制品净进口国。

与欧洲和日本相比，美国汽油价格较低。2014 年 7 月，每加仑（美国的计量标准不同于其他国家）汽油在荷兰、法国、德国和英国的平均价格分别为 9.10 美元、7.95 美元、8.28 美元和 8.50 美元。日本汽车司机每加仑燃油需花费 5.26 美元。2015 年中期美国平均汽油价格为每加仑 2.80 美元。所有国家石油基础价格大致相当，主要由国际原油市场决定。价格差异体现在不同的国家税费上。自 1993 年起，美国的石油联邦税就保持在 18.4 美分/加仑的水平上。《纽约时报》专栏作家 Tom Friedman 曾提出，当汽油价格达到 4 美元/加仑时，"人们会开始因为价格过高而改变他们的行为，这是一条红线"。他曾建议"对我们来说真正明智的做法是征收 1 美元/加仑的汽油税，从 2012 年起，每月 5 美分，逐步实施，将所有税费用于弥补财政赤字"。想想这会对我们的财政赤字产生多大的影响——联邦国库每年收入会增加 1380 亿美元（假设当前消费水平不变）。即使增加了汽油税，与作为经济竞争对手的多数国家相比，我们的汽油价格仍然是最低的。然而对美国公众来说，获取廉价汽油的权利几乎与生育权利一样重要，政治家一般不会考虑增加汽油税这个途径。

图 2.2 是美国各州基本汽油税总览。纽约州净税率最高，毫无疑问，阿拉斯加州最低，这是由于在阿拉斯加州出生的公民可以从该州设立的石油生产永久管

理基金中得到补偿。2014 年每人支出为 1884 美元，比 2008 年所记录的 2069 美元/人有所下降。

图 2.2 2014 年 10 月美国各州汽油税（美分/加仑）总览

资料来源：http://www.api.org/oil-and-natural-gas-overview/industry economics/～/media/Files/
Statistics/State-Motor-Fuel-Taxes-Report-October-2014.pdf

能量的最终来源

煤炭、石油、天然气、木材和生物质中的能量，主要以化学键的形式存在于碳-碳原子和碳-氢原子间。举例来说，天然气的主要成分是甲烷（化学式为 CH_4，一个碳原子结合四个氢原子）。燃烧时其化学形式发生变化。通过燃料燃烧过程，碳、氢原子与空气中的氧原子结合。如果燃烧充分，甲烷中的碳会全部转变成二氧化碳（CO_2），同时氢则全部转变成水（H_2O）。这个过程会释放能量，甲烷所含能量比燃烧过程中产生的 CO_2 和 H_2O 的总能量值高。额外能量以热的形式释放（总能量守恒）。煤炭、石油、天然气、木材和生物质中的碳在化学上处于还原态（高能量）。CO_2 中的碳处于氧化态（低能量，不能作为燃料）。煤炭、石油、天然气和生物质代表了化学势能的来源（能量以化学形式储存，但可以由燃烧过程释放）。

储存在燃料里的化学能来自哪里呢？我们可以近似地认为，它来自于太阳。绿色植物中的叶绿素（包括海洋和陆地水生生物系统中的浮游植物）捕获阳光，将 CO_2 和 H_2O 转化成更高能量（还原态）的碳，不仅为植物提供了能量，并且在经过化学重组后成为植物的结构材料。这一过程被称为光合作用。大到动物小到微生物，所有的生命都依赖从太阳获取的能量。太阳不仅是我们所食用植物的能量来源，同时也为我们这些非素食主义者所食用的牛、羊、鱼及其他中间营养级的生物提供了能量。

煤炭、石油和天然气的化学势能来源于几亿年前生存在地球（陆地和海洋）上的植物所吸收的太阳光。经过漫长的生物和地质过程，这些植物原料转化成我们现在能够获取的燃料[3]。据此，我们将煤炭、石油和天然气称为化石燃料。它们提供了一种有效的储能方法，用来储存远古时代地球上来自太阳的部分能量。然而化石能源是有限的，并且其开采过程也存在着很多问题（我们之后将会具体讨论）。特别是当我们燃烧化石能源时，数亿年前被沉积物掩埋的碳重新回到了大气环境中[4]。这些化石燃料中的碳转化成具有很强温室效应的 CO_2，并释放到空气中（这个问题我们会在谈论人为因素所导致的气候变化，以及所面临的挑战时有更详细的说明）。考虑到过去几百年来人类消耗了大量化石燃料，CO_2 浓度达到了前所未有的高度也就不足为奇了。实际上，当前 CO_2 浓度高于过去 80 万年间任意时间的浓度值，甚至可能比自恐龙存在时，即 5000 万年前起的任意时间内浓度值还要高。

美国能源部将电力作为一种二次能源，其一次能源为煤炭、石油、天然气、木材、生物质能、核能、水能、风能、太阳能和地热能。准确来说，这些能源经组合后产生电力。然而，这种说法也不够精确，因为这些一次能源也是衍生的。我们可以从之前关于化石能源、木材和生物质的叙述中清楚地认识到这一点。太阳能同时也是水能和风能的来源。涉及水能的转化过程如下：海洋从太阳吸收热量使水蒸发；水从液相转化为蒸汽时消耗大量的能量；蒸汽在大气中冷凝形成液体或冰，将蒸发中消耗的能量转换为大气中的热；一部分以凝结相沉淀，以雨或雪的形式沉降到地表；如果降水落到高海拔地面，就代表了一种势能的来源，也就是说水在移动到低海拔地表过程中会加速（获得我们所称的动能）；或者，它们可以被收集并储存在坝中，形成的压力与水深成比例；压力可以通过涡轮机来驱动水能（将势能转化为动能）；涡轮机将该能量的一部分转化为电能。风能过程同样复杂。在大气中产生动能有两种方式：一是空气从高空下沉到低处；二是空气从高压区移动到低压区。前一种情况是重力推动空气做功。后一种情况的推动力为压力梯度。当风的动能被捕获并用于转动风力涡轮机的叶片时，就产生了电力。

正如我们所看到的，除了地球内部能量的微小贡献外[5]，利用能量来创造相对舒适的现代生活方式，维持全球气候系统稳定和生命系统的多样性，大部分要归功于太阳。这种能量主要从太阳上被称为光球层（温度接近 5600℃）的区域发出，以可见光（辐射）的形式到达地球表面。太阳的高温高压核经过核反应会产生辐射，该部分核内压力比地表压力高 3000 亿倍，温度大约为 1500 万摄氏度。这种环境下，质子（氢原子核）被紧密地压缩在一起，从而结合形成更重的核[6]。我们将这个过程称为核聚变。在这个过程中存在质量亏损，而这部分亏损的质量转化为能量，遵循爱因斯坦质能方程，即 $E=mc^2$，其中 E 表示能量，m 表示质量，c 表示光速。在这个意义上，核反应才是地球能量的最终主要来源[7]。

【注释】

① 正如 David MacKay 的著作 *Sustainable Energy—Without the Hot Air*（《可持续能源：没有热空气》）序言中所指出的，致力于"减少英国在可持续能源中的二次排放"。该书在确定英国人均能源使用情况，以及英国为减少温室气体排放必须做出的选择方面做得非常出色。正是因为 MacKay 的建议，让我决定用千瓦时/（人·天）来表示人均能源使用量。本书更多地针对美国读者。MacKay 在第一章中指出："在人们对气候数据一窍不通的情况下，报社、示威者、公司以及政客都会（对这些数据）睁一只眼闭一只眼。"尽管他可能只是在对英国媒体、企业和政治家进行指责，但至少其评论是同样适用于美国选区的。

② 在常规燃煤和燃气蒸汽发电厂中，燃料燃烧时释放的能量用于产生高压蒸

汽。这种蒸汽膨胀时就可推动涡轮机叶片运动，从而发电。当蒸汽的可用能量耗尽时，残余蒸汽通过与水接触而被冷却，便利的水源地包括河流、湖泊和海洋等。最终的冷凝液体被抽回锅炉中，从而完成循环。使用常规蒸汽驱动发电设备的电厂需要大量水作为冷却剂。这不仅适用于燃煤和燃气蒸汽发电厂，也适用于核电站。2003 年夏天，由于天气异常炎热，法国核工业不得不关闭一些核电站，这是由于平时用来提供冷却剂的河流水温偏高，从残余蒸汽中提取热力后，其温度过高，不能直接排入河流。天然气联合循环（NGCC）电厂比常规煤或天然气系统的效率更高。这是因为该系统不仅能够利用初始燃烧过程中产生高温气体的能量发电，还可以利用该过程剩余部分的热量产生蒸汽，驱动第二涡轮机发电。有效地使用化学能使得天然气联合循环过程更高效，其效率可以高达 50%。

③ 世界上大多数煤炭是在距今约 3 亿年前的石炭纪时期形成的。大部分生长在热带和亚热带潮汐滩和（或）三角洲环境中的植物通过捕获太阳能最终形成煤炭。和目前相比，石炭纪时期大陆结构有较大不同，这也解释了为什么北美、欧洲、中国和印度尼西亚是主要的煤矿集中地。煤的植物祖细胞生长在沼泽环境中。当其死亡时，其组成落入沼泽水域，那里氧气不足，从而抑制了它们分解。随后，植物质被掩埋，被受到侵蚀的大陆岩石（形成于温暖间冰期和冰期之间的震荡时期）形成的沉积物所覆盖。煤炭形成的第一步是较厚的植物质残余物沉积形成泥炭。随后表层沉积持续增加，泥炭被压实。逐渐转变为低级的煤炭或褐煤。随着其承受的温度和压力不断增加，褐煤逐步转化为更高能量形式的煤，最初为亚烟煤，之后为沥青，最终转化为最高级的无烟煤。形成煤的原始植物主要生长在陆地环境中，与煤炭不同，形成石油的微生物大部分存在于海洋中。局部高生物生产率是使石油浓度达到经济上可开采程度的必要条件，其所需的营养物质，特别是氮和磷，有可能来源于陆地输入（如河口）或深海上升（如海岸带）。第二个条件则是有机物质加入到沉积物的速率应该超过从上覆水体获取氧气的速率（反之，好氧微生物将通过消耗有机物质得到繁衍）。当有机物被埋藏时，会经受越来越高的温度，在 60～160℃，2～6 km 的深度才能形成石油的化学结构。最后一个要求是，石油应当被保存在具有防渗功能的岩石下（例如页岩）。在更高的温度和压力下（深度大于 7 km），有机物质将被分解为低分子量化合物，例如甲烷（CH_4）、乙烷（C_2H_6）和丁烷（C_4H_{10}），有助于产生天然气。与石油一样，天然气的最终开采能力取决于我们能够捕获气体的地质体系。通常产生煤的生物、地质过程也能够产生天然气。

④ 地球中大量的碳储存在沉积物中。与沉积物中碳的滞留时间为几亿年相

比，大气-生物-海洋系统中碳的滞留时间最多为 20 万年。受板块构造影响，沉积物中的碳将进行循环并最终回到大气中。沉积物被抬升并风化，或下沉到地幔中，使得其碳组分经过物理化学过程后返回大气，成为温泉或火山的组分。正如第 1 章所述，随着时间推移，在大气-生物-海洋系统中，各种不同水平的碳沉积循环速率会发生变化，形成了不同的气候系统。开采煤炭、石油和天然气，可以被认为是通过人为辅助作用，加快了沉积物中的碳返回到大气的速度。目前人为贡献已经超过自然贡献值的 50 倍。因此，大气中 CO_2 浓度增加也就不足为奇了。

⑤ 沿地表向下，温度以大约 20～30℃/km 的速度上升。这种升温很大程度上是铀、钍和钾等放射性元素发生衰变引起的。就像随后会在第 13 章讨论到的，开凿深井可以为挖掘这种能源提供平台。注入深井的冷水通过接触热岩而被加热转化为蒸汽。蒸汽返回到另一口井的表面，从而带动地面涡轮机发电。相关观点（在第 13 章讨论）表明，地热能可能会在未来电力需求上做出经济上切实可行且可持续的重要贡献。

⑥ 太阳核心的质子（氢原子核）被紧密地压缩在一起，相结合形成最初的氘（由两个质子组成的核）。随后的反应结果是四个质子转变为 α 粒子，即氦原子核，最后结合成更重的核。爱因斯坦提出的关于质量与能量的转化关系，最终解释了太阳释放的大量电磁辐射（光）的来源。能源科学家的梦想是在地球上使氢聚变重现成为可能，开发一个潜力无限，清洁且经济可行的能源系统。尽管在实验室中实现这一构想已经取得了一定的成功，但要想实现可行的大规模商业应用，还需要至少二十年的研究。然而在至少五十年前我们就曾预言，未来经济上切实可行的融合条件在二十年后就会出现。

⑦ 如文中所示，核反应解释了地球上可用的大部分能量的最终来源。唯一例外的可能是与潮汐有关的能量。潮汐能是由地球、太阳和月球三者之间存在的万有引力所产生的。尤其重要的是，月球引力场使得距离月球最近和最远区域的海平面上升（后一种情况海平面升高，是因为施加在固体地球上的拉力朝向月亮，从而允许水在空出的空间堆积）。海水和下垫面之间的摩擦会耗散潮汐能。地球表面重力势能转化为热量，致使地质时间尺度上一天的长度缓慢增加（地球的旋转速率较低），并且地月距离也缓慢增加。这两种情况下的变化都只能靠极其精密的仪器才能检测到。我们将会在第 12 章详细讨论，每天两次的退潮和涨潮可用于驱动涡轮发电机产生电力。20 世纪 60 年代初，第一个潮汐能发电系统在法国的 La Rance 建立。目前在北爱尔兰的斯特兰福德港和中国（杭州附近的建兴潮汐站）

有小规模系统运行，并计划在其他地方开发新增系统。尽管在局部潮汐幅度特别大的地区，潮汐能开发潜力较大，但是潮汐能不大可能对本地或者全球的未来能源需求做出重大贡献。一般来说，潮汐能发电成本太高，并且在部署该系统的地区可能存在破坏环境的问题。

3 当代美国能源系统及其与中国能源系统的比较

第 2 章从微观角度描述了美国能源经济，包括如何使用能源，如何估算个人能源消耗量，以及相关的消费情况。现在我们将注意力转移到一个更加广泛的视角，即国家层面的能源使用情况，包括相关经济利益和成本的讨论。我们主要关注温室气体 CO_2 排放带来的影响。若要严肃对待由人类活动引起的气候变化问题，我们就不得不大幅调整能源系统，其中，尽快减少与人为活动相关的温室气体排放就显得尤为重要。本章重点阐述为实现可持续的能源与气候未来，我们将要面临的艰巨挑战，并在最后部分讨论向该目标加速迈进的策略。

本章重点讨论美国当前和未来的能源经济。全球气候系统的变化不仅仅取决于美国，同时其他重要工业经济体对其的影响也日益显著。中国已于 2006 年超越美国成为全球最大的 CO_2 排放国，2012 年，美国和中国 CO_2 排放量之和超过了全球总排放量的 42%。再加上俄罗斯、印度、日本、德国、加拿大、英国、韩国和伊朗，这几个 CO_2 排放量相对贡献率排在世界前十的国家贡献了全球 60% 以上的 CO_2 排放[①]。鉴于中国在世界 CO_2 经济中的重要作用（中国目前的 CO_2 排放量超过全球 CO_2 排放总量的 26%，并且短期内仍可能显著增长），对中国能源经济现状的讨论具有一定的指导意义，因此本章将阐述中国和美国能源经济的共同点，同时概括两者的不同以及所面临的挑战。

美国能源使用与碳排放

图 3.1 展示了 2013 年美国能源使用情况，而图 3.2 则总结了相应的 CO_2 排放情况。此外，能源使用情况和 CO_2 排放量随时间的变化趋势详见图 3.3 和图 3.4，能量数据单位为库德（quad），1 库德等于 10^{15}BTU，即 1000 万亿 BTU[②]。CO_2 排放量数据以百万吨 CO_2 表示[③]。2009 年能源使用量和 CO_2 排放量开始下降，一方面是由于 2008 年年末出现经济危机，另一方面是由于页岩气供应量增加，受成本价格驱动，天然气替代煤炭进行电力生产（该话题将在第 8 章详细讨论）。能源消费曲线（图 3.3）展示出美国 20 世纪 70 年代的能源结构，分别反映了斋月战争（第四次中东战争，1973 年）和伊朗人质危机（1978 年）的影响。在两次事件期间，石油供应中断，短短几个月内，石油价格上涨了 3 倍多（过去十年间仅上涨了 9

倍）。这两次事件均导致了严重的经济衰退。

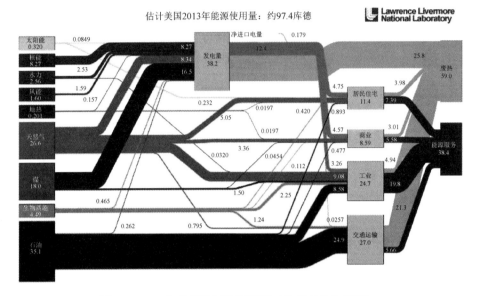

图 3.1　2013 年美国能源使用情况（数据单位为库德）

资料来源：http://www.llnl.gov/news/newsreleases/2014/Apr/images/31438_2013energy_high_res.jpg

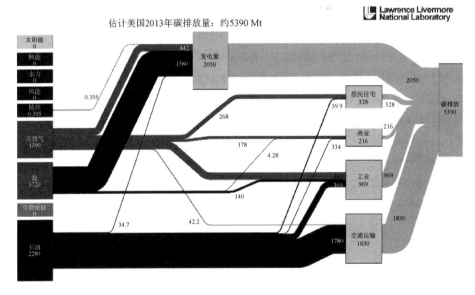

图 3.2　2013 年美国与能源消耗相关的 CO_2 排放量

资料来源：http://blogs.app.com/enviroguy/files/2014/04/April46.png

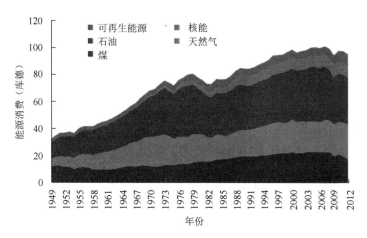

图 3.3 美国年度能源使用情况随时间变化趋势

资料来源：http://www.eia.gov/totalenergy/data/annual/showtext.cfm?t=ptb0102

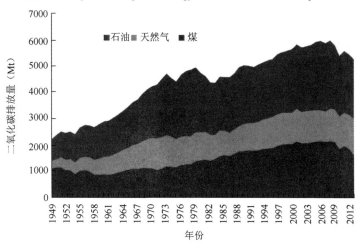

图 3.4 美国能源使用年度 CO_2 排放量随时间变化趋势

资料来源：http://www.eia.gov/totalenergy/data/annual/showtext.cfm?t=ptb1101

图 3.1 展示了美国能源经济的重要特点：

（1）2013 年美国用于电力生产的一次能源使用量略超过总量的 39%。

（2）2013 年美国电力生产结构中燃煤占比 39%，另外，天然气、核能和水力依次占比为 28%、19% 和 7%，同时还有一部分来自风能（4.2%）、生物质能（1.5%）、石油（1%）、地热（0.4%）和太阳能（0.2%）。

（3）电力生产中 68% 的一次能源产生的能量没有得到充分利用，而是以废热的形式排放到环境中。

（4）2013 年，美国一次能源消耗总量中石油占比为 36%，其中大部分（71%）用于交通运输部门。

（5）用于交通运输部门的能源中有 79% 没有产生能效，而是以废热形式损失了。

（6）2013 年美国终端能源利用中，交通运输占比最大（37.7%），其次是工业（34.4%）、居民住宅（15.9%）和商业（12.0%）。

图 3.2 展示了 CO_2 排放量的重要特点：

（1）电力生产中，煤炭燃烧排放的 CO_2 占美国 2013 年 CO_2 总排放量的 29%。

（2）考虑到天然气和石油的贡献，电力部门 CO_2 排放量占美国 2013 年 CO_2 总排放量的 38%。

（3）交通运输 CO_2 排放量与电力生产 CO_2 排放量相当，占 2013 年美国 CO_2 排放总量的 34%。

（4）2013 年，美国工业、居民住宅和商业部门 CO_2 排放量分别占 CO_2 排放总量的 18%、6% 和 4%，其中一部分排放量应算在电力部分，因为三大部门均有电能消耗环节，但图 3.2 中并未对其进行区分。

中国能源使用与碳排放

中国能源经济结构与美国有较大差异。当前中国经济被归为发展中阶段，也就是说，重要资源大多被用于需要进一步发展的基础设施建设，如道路、建筑、铁路和机场等，这些建设需要消耗大量能源，但对国内生产总值（GDP）带来的直接效益却有限。在此背景下，2013 年中国的水泥和钢铁产量分别占全球总产量的 58.6% 和 48.5%。2007 年，中国一次能源中，煤炭占比达总量的 70.2%，其次是石油（19.7%）、水力（5.8%）和天然气（3.4%），另外，核能、太阳能和风能占比较少。43% 的一次能源被用于发电，而 89% 的电力由燃煤提供。

2007 年到 2013 年，中国的一次能源消耗从 74.6 库德增加到 114.8 库德，增加了 53.8%。其中煤炭一直是能源消耗的主要来源（占总量的 66.5%），从 2007 年的 52.4 库德增加到 2013 年的 76.3 库德，2013 年石油、水电、天然气和核能分别占总量的 17.5%、7.1%、5.0% 和 0.9%。2007 年到 2013 年的一个重要变化是风力发电的贡献显著增加，占 2013 年总能源使用量的 1.0%。2013 年中国石油总供应量中有 56.2% 源于进口。在美国，绝大部分石油消耗用于交通运输，相比之下，中国仅有 41%的石油用于交通运输，其余部分则被用于各类工业、商业和居民住宅领域的原料。随着经济不断发展，中国正在从当前的发展中国家水平逐步提高到更加接近美国或其他发达国家的经济状态，预计私家车保有量将迅速增长，因此中国对石油的需求量在未来几年将会显著增加。

2007 年中国生产 1 美元 GDP（用 2005 年美元当量表示）需要消耗 25 775 BTU 的能量，而美国则只需要消耗 7672 BTU 的能量，这反映了中国经济能源强度较高的特征。从 2007 年到 2011 年，中国能源强度小幅下降，从 25 775 BTU/美元 GDP 降低至 24 725 BTU/美元 GDP。然而与整体经济的高能源强度形成鲜明对比的是，2013 年美国人均能耗量（2.851 亿 BTU）超过同年中国人均能耗量（0.826 亿 BTU）的 3.4 倍，说明美国公民总体消费和财富水平较高。面对全球气候变化风险，中国早期承诺的减排目标是在 2020 年之前将 CO_2 排放强度降低 40%～45%（与 2005 年相比），这意味着，相对于 2005 年，中国需要将单位 GDP 的 CO_2 排放量减少 45%。但是如果中国经济保持过去年均 10%左右（最近是 7%）的增长速度，也就是说，2020 年中国 CO_2 排放量相对于 2005 年将增加 2.5 倍。想想这将意味着什么，如果 2005 年全球气候系统必须容纳一个中国的排放量，到 2009 年就必须容纳 1.4 个中国的排放量（此期间的排放增加系数是 1.4），到 2020 年必须容纳 2.5 个中国的排放量！

奥巴马总统明确提出一个目标：相对于 2005 年，美国到 2050 年将会减少 80%的 CO_2 排放量。诚然，美国现有政治体系与气候挑战的重要性之间存在争议，我们很难保证这个目标一定会实现。但如果真的实现了，假设 2005～2050 美国年均 GDP 增速为 1.5%，那么这意味着美国经济碳强度会从 2005 年 0.48 kg CO_2/美元 GDP 下降到 2050 年的 0.04 kg CO_2/美元 GDP。按照中国的计划，中国经济碳强度会从 2005 年的 1.02 kg CO_2/美元下降到 2020 年 0.61 kg CO_2/美元（所有货币数据都是基于 2005 年的美元当量）。

结　　论

经过以上讨论，我们可以得到一个重要结论：如果美国致力于 CO_2 减排，就需要寻找低碳能源替代煤炭作为电力生产的主要能源，也要找到汽油、柴油和飞机燃料等石油产品的替代品，从而更好地为汽车、卡车、公共汽车、火车和飞机提供能源。假如我们将煤炭和石油完全从国家能源体系中剔除，则能够减少 78%的 CO_2 排放量。然而这种方式太过极端，不太可能实现。但是我们可以朝着这个方向努力，在保证经济发展和生活质量的同时，不断降低对煤炭和石油资源的依赖。对于中国而言，所面临的挑战则更加艰巨，就像美国近期的状态，中国过分依赖进口石油是十分危险的。即使不谈气候问题，这种依赖性也会威胁到国家的长治久安，因此，中国应当予以充分重视。而且，在不久的将来，中国需要找到国内煤炭的替代燃料来推动经济增长。我们会在第 6 章讨论，根据目前煤炭的使用状况，中国煤炭年需求量增速超过 10%，那么在 30 年内，中国将耗尽国内现有的煤炭储量（中国如今首次成为煤炭净进口国）。而美国则恰恰相反，其煤炭资源较为丰富，按照目前的煤炭消耗速率，美国现有煤炭储量足够支持其超过 200 年的国内需求。不久的将来，美国是否会成为中国重要的煤炭供应国？这对于全球气候系统来说意味着什么？

过去文明的成功，很大程度上取决于人类使用负担得起的能源，以及当地适宜的气候条件。对于人类历史来说，木材一直是主要能源。当木材消耗殆尽或者气候发生剧烈变化时，文明便会坍塌④。直至 1900 年，木材仍是美国最重要的能源来源。后来，木材被化石燃料，即煤炭、石油和天然气所取代，并且这种能源转型在世界其他国家也同样发生了⑤。过去一百多年间，个体经济的成功很大程度上归功于可靠且廉价的化石燃料的供应。但现如今，就像之前讨论过的，我们面临着双重挑战——不确定的能源供应以及全球环境变化可能出现的不可逆转的威胁（如物种灭绝和全球海平面急剧上升）。我们至少需要一个新的能源发展模式以保证人类能有一个和谐的未来，如果无法应对这一挑战，我们可能注定要重蹈很久之前人类文明消失的覆辙，如古苏美尔、古埃及、古巴比伦、古克里特、古希腊、古塞浦路斯和古罗马。如 George Santayana 那句著名论断：那些忘记自己历史的人注定会重复历史的错误。尽管如此，就像本章最后所论述的那样，我有信心，我们可以走出一条更加合理的发展之路，实现未来的可持续发展。

【注释】

① 根据 1992 年 6 月在巴西里约热内卢商定的公约，世界各国采取行动应对人为原因导致的气候变化的挑战。此次协商所签订的条约被命名为《联合国气候变化框架公约》（UNFCCC），有 194 个成员国加入了这一公约。1992 年 10 月，美国参议院批准了该条约（由乔治•布什总统呈送），几个月后（1993 年 1 月）中国也加入进来。UNFCCC 是在联合国政府间气候变化专门委员会（IPCC）所制定的基础条款上，融合了科学、技术和社会经济学的信息发展而来的。在经济利益千差万别的成员国中达成共识是十分困难的。尽管如此，我们仍要指出，假如排

放量前十名的国家和欧盟现有国家在限制排放这一普遍策略上达成一致意见,我们可以一举解决全球多达 75% 的碳排放问题。UNFCCC 的 194 个现有成员国每年都会召开缔约国会议(COPs),对于所有冗长又无效的会议来说,这将是有效的替代方案或至少是有用的补充方案。

② 国家级能源数据通常以库德为单位。在之前的章节中,我选择用千瓦时/(人·日)为单位表示个人能源使用量。2010 年,美国人口数约等于或略少于 3.09 亿。假设 3.09 亿人口每年消耗 100 库德能量,将其转化为千瓦时,美国人均每日能源使用量为 260 千瓦时。在第 2 章中,我估算了 McElroy 家庭人均每日能源使用量为 170 千瓦时。将两个数据进行对比,表明我们家节能工作做得不错。但是这里可能有个误区,因为国家数据反映的是能源的总使用量,包括电力生产消耗的能源,以及个人生活、商业和工业的直接能耗。

③ 本章引用的美国 CO_2 年均排放量意味着美国 3.09 亿人口人均每年排放近 19 吨 CO_2。诚然,CO_2 是无色无味无毒的,但比较令人惊讶的是,CO_2 可以说是全球社会的最大废品(按体积或者质量算),我们每个人都应为此负责。

④ 我之前的书(*Energy: Perspectives, Problems and Prospects*, Oxford University Press, 2010)中有一章详尽地阐述了能源使用的历史,时间追溯到了我们祖先狩猎及采集的时代。该章节论述了区域性气候变化在一些重要文明灭亡过程中发挥的作用,这些变化主要是自然因素导致的,而且气候变化的原因在不同时间段内是不同的。我们如今所关注的气候变化与过去有所不同,目前人类已经成为导致气候变化的重要因素,普遍认为其影响力相当于过去决定气候变化的自然因素的总和,包括太阳输出能量、地球轨道参数、地球内部气体释放过程、地表岩石风化、海洋循环和大陆构造等因素的变化。

⑤ 作为能源,化石燃料与木材相比具有更明显的优势。其中最重要的区别是能量密度不同,比如假设用火车拉送能源原料,运木材比运煤炭需要多征用至少 4~5 节车厢。除此之外,液体或气体形式的能源也比固体能源有着更为明显的优势。你也许无法想象,与以木材或者煤炭作为机动车的燃料相比(斯坦利蒸汽汽车尽管是一种早期机动车,但实际上是以木材为燃料的),气体或液体形式的能源通过远距离的管道运输可以实现更低的成本(至少与运输木材和煤炭的成本相比)。

4 人类活动导致的气候变化：为什么我们需要严肃地对待

　　如标题所示，本章目的是概述我们为什么需要严肃对待由人为因素导致的气候变化问题。毫无疑问，现如今大气中很多关键组分，也就是所谓改变气候可能性的温室气体，其浓度比过去 80 万年甚至更长时间范围内的任何时候都要高。可以完全肯定，近年来各种形式的人类活动是造成这些温室气体浓度升高的主要原因。这种升高始于几百年前，如不加抑制，将很有可能延续到长远的未来。这就警示我们需要慎重对待人为因素导致的气候变化问题。但正如我们所预见的，这一问题可能比我们想象的还要复杂。

　　温室气体浓度升高导致的变暖效应最近（悄无声息地）被大气中微粒的冷却效应抵消，这些微粒是常规空气污染形式的副产品，我们称之为气溶胶，会对公众健康产生十分不利的影响：当其被人体吸入时，气溶胶存留于肺部，并进入血液系统，进而引发一系列严重的心血管与呼吸系统疾病。通常情况下，它们会形成酸雨，致使淡水鱼死亡，破坏植物。社会各界已经采取措施减少这些有害化学物质的排放，并取得了一些成效。然而糟糕的是，气候变化的速度正在加快，我们对此始料未及。

　　首先，我将介绍全球气候系统的能量学原理，假设全球吸收的太阳能刚好被向大气层发射的长波（红外）辐射所抵消。接下来解释我们所谈到的温室效应，温室效应主要是由大气中抑制向大气层发射红外辐射的特定组分引起的。正如我将要讨论的，这些气体充当了地球的隔热层（它们保护地球表面，使其与超低温的宇宙空间隔绝）。这些气体对现在气候系统的形成具有重要作用，它们使得地球表面的平均温度上升了 40℃，如果没有温室气体，地球从赤道到两极将全部被冰封，这一点毫无争议。

　　接下来，我将介绍关键温室气体浓度上升的证据，其中包括导致温室气体浓度上升的因素以及地球温度已达 140 年以来最高值的证据汇总。全球地表温度已经升高，海洋正在吸收能量，从这一点来看，很显然，地球能量收支已经不平衡：地球吸收的太阳能要比地球向大气层辐射的能量多。随后我对失去能量平衡的地球可能面临的后果进行叙述，包括近年来一系列异常天气事件——洪水、干旱、酷热、火灾和风暴，这些异常现象预示未来可能出现更加严重的气候问题。最后，本章总结了要点。基于气候问题对于本书核心主题的重要意义——人为因素导致的气候变化问题切实存在，我们需要尽快采取应对措施——我决定在本章结尾处再增加一系列更加详细的技术说明。

全球气候系统的能量学

图 4.1 展示了在理想条件下，全球气候系统的能量收支平衡情况。该图左侧展示了主要以可见光形式到达地表的太阳能[①]，右侧说明长波红外辐射是地球吸收热能返回大气层的主要形式。平均而言，地球表面接收的太阳能为 342 W/m²（如第 2 章所述，W 是功率的单位，表征单位时间的能量值）。根据图 4.1 的数据，到达地球的太阳能有 31.3%被反射至太空，其中大气中云层及颗粒物（气溶胶）反射占比为 22.5%，地表反射为 8.8%。入射太阳能（可见光）返回大气层的部分称为地球反照率（the Earth albedo）：明亮的表面反射性强（反照率高），深暗的表面吸收性强（反照率低）[②]。

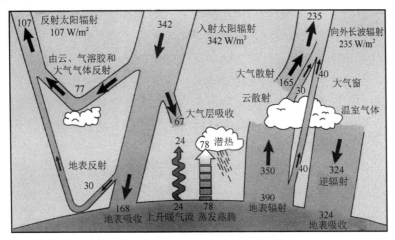

图 4.1　地球年度和全球平均能量平衡的估计（单位：W/m²）（IPCC，2007）

到达地球的太阳能，有 49.1%被地表吸收，占单位时间内地球捕获总能量的71.5%（168 W/m²）。被地表吸收的部分能量（14.3%）以热能形式传递到大气中，在图 4.1 中表现为上升的暖气流，主要通过温暖地表和冷空气直接接触进行热传递。地表吸收的能量有 48.4%用于蒸发水蒸气，主要是海水蒸发（其蒸发能量占地表吸收能量的 33%）。由于大气存储水蒸气的能力有限，水分的蒸发与降水会保持平衡。这意味着如果得知地球吸收的能量中用于蒸发水蒸气的那部分能量占比，就可以计算全球的平均降水量。图 4.1 中的水分蒸发数据表明全球平均降水量为每年 117 厘米（46 英寸）[3]。

如图 4.1 所示，传递给大气的能量速率为 235 W/m^2，其中 67 W/m^2 来源于太阳能直接辐射，剩下的 168 W/m^2 则通过地表直接或间接能量传递进入大气（包括热交换、蒸发、地表净红外辐射等）[4]。假定地球能量吸收与辐射恰好平衡，图 4.1 展示了地表与大气的能量循环：235 W/m^2 的太阳光净辐射刚好被返回大气层的 235 W/m^2 长波辐射所抵消。虽然这只是理想状态下的情况，但较好地展示了气候系统平衡假设下，能量转移和支配的主要机制。

大部分返回太空的红外辐射来自于温度为-18℃且高度约为 5 km 的大气层。如果大气仅由 O_2 和 N_2 构成（这两种气体占当前大气成分的 99%），那么大气不会对红外辐射造成影响，地表长波辐射将直接返回太空。这种情况下，从赤道到两极，地球都会处于冰封状态[5]。真正起作用的是大气中能够吸收红外（热）辐射的痕量气体，尤其是 H_2O（水蒸气）、CO_2（二氧化碳）、CH_4（甲烷）、O_3（臭氧）、N_2O（一氧化二氮）以及多种其他具有吸收功能的痕量气体，统称为温室气体。温室气体可以捕获热量，对形成现在地球表面相对温暖的平均温度起主要作用。当今大气中最重要的温室气体是水蒸气。然而水蒸气的含量取决于气候系统的状态：如果气候寒冷，那么大气能容纳的水蒸气含量就相对较低；相反，如果气候比较温暖，大气中水蒸气含量就相对较高，相应的温室效应也会被放大。在这种情况下，我们可以将水蒸气作为一种衍生物或二次温室效应气体，其含量和对温室效应的总贡献最终取决于其他温室气体，尤其是 CO_2 的捕热能力。

通过大气层逃逸到太空的红外辐射，其水平取决于其上覆吸收性气体（即云或气溶胶）的充裕度。如果我们立即增加吸收性物质的浓度，将会出现什么现象呢？这种情况下，红外辐射将不能从原来的逃逸区域直接进入太空，而是被重新吸收。逃逸层在大气中的位置将会因此升高，但新逃逸层的温度将会比原逃逸层的温度低。这意味着由地表向太空的红外辐射量将会减少（辐射量等于辐射温度的四次方）。在所有其他条件不变（净吸收的太阳能不变）时，地球吸收的太阳能将会高于返回太空的能量，因此地球会变暖。相反，如果大气中反射性气溶胶（后面将讨论）的浓度上升，将致使地球吸收的太阳能减少。这种情况下，地球则会变冷。这里的关键问题是：某种扰动出现时，全球温度和气候最终是如何变化的；当全球能量收支发生某种变化时，气候系统是如何随时间调整的。

CO_2 等温室气体浓度持续升高的短期影响是增加地球的（净）能量吸收。多余的能量将导致地球能量平衡产生积极或消极的变化（放大或减弱对原始扰动的反应）。例如，若增加 CO_2 的浓度，可以预测水蒸气的浓度会上升，放大变暖效应（H_2O 是一种重要的温室气体）。这是正反馈的一个例子。另一方面，H_2O 浓度的升高会使云层增多。云层增多会使得地球表面更加明亮，反射性更强，因此净能量输入会减少，至少能够部分抵消（补偿）水蒸气浓度上升导致的增暖效应。这是负反馈的一个例子。根据合理的预计，温室气体浓度的上升对地球能量收支产生的总效应是正向的，但为存储盈余能量，大气温度将会上升，因而向太空的红外辐射也会增加。

气候科学家将气候敏感度定义为当施加某一特定能量扰动时，气候系统作出响应达到最终平衡，这个过程所引起全球平均地表温度的变化。1979 年，受美国国家科学院委托，Charney 等在一项早期经典研究中总结到，基于基本科学原理与模型分析结果，全球平均能量输入每变化 1 W/m^2（下文中定义为辐射强迫），将会使全球地表平均温度变化 0.75℃±0.375℃。Hansen 和 Sato（2012）在近期一项研究中发现，若基于过去 80 万年的气候数据进行计算，不确定性的范围可以缩小，得出气候敏感度为 0.75℃±0.15℃。与工业化之前的水平（280 ppm）相比，CO_2 浓度瞬时（或持续）加倍，平均能量输入将增加 4 W/m^2，会导致全球能源收支不平衡（增加）[6]。若采用 Hansen 和 Sato 对气候敏感性的估计，计算出全球平均地表温度会上升 2.5～3.5℃。

大气对于地球净能量输入变化的反应具有某种滞后性。温室气体含量的上升致使一部分过剩能量被陆地吸收并升温。大部分过剩能量被海洋吸收，从而导致其温度升高。模型显示约 40%的地表温度的预期变化量在短短 5 年内即可实现平衡，其中陆地比海洋升温更加迅速，因为海洋比陆地的比热容大。然而，气候系统完全达到新的平衡状态则需要几百年甚至更长的时间，最终只有返回太空的红外辐射的增加达到恢复全球能量平衡要求的量时，才能达到新的平衡状态（补偿最初大气组分变化导致的能量收支不平衡）。滞后性的另一个原因是能量由海洋上层传递到下层是一个相对缓慢的过程。此外，气候系统对能量输入量减少的反应也有类似滞后性：这种情况下，在地表和大气温度调整到恢复平衡需要的较低温度之前，大量海水将会变冷。这意味着，现在和过去相当长的一段时间内，人为因素导致大气组分发生变化，所产生的气候变化效应需要很长一段时间（至少几十年）才能显现出来。气候的敏感性越强，系统达到新的平衡状态所需的时间就越长[7]。

大气温室气体含量的变化

毫无疑问，目前大气中温室气体含量比过去至少 80 万年任何时间都要高。我们是如何得知这个结果，以及怎样确定是人类活动导致了过去几百年温室气体含量迅速增长的呢？对极地冰川中捕获的气体进行测定，为大气组成的长期变化提供了珍贵记录。

图 4.2 展示了 CO_2、CH_4 和 N_2O 的观测结果。图中下方两条曲线展示了全球气候变化的相应替代数据[⑧]。在该图的记录时间范围内，CO_2 浓度的波动范围是 180 ppm 到 290 ppm，CH_4 浓度在 400 ppb 到 700 ppb 之间变化，N_2O 浓度在 200 ppb 到 280 ppb 之间波动（N_2O 的数据相对不完整）。这三种气体的浓度在冰期明显较低，在相对温暖时期较高，但都远低于现在空气中的含量（CO_2 约为 400 ppm，CH_4 约为 1850 ppb，N_2O 约为 320 ppb）。

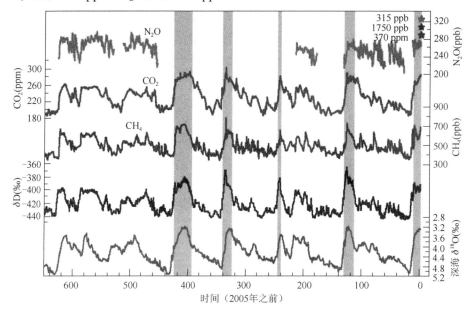

图 4.2　温室气体 CO_2，CH_4 和 N_2O 浓度变化（IPCC，2007）

图 4.3 更明确地强调了今昔对比情况，该图总结了自上一个冰期以来的 2 万年发生的变化。图 4.3 右侧展示了过去几百年内几乎呈垂直增长的浓度曲线。图 4.3（a）～（c）展示了根据观测的气体组分变化数据，分别估计的辐射强迫［由

政府间气候变化专门委员会（IPCC）命名］变化情况（右侧纵轴）。如果根据图中温室气体浓度变化的观测数据能够合理估计出地球能量净输入的变化，将具有重要意义[⑨]。为了说明辐射强迫每年随时间的变化情况，图 4.3（d）展示了辐射强迫的变化率，该数据是基于图 4.3（a）～（c）中三种气体对辐射强迫贡献总和的时间变化率计算得到的。据 Hansen 等（2011）估算，自现代工业时代以来数百年内温室气体浓度迅速增长，到 2003 年有效净辐射强迫值约达 3 W/m²[⑩]。

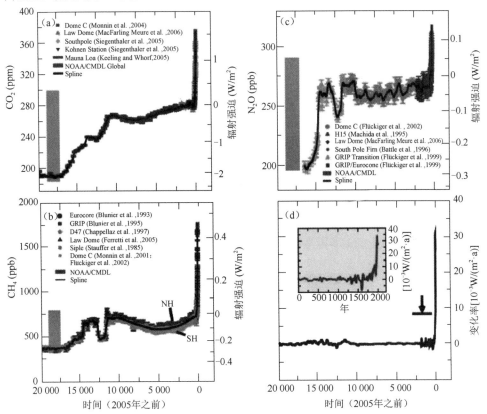

图 4.3 CO_2（a），CH_4（b）和 N_2O（c）的浓度和对过去 2 万年辐射强迫的贡献；
（d）为辐射强迫的变化率（IPCC，2007）

如图 4.4 所示，Hansen 等（2011）估算了过去 50 年内，温室气体浓度变化导致辐射强迫同比（与往年同期相比）变化的情况。值得注意的是，1960～1990 年间，辐射强迫值逐年迅速增加，但从 1992 年起，增速开始下降，1992～1998 年辐射强迫值仅有小幅回升，在过去 10 年内达到相对稳定的水平。20 世纪 80 年代末和 90 年代初，辐射强迫值短期内出现下滑的原因是 CO_2、CH_4 和氯氟烃（CFCs）浓度增长率缓慢降低。由于 1987 年保护平流层臭氧的《蒙特利尔议定书》顺利执行，CFCs 浓度增长率有所下降。目前辐射强迫每年增加约 0.04 W/m^2，如果保持这个增长速度不变（近几十年皆如此），10 年后，全球地表平均温度将升高约 0.3℃ [如前所述，假定气候敏感度为 0.75℃/（W/m^2）]。然后，因为海洋与部分陆地的热惯性，相当一部分升温会滞后发生。正如我们所预见的，早期阶段辐射强迫值（3 W/m^2）的持续增加，是全球地表平均温度升高，以及额外的热量在海洋累积的原因。

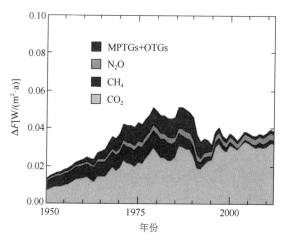

图 4.4　过去 50 年来与温室气体相关的辐射强迫的年度变化（ Hansen et al., 2013）

　　近些年温室气体浓度发生巨大变化，主要原因归结为人类活动，对这个观点是否有疑问？过去几百年内观测到的变化，有多大机会是 80 万年一遇的异常自然现象？毫无疑问，答案是否定的。事实上，我们至少了解了近期这些变化的原因。部分是由于我们对作为一次能源的化石能源的依赖程度不断增强，部分是因为全球人口数量有史以来首次突破 70 亿，由此带来巨大的能源和技术需求压力。

　　与煤炭、石油和天然气燃烧相关的污染物排放增加是导致 CO_2 含量升高的主要因素。1995～2007 年间，传统化石燃料燃烧导致大气中 CO_2 含量上升了 893 亿吨（地球上人均排放接近 13 吨），其中 29%转移到海洋，15%由生物圈吸收，57%保留在大气层（Huang and McElroy, 2012）。可以预想到，如果全球能源政策没有重大改变，当今加速排放的趋势会延续至可预测的未来。与工业化前的水平相比，接下来几十年内，预计 CO_2 浓度将会增长多达两倍（将超过 560 ppm）。

在厌氧条件下（氧气浓度很低），通过有机物获取营养的微生物在代谢过程中会产生甲烷。富含有机物的沼泽是甲烷的重要自然来源（事实上甲烷也被称为沼气）。水稻田的环境和天然沼泽类似，因此也与甲烷的产生有关。家养牲畜[①]以及使用化石燃料也会产生甲烷。这种情况下，甲烷主要产生于化石燃料的提取和燃烧过程（尤其是煤和天然气），石油工业气体燃烧不完全，以及气体输配系统的意外泄漏。目前，大量有机碳存储于高纬度地区冻土中。人们担心，未来全球气候变暖会使冻土中的冰层融化，因此冻土可能将成为 CH_4（以及 CO_2）的主要排放源，从而进一步加速变暖。鉴于 CH_4 潜在来源的复杂性，同时它有可能成为气候变化的重要反馈，以及未来从大气中去除 CH_4 效果的不确定性[⑫]，因此很难预测未来大气 CH_4 的变化趋势。

预测 N_2O 的未来变化也同样极具挑战性。毫无疑问，氮元素的微生物代谢过程是 N_2O 这种温室气体的主要来源。近年来 N_2O 浓度上升极有可能与氮肥大量施用，以及含氮废物排放量增加有关。这些含氮废物的产生不仅和全球人口数量日益增加有关，也和我们饲养的鸡、牛、羊以及其他动物数量的增加有关，这些动物可以满足我们对高级蛋白质和奶制品日益增长的需求。为提高食用作物产量，通常会向土壤中施加混合氮肥，这也是 N_2O 的一个重要来源[⑬]。鉴于全球氮生物介质循环的复杂性，在目前和可预测的未来，是否能够合理控制导致 N_2O 浓度上升的因素，我们对此持怀疑态度。正因如此，本书中我选择聚焦于与化石燃料使用直接相关的温室气体，以及可以通过激励政策降低其排放的温室气体，尤其是 CO_2 和 CH_4。

全球地表温度升高

图4.5展示了1880～2010年这130年内全球平均地表温度观测值的变化情况。图中数据显示了自1880年以来发生的变化，其参照值是1951～1980年观测的平均温度值（即图中的零参照水平）。1880～1920年左右，温度相对恒定。1890～1945年增长了约0.5℃，1945～1975年温度水平较为平稳，甚至有所下降，之后上升了约 0.6℃。毫无疑问，地球目前的温度，至少是地表温度，要比过去 130年内的任何时候都要高。在整个记录期内，温度上升了约1.0℃，其中约70%的增长发生在过去40年内。

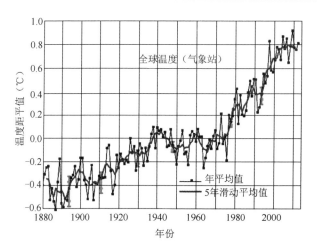

图 4.5　在过去 130 年（1880～2010 年）观测到的全球平均地表温度变化。浅色线条表示不确定

资料来源：http://data.giss.nasa.gov/gistemp/graphs_v3/

气溶胶的角色

自 1880 年开始，全球平均地表观测温度升高的程度要低于温室气体含量增加所带来的预期影响。如前所述，大气颗粒物（气溶胶）很可能抵消温室效应引起的全球变暖。通过浅色气溶胶颗粒来反射太阳光会增强日光反射（增加地球反照率），从而减少从太阳吸收的能量，这是政府间气候变化专门委员会（IPCC, 2007）所说的气溶胶直接效应。除此之外，气溶胶也可以作为水蒸气的凝结核，这种情况下可以增加云颗粒的数目，因此，云反射率升高导致地球能量输入进一步减少[14]。政府间气候变化专门委员会（IPCC, 2007）将此称为气溶胶的间接作用。气溶胶颗粒的自然来源包括海洋飞沫蒸发产生的盐颗粒，大气光化学过程中形成的颗粒，各类风沙粉尘，包括但不限于沙漠地区风暴扬起的浅色颗粒等（负辐射强迫的一种来源）。气溶胶颗粒的人为来源包括排放二氧化硫（SO_2）、氮氧化合物（NO_x）、氨气（NH_3）等产生的多种颗粒物，以及包括黑碳和煤烟在内的不同种类有机碳颗粒。排放 SO_2、NO_x、NH_3 产生的颗粒物颜色浅，当条件适宜时，通常能够有效促进水蒸气冷凝，因此这些排放源是负辐射强迫的来源。黑碳，顾名思义，其辐射强迫值为正。在全球范围内，有证据表明，SO_2、NO_x、NH_3 等排放形成的浅色颗粒物，其促进水蒸气冷凝引起的变冷效应要比黑碳引起的变暖效应潜能大[15]。

相对而言，我们有信心对温室气体的正辐射强迫进行估计，然而遗憾的是，对人为因素产生气溶胶的负辐射强迫的估计具有不确定性。基于一系列相关文献研究，政府间气候变化专门委员会（IPCC，2007）提出，自 1750 年以来，气溶胶带来的累积辐射强迫推荐值为-1.2 W/m^2，报告称其误差范围为$-2.7 \sim -0.4$ W/m^2。之所以强调这份数据的误差范围，是因为-2.7 W/m^2 的辐射强迫值足以抵消温室气体含量上升带来的正辐射强迫。Murphy 等（2009）根据实证研究法尽量缩小这一重要参数的变化范围。通过地球辐射收支实验系统（ERBE）和云层与地球辐射能量系统（CERES）中的地球收支空间测量数据，结合海洋热含量数据（将在之后讨论），他们得出 2000 年气溶胶辐射强迫值为-1.8 W/m^2。Hansen 等（2011）的独立分析发现，2010 年辐射强迫值为（-1.6 ± 0.3） W/m^2，1970$\sim$2000 年间辐射强迫均值为（-1.1 ± 0.3）W/m^2。然而，正如稍后会讨论到的，近年来气溶胶在减缓气候变暖方面的影响已经略有下降，未来这种减缓作用会更加有限。

图 4.6 展示了 SO$_2$ 随时间变化的排放情况，能够有效反映全球（人为因素产生的）气溶胶来源的变化趋势。图 4.7 显示了 SO$_2$ 排放的个体贡献情况。从 1950 年到 1970 年，全球地表平均温度稳步升高，但期间出现了短暂停滞，这可能是全球 SO$_2$ 排放量迅速增加所导致的。20 世纪 70 年代初全球排放量达到峰值，反映了美国和欧洲为尽量减少酸雨带来的环境破坏所采取的政策手段（图 4.7 展示了美国当时的排放趋势）。随后，全球平均地表温度又继续上升。目前，中国和

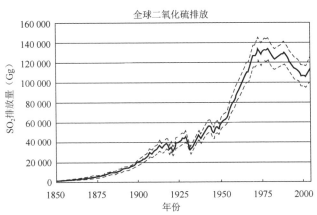

图 4.6 全球燃料燃烧和排放过程中的二氧化硫排放量。其中，实线表示中心值，虚线表示不确定性的上下界（Smith et al., 2011）

图 4.7　排名前 5 的 SO_2 排放个体（Smith et al., 2011）

航运行业（图 4.7）是最主要且增长最为迅速的硫排放源，如图 4.6 所示，自 2000 年以来全球排放量小幅增长主要是受这两个排放源影响。然而，有迹象表明，由于中国政府采取了一系列措施解决局部地区（常规）空气污染问题，近几年中国的排放已呈下降趋势。更重要的是，Lu 等（2012）的研究表明，过去 4 年美国硫排放量急剧下降，美国能源供应由煤炭向天然气转变，促使天然气价格下降。这种能源结构的改变使得一部分没有配备脱硫设备的低效率（老旧）燃煤发电厂闲置下来。如前所述，美国和中国排放趋势的下降，增加了未来净辐射强迫值显著上升的可能性；事实上，我们或许正在经历这种辐射上升带来的影响，这在之后还会讨论到。

气候变化性的自然来源

人为因素会对温室气体和气溶胶含量变化产生长期影响，除此之外，气候系统也会对一系列源于自然的影响因素做出响应，气候变化是非线性的，是基于复杂的物理学原理以及气候系统不同组成部分（大气、海洋、冰层和生态系统）之间的相互作用。不同时间尺度上的气候变化可能各不相同，天气变化需要几天到几个月时间，而由海洋变化而引起的气候改变往往需要几年甚至上百年时间。以下现象会对热带和北半球大部分地区的气候状况造成持续影响：厄尔尼诺-南方涛动（ENSO）、季内振荡（MJO）、大西洋多年代际振荡（AMO）、北大西洋涛动（NAO）、北极涛动（AO）、太平洋年代际振荡（PDO），在南半球也可以观测到类似的规则性波动。目前一个悬而未决的有趣问题是，至少在短期内，人为因素造成的气候变化与上述自然波动之间的相互作用，在调节全球气候系统方面具有潜在意义[16]。

大气和海洋二者的相互作用会导致热带太平洋地区发生多年的气候变化，厄尔尼诺-南方涛动（ENSO）现象有助于我们相对容易地理解上述内容。厄尔尼诺-南方涛动现象的两个极端是厄尔尼诺现象和拉尼娜现象。厄尔尼诺（暖期）现象指的是从日期变更线延伸到南美洲海岸线的热带太平洋表层的海水异常温暖。拉尼娜（冷期）现象的特点则截然不同，在邻近南美海岸线的海洋底层，冰冷且富有营养的海水将上涌，产生跨越热带海洋的水流。在厄尔尼诺现象期间，全球地表平均温度略有上升，相反，在拉尼娜现象期间，全球地表平均温度会下降。厄尔尼诺-南方涛动现象在全球影响范围广泛，尤其是对热带和亚热带。印度尼西亚、澳大利亚和南非在厄尔尼诺现象期间会出现旱情，而秘鲁和厄瓜多尔通常会发生暴雨。拉尼娜现象期间的气象条件和厄尔尼诺现象期间刚好成镜像关系（拉尼娜现象发生时，印度尼西亚、澳大利亚和南非通常会出现暴雨，而秘鲁和厄瓜多尔会发生旱情）。如图 4.8 所示，过去几年来拉尼娜现象盛行，至少对于美国西南大部地区遭遇的毁灭性旱灾和失控火情负有一部分责任[17]。

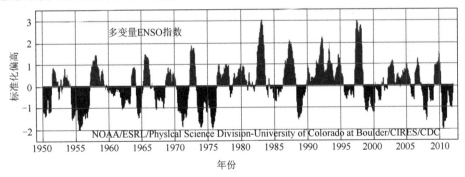

图 4.8　ENSO 指数（资料来源：NOAA/ESRL）

Muller 等（2012）发现，过去 60 年来，全球地表温度的年代际变化与大西洋多年代际振荡（AMO）具有显著相关性（相关系数为 0.65）[18]。大西洋多年代际振荡或多或少与北大西洋海洋表面温度连续变化有关。图 4.9 展示了 1856～2009 年间，大西洋多年代际振荡偏离平均值的月度值。该指数变化周期在 60～90 年之间，和大西洋经（纬）向翻转有关[19]。Booth 等（2012）认为至少在过去一个世纪，硫排放模式的变化也起到了重要作用。Knudsen 等（2011）认为，至少在过去 8000 年内，大西洋多年代际振荡是北大西洋气候多样性的稳定特征。他们提出了一系列大西洋多年代际振荡的关联研究，认为大西洋多年代际振荡与北美降水变化、萨赫勒旱灾、巴西东北部降水变化以及热带飓风频度和强度有关，甚至与南北半球间热量传递的潜在变化有关。

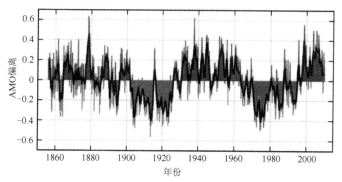

图 4.9　1856～2009 年 AMO 指数的月度值

图 4.10 展示了过去 60 年间陆地和海洋的温度变化趋势。值得注意的是，自1990 年以来，与海洋温度相比，陆地温度明显升高。气溶胶能够抵消温室效应，当其浓度下降时，就会出现这种情况：由于海洋的比热容更大，额外增加的热量首先会使陆地迅速升温，而后才是海洋。我们也可以预想到，相对于南半球，北半球温度上升会更快，这是因为北半球陆地面积比南半球大，而且在北半球，气溶胶的辐射影响更大（工业排放源相对集中）。与预期一致，近期北半球中纬度地区观测到的温度上升程度比报道中南半球中纬度地区的温度要高（图 4.11），其中北极圈温度增长最快（图 4.12）。

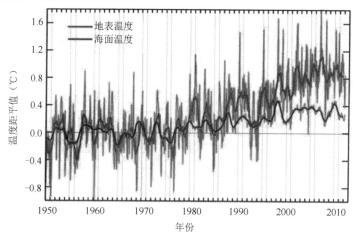

图 4.10　全球陆地和海洋表面温度月度值（细线）和连续 12 个月均值（粗线）（资料来源：NASA/GISS）

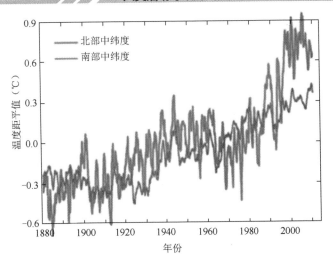

图 4.11 中纬度地带的温度变化（连续 12 个月均值）（资料来源：NASA/GISS）

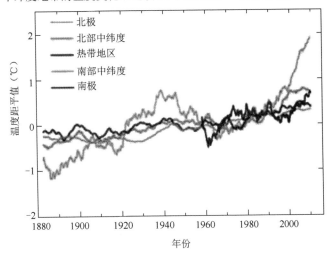

图 4.12 五个区域连续 60 个月平均温度变化（资料来源：NASA/GISS）

海洋热含量增长

如果上文中地表温度的变化趋势可以作为全球气候变化的有力证据，那么来自海洋的数据则能够更有力地证明地球能量收支处于不平衡状态。毫无疑问，地球正在累积能量：从太阳吸收的能量超过以长波辐射形式返回到太空的能量。海洋热含量的上升无疑就证明了这个事实，这种现象已经持续了 50 年或更久，甚至有可能超过了一个世纪。

过去几十年来，关于海洋热含量（能量储存总量的指标）测量的研究发展迅速，这主要归功于国际 ARGO 浮动测量项目的成功。ARGO 项目包括布置于全球范围内的一系列自动漂浮探测器，探测器可以记录海洋温度和盐度的测量数据，可以在深达 2000 m 的深海环境中使用，实际应用中深度可达 1750 m。探测器每 10 天会浮到水面上一次，通过卫星将数据传到世界各地的接收站，接收站在对回传的数据进行处理后，将可用数据全部公开并传送给世界各地的海洋科学家。到 2012 年 3 月，全球已布设并投入运行的探测器达 3500 台。

图 4.13 显示了 Trenbreth 和 Fasullo（2012）报告的海洋热含量汇总数据，该数据是在 Levitus 等（2012）的基础上进行的更新。这一成果展示了较深海水层（深度大于 700 m）的海水热含量近期呈上升趋势，相比而言，较浅的海水层（深度小于 700 m）热含量变化相对不明显。1993～2011 年间，通过 ARGO 项目取样测定发现，与最低水平相比，海洋热含量平均增长率为 0.6 W/m^2（计算时考虑全球表面积）[20]。针对 2005～2010 年这一时间段，Hansen 等（2011）采用 0.51 W/m^2（也是全球平均数据）作为海洋热含量的平均增长率，由于海洋数据处理会有差别，因此不确定性数值取为 0.12 W/m^2。对于 1993～2008 年这段更长的时期，他们采用了相对更高的数值（0.625 W/m^2，不确定性范围与之前相同），这与近期观测到 0～700 m 深的海洋热含量增长率略有下降的情况一致（Levitus et al., 2012）。Hansen 等（2011）指出，自 2004 年以来，在最近的太阳极小期阶段，太阳光度下降可能减少海洋上层（深度小于 700 m）对热量的吸收，如图 4.13 所示[21]。

近期，通过对英国挑战者探险队（1872～1876 年）获取的数据进行再分析（Roemmich et al., 2012），表明过去 135 年间海洋热含量可能已增长了 2 倍，其中约一半发生于 20 世纪 50 年代之前[22]。结论显而易见：在过去一百年的大部分时间内，地球处于能量收支不平衡的状态，与图 4.5 展示的全球表面平均温度的变化趋势一致。

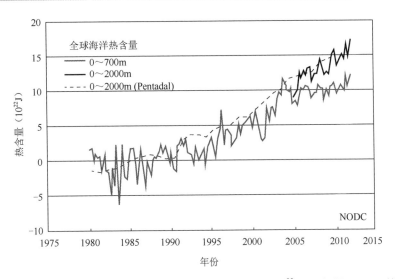

图 4.13　来自 NODC（NESDIS，NOAA）的全球海洋热含量（10^{22} J），根据 Levitus 等（2012）的结果更新。不同的曲线分别显示深度为 0～700 m 和 0～2000 m 海洋热含量的 3 个月平均值。虚线是深度为 0～2000 m 的海洋热含量连续 5 年分析，其中在 20 世纪 80 年代，2σ 标准误差约为 ±2×10^{22} J，90 年代初降至 ±1×10^{22} J，但是在 20 世纪 90 年代后期有所增加，ARGO 时代，该指标大幅下降到约 ±0.5×10^{22} J。参照期为 1955～2006 年（Trenberth and Fasullo, 2012）

我们能从全球变暖预料到什么

简言之，我们能够预料到，洪水和干旱事件发生的概率在不断增加，风暴越来越具有破坏性，基础设施难以应对多变的天气系统，极端热浪事件多发，北极圈海冰范围缩减且厚度下降，沙漠向高纬度迁移，随之而来的还有全球海平面升高所带来的破坏性影响。

如前所述，全球降水量最终主要受海水蒸发量所控制。现在的大气层比过去更加温暖，由于大气容纳水蒸气的能力从根本上取决于它的温度，因此，毫无疑问，大气中水蒸气含量也在增加，且随着气温不断升高，其含量极有可能继续增长。假定全球海水蒸发量无明显变化（降水量也没有显著变化），当某地的气候条件有利于降水（空气的上升运动）时，降水强度很有可能也会随之增加。如果全球降水量基本不变（或略有上升），这就意味着在其他地方雨量或雪量会减少。进而可能会导致天气越来越难以预测，极端天气情况逐渐增多，一些地区洪水发生概率增加，其他地区则出现旱灾[22]。风暴所蕴含的能量很大程度上来源于水的相变（水蒸气转化为液态水或固态冰）。我们推测，水蒸气含量增加不仅可能导致全球水循环出现极端现象，这个额外的能量来源也会使风暴更具破坏力。而最近发生的事实与我们的推测相吻合。

疾风、强降水或二者结合，往往伴随着生命财产安全的严重损失。此外，比较有意思的是，全球变暖也与暴风（如飓风、气旋和龙卷风等）有关。Emanuel（2007）称，尽管没有理由推测未来飓风（在太平洋称为台风）发生的次数会增加，但由于海洋表面温度上升，导致未来的风暴会蕴含更加强大的能量。类似结论同样适用于对气旋的分析。另一方面，尽管公众的看法相反，但近期并没有证据表明龙卷风发生的次数和破坏力会增加，也没有证据说明其已经扩大了范围。这方面尚缺乏科学依据。

2011 年 6 月到 2012 年 6 月，美国经历了有记录以来最温暖的一年。这期间每个月的温度都在相应月份的历史温度中排在前三名。由自然原因导致这一现象的概率小于百万分之一（http://www.wunderground.com/blog/ JeffMasters/comment. html?entrynum=2149）。全球的天气情况与之类似，最高温度持续攀升：好的一面是晚上和冬天温度不像过去那么冷了。然而，相较于暴露在异常寒冷的环境中，暴露在高温条件下的人口死亡数量更多（严寒条件下人们通过温暖的着装来保护自己）。美国国家气象局发布了一项指数，该指数考虑了温度和湿度对人体舒适度（不舒适度）的影响。如果长期在超过 100°F（37.78℃）（第二类）的温度下进行中等强度的锻炼，那么即使湿度很低，也可能会导致人体严重中暑。如果暴露于类似的环境中，当温度超过 120°F（48.89℃）（第一类）时，人体则会受到致命的威胁。植物和动物亦如此。

如图 4.14 所示，近年来，北冰洋夏季冰的覆盖率明显下降。该区域在夏季冰覆盖面积缩减的同时，也伴随着多年冰雪的减少（冰层变得越来越薄）。3 月中旬至下旬，其冰雪覆盖率最高，而 9 月为最低。2007 年 8 月，在传统夏季融雪季结束前的一个多月，海冰面积创历史新低，这种现象有助于从亚洲到欧洲的航运活动，使得船舶在通过西北航道时畅通无阻[20]。到 2011 年，冰的覆盖面积在 9 月已经下降到了 460 万 km^2，而 1979~2000 年间观测到的平均面积为 700 万 km^2（http://earthobservatory.nasa.gov/Features/WorldOfChange/sea_ice.php/）。一系列正反馈共同放大了北冰洋变暖的影响。海冰覆盖面积减少使得相对温暖的海水和大气可以直接相通。另外，冰雪覆盖区域反射率下降，使海洋对日光的吸收增强，特别是在夏季。这会造成变暖效应自我强化，不仅会影响到北冰洋局部地区，同时会对极地地区气候产生更为广泛的作用，另外可能对较低纬度地区天气系统也会造成影响。

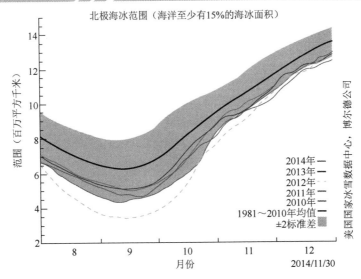

北极海冰范围（海洋至少有15%的海冰面积）

图 4.14　近期北冰洋海冰空间范围的变化：2010～2014 年的数据与 1981～2010 年的平均值进行比较。深灰色表示 1981～2010 年的平均值。平均线周围的灰色区域显示数据的两个标准偏差范围

资料来源：http://nsidc.org/arcticseaicenews/

　　有证据表明哈得来环流近期有扩张趋势，这一气候系统主导着热带和亚热带地区的气象条件。潮湿空气在赤道地区上升，在因降水而失去大部分水分后，会向南北半球的高纬度地区移动。在通过循环回路（由信风定义）的下半圈返回赤道源区域之前，潮湿空气沉降到纬度为 25°～35° 的亚热带地表。当空气沉降到亚热带地表时已经损失掉了大部分水分，同时，沉降伴随着温度的升高，每下降 1 km 温度会升高 9℃。全球主要沙漠地区一般都位于哈得来环流的下降循环圈中。哈得来环流系统向两极移动将导致沙漠区域向高纬度地区转移：想象一下，撒哈拉沙漠穿过地中海延伸到南欧，或是美国西南部沙漠向北移动至美国粮食生产区。观测数据显示，1979～2005 年间，哈得来环流在纬度上拓展了 2°（Fu et al., 2006; Seidel and Randel, 2007）。有趣的是，观测到的拓展范围比气候模型预测结果高出 10 倍，这一点提示我们，实际上模型可能低估了人类对气候变化产生的重要作用。

　　过去 19 年间，利用安装在美国/法国詹森 1 号（Jason-1）、詹森 2 号（Jason-2）以及托帕克斯（TOPEX）卫星航天器上的仪器（测高器），测量到了全球海平面变化的高精度数据。图 4.15 展示了测量结果（http://sealevel.colorado.edu/）。这一时期卫星观测到海平面的平均上升速率为每年 3.1 mm±0.4 mm，是政府间气候变化专门委员会（IPCC）预测结果的 2 倍左右。海平面上升的原因中有 30% 可以归因于海洋温度的升高（海水的膨胀）。另有 30% 归因于全球高山冰川退缩，剩下约

40%是因为格陵兰岛和南极洲的主要冰盖发生了变化。

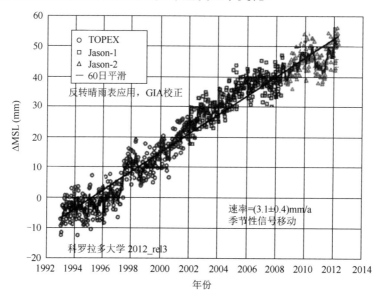

图 4.15　全球平均海平面时间序列（季节性信号移动）

资料来源：http://sealevel.colorado.edu/

GRACE 卫星（Velicogna, 2009）对重力的变化进行了测定，为格陵兰岛和南极洲对海平面上升的重要影响提供了确凿证据：格陵兰岛冰川质量损失从 2002～2003 年的年均 1370 亿吨，增长到 2007～2009 年的年均 2860 亿吨；南极洲冰川质量损失从 2002～2006 年的年均 1040 亿吨，增长到 2006～2009 年的年均 2460 亿吨。总体来讲，2002 年 4 月到 2009 年 2 月期间，格陵兰岛和南极洲冰盖融化导致全球海平面年均升高 1.1 mm。上述因素决定了海平面上升的速度，并且似乎在不断加快，这个现象令人担忧。

长此以往，当未来冰层发生变化时，海平面的改变可能不再以厘米来衡量，而是以米甚至更高单位来衡量了。据美国国家航空航天局（NASA）报道，始于 2012 年 7 月 8 日的 4 天内，覆盖格陵兰岛的海冰有大约 97%融化，这种情况前所未有（http://news.yahoo.com/nasa-strange-sudden- massive-melt-greenland-193426302. html）。尽管表层冰融化对于格陵兰岛冰层质量平衡没有直接影响，但存在着间接的影响，这种情况下液态水会渗到冰的缝隙中，随后结冰（膨胀），从而增加了冰块移动和转移到海洋的速率[20]。如果表层融化现象多次发生，融化的水可能最终会到达冰川底部，由此直接流入海洋。

近期天气的异常模式

2011 年 9 月 13 日，Thomas Friedman 在发表于《纽约时报》的专栏文章中，使用了十分具有煽动性的题目："这对你来说足够异常吗？"该文章中，他将"全球气候异常"定义为"热的地方更热，潮湿的地方更潮湿，干旱的地方更干旱"。诚然，近几年天气的确比较异常。

2010 年和 2011 年，巴基斯坦连续两次遭受洪涝灾害。超过 2000 万人流离失所，经济损失估计超过 500 亿美元。2010 年 12 月下旬和 2011 年 1 月，澳大利亚东北部昆士兰州经历了有史以来的最强降水。两条主要河流决堤，致使布里斯班超过 25 000 栋房屋和 5000 家企业被水淹没。2010 年夏天，俄罗斯经历了史无前例的热浪和干旱。2010 年 7 月 29 日，莫斯科温度突破了 100°F（37.78℃），创历史新高。高温和干旱使得粮食大量减产，旱灾和火灾造成的经济损失高达 150 亿美元。刚刚过去的几年，非洲之角经历了 60 年来最严重的干旱，引发了一场重大的人道主义灾难。此外，2011 年秋天，包括首都曼谷在内的泰国大部分地区都遭遇了水灾。

这些与天气相关的灾难，美国也未能幸免。美国商务部国家气候数据中心对过去 31 年内被归类为与天气/气候相关的灾害（采用 2001 年调整后的美元，单个事件经济损失超过 10 亿美元，总损失超过 7500 亿美元的灾害）进行了总结。估计 2011 年前 9 个月经济损失超过 450 亿美元。2011 年春夏之际，俄亥俄山谷持续降水（平时降水量的 300%）以及积雪融化导致密西西比河沿岸及其支流发生史上最大洪灾，总损失超过 20 亿美元。2011 年夏天，有关美国南部平原和西南部的旱灾、热浪、火灾的新闻报道铺天盖地。大范围牧区遭到破坏，因为饲料不足，不得不屠宰大量牲畜。每天的消防和灭火费用超过 100 万美元，总损失超过 90 亿美元。2011 年 4 月 25 日到 30 日期间，有超过 340 次的龙卷风袭击了美国中部和南部各州，造成 321 人死亡，仅亚拉巴马州的死亡人数就高达 240 人。财产损失超过 90 亿美元。同年 5 月 22 日到 27 日，龙卷风再次来袭，造成 177 人伤亡。自 1950 年美国有龙卷风记录以来，史上最具破坏性的龙卷风袭击了密苏里州的乔普林市，造成的经济损失估计超过 80 亿美元，而这只是 2011 年异常天气的部分情况。

2012 年的情况也并未有很大改善。一些主要的农业国家，尤其是美国、加拿大、墨西哥、巴西、阿根廷、西班牙、意大利、乌克兰、俄罗斯和印度，都同时遭遇了严重的旱灾，对玉米、小麦、大豆等主要粮食作物价格造成了严重影响。2012 年 6 月下旬，明尼苏达州的德卢斯全市遭受了有史以来最严重的山洪，降水量达 7 英寸（17.78 cm），在这之前，强降雨已经导致地表含水量达到饱和。不到一周之后，热带风暴"黛比"在墨西哥湾停留了两天，导致佛罗里达州北部降雨量超过 2 英尺（60.96 cm），安克洛特河水面上涨超过 27 英尺（8.23 m）。2011～2012 年，科罗拉多的冬季极其干燥，平均降水量不到正常降水量的 15%。高温和极低的相对湿度为 2012 年初夏频发的火灾埋下伏笔。2012 年 6 月 23 日，在位于科泉市西北方 10 英里（16 km）处的沃尔多峡谷，发生了破坏力极大的火灾。在火势得到控制之前，火灾已经造成科泉市范围内史上最大规模的房屋破坏，致使包括美国空军军官学校全体人员在内的超过 32 000 人被迫撤离。与此同时，俄罗斯被迫宣布进入紧急状态，处理发生在哈巴罗夫斯克区域失控的火情，而中国中部和东南部地区也受到暴雨影响，超过 70 万公顷农作物遭到破坏，经济损失超过16 亿美元。

所有这些异常天气现象导致了意想不到的后果。2012 年夏天，美国中部和东部地区遭遇大范围高温天气，导致空调用电需求量大幅增长。尽管需求量大增，然而核电站的发电能力却降至 9 年来的最低水平：由于缺少用于保持反应堆合适温度的冷却水，从俄亥俄州到佛蒙特州的反应堆被迫限制运行[20]。

要　　点

（1）**温室效应真实存在**。正是由于温室效应的存在，才使得地球适宜居住，这一点毫无争议。地表辐射至太空的能量减少，从太阳吸收的净能量增加，这是对 CO_2 等温室气体浓度增长的直接响应。

（2）**目前许多重要温室气体浓度比过去 80 万年的任何时候都高**。这一点也是毫无争议的。极地冰川中的气体测量为这一结论提供了充分的证据。

（3）**自 1890 年以来，全球地表平均温度升高了约 1.1℃**。其中超过一半出现在 1970 年以后。温度升高的原因可能存在争议，但温度升高的事实是毫无疑问的。

（4）**过去的 40 年，海洋普遍吸收热量，最可能开始于 19 世纪最后的 25 年**。从能量角度来看，海洋热含量的增加有力地证明了地球处于能量失衡的状态。地球从太阳吸收的能量比以红外辐射形式返回太空的能量要多。

（5）**近期温室气体含量增加导致的变暖效应被传统污染物的副产品，即气溶胶带来的冷却效应所抵消**。通常支持这一论点的证据是间接的，并且其中大多基于这一事实：相较于根据温室气体含量升高记录进行的预测，实际观测的全球温度变化幅度要低。除直接影响外，气溶胶对地球能量收支和气候变化也有间接影响，这一点仍有待进一步研究和证实。就目前所了解的信息来看，由于各国采取措施尽量减少传统污染物对人体健康和环境的不利影响，因此未来气溶胶的抵消作用将会减弱。这种情况下，气候变化的速度可能会加快。

（6）近期我们观测到气候变化造成的广泛影响，其中包括调节热带和亚热带气候条件的哈得来环流出现扩张，北冰洋海冰厚度缩减，该区域夏季冰层覆盖面积减少，以及覆盖格陵兰岛和南极洲主要冰川的冰层质量降低。如果未来哈得来环流持续扩张，可能会导致沙漠向高纬度区域迁移。北极冰盖的消融很有可能导致高纬度气候发生一系列自我强化的改变，进而导致北极变暖，海冰覆盖减少。

（7）正如 Thomas Friedman 所强调的，近些年全球天气变得越来越异常，洪水、旱灾、强风暴、极端热浪以及失控的森林火灾不断出现。未来这一情况很可能会延续，这为专门应对过去观测到的极端天气事件所做的基础设施投资带来了挑战。令人担心的是，历史记录可能无法对未来提供可靠预测。明确区分是由人为因素或者自然演变导致的极端事件也是一项我们面临的长期挑战。

（8）全球变暖的重要社会影响不是局部区域地表温度升高、降水增加、干旱加剧，而是极端情况会变得越来越严重。过去可能百年一遇甚至更罕见的异常情况，未来可能十年一遇，甚至频率更高，这将威胁到对道路、桥梁、交通系统、工业设备、居民区等基础设施进行昂贵投资的可行性，也为基础能源供应和通信服务等重要系统的有序运行带来挑战。

（9）过去的 19 年，海平面上升了约 6 厘米，这是基于空间测量而得到的精确数据。据测算，海平面的实际增长速率高于预期。未来我们关心的一个关键问题是格陵兰岛和南极洲主要冰盖的变化情况。来自 GRACE（重力恢复和气候试验）的卫星数据明确证实了 2002 年 4 月到 2009 年 2 月期间这两个区域冰层质量的净损失呈显著增长趋势。未来这两个区域中任何一个区域冰层的大量消融，都将对全球沿海区域安全造成严重威胁。鉴于 2012 年 7 月上旬格陵兰岛表层冰川大量消融，因此对这些系统进行持续的详细监测显然非常重要。

【注释】

①　地球从太阳吸收的能量来源于太阳大气层中约 5600℃ 的区域。物体温度越高，其发射的光的波长也就越短。由于太阳温度很高，其发出的辐射主要集中在光谱中的可见光区域。相比之下，地球温度较低（至少和太阳相比），其辐射波

长更长，集中于红外光区。当从太空观测地球白天的辐射情况时，辐射光谱图会有两个峰值，可见光区的辐射峰是反射太阳光形成的，红外光区的辐射峰是地球的自辐射形成的，这两个辐射峰在光谱图上很容易区分。因此将太阳光和地球光（红外光）作为两个不同系统来谈论是符合实际情况的。以上是基于图 4.1 的结果进行的分析，该图左侧展示了可见光的趋势，右侧展示了红外辐射的趋势。

② 特定表面的反射率不仅取决于表面的本质属性，还取决于观察的几何角度（太阳光入射角和观测的反射光线方向之间的差异）。新雪的反照率高达 85%，而森林反照率一般低至 5%～10%，荒漠地区的平均反照率约为 25%。如前所述，鉴于大气云层和浅色悬浮颗粒（也就是我们所说的气溶胶）的反射作用对反照率的重要作用，全球平均反照率略高于 31%。

③ 液态水转换成气态水的相变需要消耗大量能量。海水蒸发可以起到让海洋降温的作用。当大气中的水蒸气通过冷凝以雨雪形式降落时，能量会释放到大气中。综上，海洋通过蒸发降温；大气则通过降水升温。蒸发/降水循环成为海洋和大气之间能量传递的重要方式，其他的能量转换途径涉及陆地的蒸发/降水循环。1 kg 液态水转换成气态水需要耗能 2400 BTU。每年参与全球蒸发/降水循环的水的总质量达 $6×10^{17}$ kg，相当于 1170 kg（1.17 t）/m^2（计算时采用地球总表面积）。每年水循环耗能 130 万库德，比全球基于商业运作的能源消耗总量高出近 3000 倍。

④ 辐射能量取决于温度的四次方。如图 4.1 所示，地表辐射能量的 10% 会直接返回太空，其余能量主要被温度比地表略低的低层大气中的水蒸气所吸收。这也解释了大气返回地表的辐射能量与大气从地表接收的辐射能量差距不大的原因，两者相差不超过 7.5%。因此，对于大气（和地表）发射的大部分红外辐射来说，大气具有较高的光学厚度。也就是说，光子（光辐射的基本单位）在被大气吸收和再次释放之前，只能移动很小的距离。

⑤ 冰冻地球不仅存在于想象和虚构中。在距今 75 000 万年到 58 000 万年的新元古代，至少出现了四次地球完全冻结的情况，加州理工学院地质学家 Joseph Kirschvink（1992）将这种情况称为"雪球地球"。Hoffman 等（1998）将"雪球地球"的出现归因于构造活动急剧衰退引起的 CO_2（关键的温室气体）浓度的显著下降（参见第 2 章注释④，沉积物和大气之间的碳循环在构造活动中起着重要作用）。

⑥ CO_2 浓度瞬时升高会导致辐射到太空的能量减少，具体数值可以基于明确的分子特性进行精确计算。

⑦ 气候敏感度越高，达到新平衡所需的能量输入就越多，因此，就需要更长

的时间来提供能量输入。

⑧　过去 80 万年的气候特点是长时间的极冷情况（冰期），期间不时会出现时间相对较短的温暖时期（间冰期）。上个冰期结束于约 2 万年前，当时的海平面比现在低 110 米。冰期期间，海洋分离出的水被隐藏在广阔的大陆冰盖中。和保留在海洋中的水相比，从海洋分离出的水的同位素质量通常较小：留在海洋中的水由较重的氢原子（氘，D）和氧原子（^{18}O）构成。留存在沉积物中的有机残体，其同位素组成是海洋同位素组成变化的珍贵记录，因此可以间接反映大陆冰川中水质量的变化情况以及全球气候变化情况。

⑨　辐射强迫的概念相对比较简单，是由政府间气候变化专门委员会（IPCC）提出并在许多气候研究中得到广泛应用。假定大气某组分发生变化时，该指标能够粗略估计大气上层能量通量的变化情况。如果 CO_2 等温室气体含量发生变化，假定其相对含量不随海拔的不同而发生改变，计算平流层的温度变化，其计算依据需根据平流层各处的局部辐射进行调整，以适应新组分变化的温度。也就是说，对于平流层及其上层的每一层，假定没有能量的净来源，那么能量的源和汇会达到精确平衡。假设在组分发生变化前，较低大气层（对流层）和地表的温度保持不变，进而计算平流层底部（对流层顶部）能量通量的变化。由于对流层顶部以上不存在能量的净源汇，那么对流层顶部的能量变化和大气层顶部的能量变化相同，这意味着全球能量处于不平衡状态。这一计算过程的合理性（为什么平流层温度可以调整而对流层和地表温度则固定不变）和以下可能性有关：平流层（近太空）对组分变化能够相对迅速地进行调整，对流层和地表温度很大程度上受多种因素控制，包括气候系统动力、当时地表的有利条件以及当全球系统能量发生改变时，大气-海洋循环随之产生的一系列异常变化，进行这种调整可能需要几年甚至上百年的时间。图 4.3 展示了当大气中 CO_2、CH_4、N_2O 等的浓度发生改变时，按照上述程序计算出的辐射强迫值。该图假定地表大气组分含量变化的测量方式适用于所有海拔的大气（假定气体充分混合）。在实际应用中，这个假设对于生命周期较长的 CO_2、N_2O 来说是相对合理的，而对于生命周期小于 10 年的 CH_4，该假设的应用仍有待商榷。

⑩　这一估计不仅考虑了 CO_2、CH_4 和 N_2O 观测浓度的变化，也顾及许多其他温室效应剂的贡献，包括六氟化硫（SF_6）和其他物质，统称为氟氯烃或 CFCs。氟氯烃与平流层中臭氧的损失有关，臭氧的损失不仅发生在中纬度地区，在两极地区则更为突出（1985 年首次报道了南极洲上方出现臭氧层空洞，最近在北极圈上空也观测到了臭氧层空洞）。1987 年在蒙特利尔会议上，世界各国积极响应，

都主张削减并逐步消除主要臭氧消耗剂，即氟氯烃的排放。会议通过了《蒙特利尔议定书》，并取得成功。如图 4.4 所示，氟氯烃对辐射强迫的贡献在过去几十年呈显著下降趋势。Hansen 等（2011）对 2003 年有效辐射强迫的估计不仅考虑了主要温室气体的重要影响，还考虑了平流层中 H_2O 含量和对流层中臭氧含量增加带来的次生效应，据推测对流层中臭氧含量增加是由 CH_4 分解导致的（臭氧也是温室气体）。

⑪ 牛、绵羊、山羊、水牛和鹿等食用的植物饲料，会临时存储在胃部第一个隔室中，我们称之为"瘤胃"，植物饲料被瘤胃中复杂多样的微生物转化成更易消化的有机物（依赖这一过程进行食物消化的动物称为反刍动物）。从某种程度上说，人们越来越依赖动物性食物，反刍动物的数量也不断增长，那么动物饲养显然是很重要的人为（与人类有关）甲烷排放源。通过打嗝和肠胃气胀的方式，普通家养奶牛每天会排放 200 升甲烷。鉴于全球现有牲畜超过 10 亿头，因此来源于反刍动物的甲烷排放总量较高，这一点不足为奇。

⑫ 大气中甲烷的主要去除方式是和羟基自由基（·OH）发生反应。臭氧（O_3）能够通过吸收紫外线产生羟基自由基。羟基自由基浓度取决于一系列化学反应，不仅涉及甲烷（CH_4）、臭氧（O_3），还涉及氮氧化物（NO_x）、一氧化碳（CO）和水蒸气（H_2O）。它对平流层中 O_3 浓度也非常敏感，平流层中臭氧最终决定了到达低层大气的紫外辐射的能量值，因为紫外线的损失主要集中于臭氧层。据估计大气中甲烷的生命周期仅为 9.2 年，和 CO_2 等具有几百年甚至更长时间的生命周期相比，显得极为短暂。若要了解更多影响 CH_4、CO_2、N_2O 的化学过程，可以参考 McElroy（2002）的相关论述。

⑬ 氮元素是所有生物体的重要组成部分。地球上大部分氮元素以化学惰性形式的 N_2 存在。这种形式的氮元素基本不能被生物体利用。为使氮元素能够被利用，必须使 N_2 分子中连接 N 原子的化学键断裂，即氮元素被固定。将 N_2 置于超高温条件下可以生产氮肥，常用天然气作为中间能量来源。通过生产氮肥和种植具有固氮能力的特定品种（大豆等豆科植物），人类不仅在全球碳循环中，也在全球氮循环中发挥着重要的、无可争议的主导作用。

⑭ 当大气温度足够低，水蒸气含量足够高，能够使液态水或者固态冰发生相变时，就会形成云。相变一般不是自发形成的，而是发生在和水有密切关系的颗粒物表面，大气科学家一般称之为凝结核。可用于冷凝的位点越多，形成云颗粒的数量就越多，因此每个颗粒的尺寸就越小（可用的水资源会分布在更多位点）。云颗粒数目的增加会导致云层对太阳光的反射能力加强。

⑮ 世界上一些地区通过燃烧生物质来清理土地，并将农作物和动物残留物作为廉价能源，上述地区的情况可能与这一普遍结论相左。

⑯ 想要更详细了解海洋对气候的复杂影响，读者可以参考 Vallis（2011）的相关说明。

⑰ 在寒冷的拉尼娜现象期间，信风驱动着热带太平洋表层海水自东向西移动。离开南美东海岸海洋的海水被下层上涌的冰冷且营养丰富的海水所替代，成为世界上渔业资源最丰富的海域之一。然而，向西输送的海水不能无限持续。海水渐渐在海洋盆地的西端积累，最终前端积累的海水会改变方向，西部温暖的海水会横跨海洋回流到东部，中断了下层冰冷且富有营养的海水上涌，导致之前该海域发达的渔业无法维持。信风会减缓甚至改变方向，因为温暖海水的转移使得整个海洋热环境更加均匀。强降水区域从西部转移到海洋中部地区，致使之前有丰沛雨水的印度尼西亚及周边国家出现干旱，而强降雨主要出现在东部，特别是秘鲁和厄瓜多尔。这是暖期或厄尔尼诺期波动的典型特征。大气环流会随着太平洋温度分布的变化而进行调整，主要是强对流区域向东转移，东部地区伴随有降雨和大气升温，导致观测的全球天气系统出现大范围变化。如前所述，厄尔尼诺期伴随着南美海岸圣诞季节的强降水，因此将这一时期命名为"圣婴"，在西班牙语中是"小男孩"的意思。拉尼娜（"小女孩"）明显是与厄尔尼诺现象相反时期采用的术语。

⑱ Richard Muller 是加州大学伯克利分校的物理学家，在人类引起的气候变化问题上，他宣称自己是"转变的怀疑者"。2012 年 6 月 28 日，他在《纽约时报》发表的专栏文章中写道："三年前，我发现了以前气候研究中存在的问题，在我看来，全球变暖的真实性存在疑问。去年，经过多位科学家努力深入的研究，我得出结论，全球变暖是真实存在的，而且之前对变暖速率的估计也是正确的。现在我更认为，人类应承担气候变暖的几乎全部责任。"那些比 Muller 花费更长时间，在该议题上付出更多精力的气候科学家们，对此的回应往往是："我们告诉过你。"然而，从政治角度分析，对人类引起气候变化这一问题持怀疑态度的人，显然不会赞同 Muller 声明的观点。但是他的研究方法似乎不太正统，因为他在《纽约时报》发表的文章，以及在接受美国国家电视网络各种专访的时候，他的科研文章并未通过同行专家审阅并接受，也没有在任何传统的专业科学期刊上发表。尽管存在这些怀疑意见，在研读了 Muller 和他同事发表在网络上的论文后，我相信他们的研究成果对于我们更好地理解人类引起的气候变化具有重要作用。

⑲ Booth 等（2012）认为，至少在过去一个世纪内，硫排放模式的转变（包

括与火山相关的排放）可能在决定大西洋多年代际振荡（AMO）的变化中扮演着重要角色。Knudsen 等（2011）观测到在更长时期内 AMO 的变动存在持续性，进而他认为使各大洋之间的连接作用影响了 AMO 的变化，尽管在最近一段时期内上述二者都可能对 AMO 产生重要影响。

⑳ 实际增长可能大于图 4.12 所示数据，因为 ARGO 计划在高纬度地区（季节性海冰覆盖的海洋地区）的覆盖率有限，而且深度大于 1750 m 的海域数据相对缺乏。

㉑ 太阳能量的输出值在太阳极大期和极小期之间变化，其变化幅度约为 0.25 W/m²。2001 年能量输出达到近年来的峰值。不同寻常的是，近年来极小期从 2005 年持续到约 2011 年。目前太阳活动有加剧的趋势。通常太阳能量输出的变化周期约为 11 年。

㉒ 1872～1876 年间，英国皇家海军舰艇挑战者号（HMS Challenger）首次对全球海域进行了重要的勘测研究，航行里程约 69 000 海里，遍布大西洋和太平洋南北的大部分区域，包括靠近两极的海域，而对印度洋海域的取样则相对有限，主要集中于南部高纬度地区。通过比较挑战者号的数据和近期 ARGO 的测量数据，能够推测出海洋热含量的变化，Roemmich 等（2012）认为推测出的数据很可能是这一时期实际发生变化的下限。

㉓ 由于输入海洋的能量增加，我们可能认为蒸发量也会适度上升。然而蒸发量上升并不会改变本书得出的基本结论，我们应该预料到，与降水有关的事件，不管是干旱还是洪涝，情况都将更加极端化。何时何地下雨或不下雨，最终是由大气环流的细微变化决定的。强降水事件的发生主要和来源于海洋的天气系统有关。极端干旱事件最可能发生在大陆内部。在此环境下，随着土壤逐渐变得干燥，蒸发的冷却效应降低，温度趋于上升，导致一些地区农业受到影响，同时增加了其他地区发生火灾的风险。正如后面所讨论到的，这是过去几年中美国正在出现的情况，并且这一问题不仅仅局限于美国。

㉔ 西北航道指的是沿北美洲北海岸线的海上航道，穿越白令海峡、俄罗斯以及波弗特海。过去几年，西北航道有数月开放，以供航运，显著缩减了亚洲和北欧之间输送货物所需的距离和时间。加拿大宣称对该航道拥有领土主权。然而其他与北极利益相关的国家认为该声明存在争议。

㉕ 稳定状态下，冰的积累和损失预计可以达到平衡。冰雪中因降水而增加的水量会被向海洋输送的融化冰水等量抵消。然而，如果表层冰雪融化量超过平均值，输送至海洋的水量就会增多，途径有两条：液态水或者穿过冰川底部到达海

洋；或者如这里提到的，在冰川缝隙中结冰，造成冰川不稳崩裂，导致冰川向海洋迁移。

㉖ 使用后的冷却水，一般会返回它最初的环境中，比如河流。如果返回自然环境的冷却水温度过高，可能对环境产生负面影响，因此，冷却水的使用通常会受到限制。

参 考 文 献

Booth, B. B. B., N. J. Dunstone, P. R. Halloran, T. Andrews, and N. Bellouin. 2012. Aerosols implicated as a prime driver of twentieth-century North Atlantic climate variability. *Nature* 484, no. 7393: 228-232.

Charney, J. G., A. Arakawa, D. Baker, B. Bolin, R. Dickinson, R. Goody, C. Leith, H. Stommel, and C. Wunsch. 1979. *Carbon dioxide and climate: A scientific assessment*. Washington, DC: National Academy of Science Press.

Emanuel, K. 2007. Environmental factors affecting tropical cyclone power dissipation. *Journal of Climate* 20, no. 22: 5497-5509.

Fu, Q., C. M. Johanson, J. M. Wallace, and T. Reichler. 2006. Enhanced mid-latitude tro-pospheric warming in satellite measurements. *Science* 312, no. 5777: 1179. doi: 10.1126/ science.1125566.

Hansen, J., and M. Sato. 2012. *Paleoclimate implications for human-made climate change in climate change: Inferences from Paleoclimate and regional aspects*, ed. A. Berger, F. Mesinger, and D. Sijacki. New York: Springer.

Hansen J., M. Sato, P. Kharecha, and K. von Schuckmann. 2011. Earth's energy imbalance and implications. *Atmospheric Chemistry and Physics* 11: 13421-13449.

Hansen, J., P. Kharecha, and M. Sato. 2013. Climate forcing growth rates: Doubling down on our Faustian bargain. *Environmental Research Letters* 8, no. 1 (March): 1-9.

Hoffman, P. F., A. J. Kaufman, G. P. Halverson, and D. P. Schrag. 1998. A Neoproterozoic Snowball Earth. *Science* 281, no. 5381: 1342-1346.

Huang, J. L., and M. B. McElroy. 2012. The contemporary and historical budget of atmospheric CO_2. *Canadian Journal of Physics* 90, no. 8: 707-716.

Intergovernmental Panel on Climate Change (IPCC). 2007. *Climate change 2007: The physical science basis*, edited by S. Solomon, Q. Dahe, M. Manning, Z. Chen, M. Marquis, K. B. Averyt, M. Tignor, and H. L. Miller. Cambridge: Cambridge University Press.

Kirschvink, J. L. 1992. Late Proterozoic low-latitude global glaciation: The Snowball Earth. In *The Proterozoic biosphere: A multidisciplinary study*, ed. J. W. Schopf and C. C. Klein, 51-52. Cambridge: Cambridge University Press.

Knudsen, M. F., M. S. Seidenkrantz, B. Holm Jacobsen, and A. Kuijpers. 2011. Tracking the Atlantic multidecadal oscillation through the last 8,000 years. *Nature Communication* 2, no. 178, doi:10.1038/ ncomms1186.

Levitus, S., J. I. Antonov, T. P. Boyer, O. K. Baranov, H. E. Garcia, R. A. Locarnini, A. V. Mishonov, J. R. Reagan, D. Seidov, E. S. Yarosh, and M. M. Zweng. 2012. World ocean heat content and thermosteric sea level change (0-2000 m), 1955-2010. *Geophysicals Research Letters* 39, no. L10603, doi:10.1029/ 2012GL051106.

Lu, X. M. B. McElroy, G. Wu, and C. P. Nielsen. 2012. Accelerated reduction in SO_2 emissions from the US power sector triggered by changing prices of natural gas. *Environmental Science and Technology* 46, no. 14: 7882– 7889.

McElroy, M. B. 2002. *The atmospheric environment: Effects of human activity*. Princeton, NJ: Princeton University Press.

Muller, R. A., J. Curry, D. Groom, R. Jacobsen, S. Perlmutter, R. Rohde, A. Rosenfeld, C. Wickham, and J. Wurtele. 2012. *Decadal variations in the global atmospheric land temperatures*. Berkeley: University of California Press.

Murphy, D. M., S. Solomon, R.W. Portmann, K. H. Rosenlof, P. M. Forster, and T. Wong. 2009. An observationally based energy balance for the Earth since 1950. *Journal of Geophysical Research* 114, no. D17107, doi:10.1029/ 2009JD012105.

Roemmich, D., W. J. Gould, and J. Gilson. 2012. 135 years of global ocean warming between the Challenger expedition and the Argo Programme. *Nature Climate Change* 2, no. 6: 425–428.

Seidel, D. J., and W. J. Randel. 2007. Recent widening of the tropical belt: Evidence from tro-popause observations. *Journal of Geophysical Research* 112, no. D20113, doi: 10.1029/ 2007 JD008861.

Smith, S. J., J. van Aardenne, Z. Klimont, R. J. Andres, A. Volke, and S. D. Arias. 2011. Anthropogenic sulfur dioxide emissions: 1850– 2005. *Atmospheric Chemistry and Physics* 11, no. 3: 1101–1116.

Vallis, G. K. K. 2011. Climate and the oceans. Princeton, NJ: Princeton University Press.

Velicogna, I. 2009. Increasing rates of ice mass loss from the Greenland and Antarctic ice sheets revealed by GRACE. *Geophysical Research Letters* 36, no. L19503, doi: 10.1029/ 2009 GL04022.

5　人类活动导致的气候变化：怀疑论者提出的论点

有关当前人们对气候变化的理解，我们在第 4 章已经进行了广泛论述。不可否认，很多科学证据表明人类对全球气候变化有着重要影响。但也有很多人不同意、不接受这些证据。一些异议者发自内心地认为人类没有能力改变如此广阔的世界。我相信，有些人从主观思想上，本能地不相信科学，而且怀疑政府，总认为当权者是在试图利用这一问题来推进其他议程，比如提高税率等。潜在危害更严重的是，一些科学家在有影响力的报纸［例如《华尔街日报》（*WSJ*）]的评论版表达他们不同的观点。如果科学家们意见不一致，就会给公众造成一种尚不急迫的暗示：我们可以等到一切尘埃落定，再采取行动，若非如此，就要视情况而采取相应行动了。这些言论所交流的观点缺乏事实依据，事实上，除少数作者外，这些文章的大部分作者并不真正了解气候科学。坦率地说，他们的见解仅代表个人观点，某些情况下甚至存有明显的偏见，对问题的分析有失公允。尽管如此，他们发表的言论仍然具有影响力，人们需要对此作出回应。

我首先列举了一些人的普遍观点，他们要么对于人为因素引起气候变化的重要意义持中立态度，要么可能已经认定该问题是一项误导大众、精心设计的骗局的一部分。以下是一些反复出现的观点：

（1）那些证明世界正在变暖的数据，已经被气候科学家们人为处理过了，目的是提高他们的科研资金，或其他利己原因。

（2）气候科学是非常复杂的，科学家都无法预测天气，对于未来十年或更长时间内可能发生的情况，我们为什么要相信他们的说法呢？

（3）地球曾经经历过更加温暖的时期，人类也存活下来了，而现在我们甚至可能比过去生活得更好。

（4）近期的气候变化只是自然循环的一部分，和人为影响无关。

（5）温度的略微升高可能是有益的。

接下来，本章对这些观点进行讨论，之后我将就《华尔街日报》评论版中特别强调的学术要点作出评论。

一概而论的说法（一）

数据已被人为处理过。该言论要追溯到那些被精心挑选出来并公之于众的邮件，这些邮件来源于英国东英吉利大学气候研究中心（CRU）的服务器，2009 年11 月该服务器被黑客非法攻击，随后发展成为广为人知的"气候门事件"。CRU团队一直非常活跃，并和其他团队一起将全球平均地表温度的变化记录进行了整合。怀疑论者认为，那些邮件暴露出 CRU 的科学家们的欺骗模式，包括人为加工数据，压制那些和他们相反的观点。英国和美国政府，以及许多私人委员会均对这些言论进行了调查，但并没有找到能够证明 CRU 存在学术欺骗的证据。

需要强调的是，CRU 团队并没有垄断有关全球平均地表温度的研究。举个例子，图 4.5 所示数据来自于美国国家航空航天局戈达德太空研究所（GISS）一个不相关的研究结果，该机构位于纽约。此外，正如第 4 章中讨论的，Richard Muller和加州大学伯克利分校的同事们进行了完全独立的调查，得出了和 GISS 以及 CRU报告相近的结果。Muller 开始是从一个怀疑论者的角度出发，希望找到已发表的分析报告的错误。他的总结说明了独立温度分析的可信度。当数据能够免费获取并被独立评估时，科学研究是有效的。因此，数据并未被人为加工处理。众多分析结果表明，过去的 130 年内，全球平均地表温度上升了 1℃左右。

一概而论的说法（二）

气候模型非常复杂，其结果不可信。从一开始，我们就说明这个显而易见的事实：用于模拟气候的模型确实很复杂。大气、海洋、生物圈和冰冻圈（冰川）作为一个耦合动力系统，为了完成对气候的模拟，必须保证对其进行真实的描述。与重要现象相关的时间尺度的变化范围从几小时到几年甚至到几百年。空间尺度的变化范围同样也很宽—— 从几厘米到几米甚至到几百公里。我们必须审慎地为气候变化模型选择空间和时间分辨率。必须对许多关键过程（比如云层的形成）进行量化，也就是说我们不能以基本原理去处理它们，而要根据实践和物理特性的合理关联对其进行处理，这种关联是根据模型在更大尺度上的分辨率特征推断出的。这些模型的实现对技术和设备有特殊的要求，需要通过大量的计算机资源才能得以实现，而现有计算机技术资源的功率和性能尚难以满足该模型的要求。

世界上大多数先进模型或者归政府实验室所有，或者储存在国家设备中，由大量程序员和科学家们组成的专业团队提供技术支持。这类研究属于大型科研项目，如此对待也是理所当然的。

研究者用最先进的模型模拟并重现全球平均地表温度的变化。遗憾的是，早期研究限制了人们对于温室气体浓度变化所造成影响的关注，也难以重现过去130年来的变化趋势。一般情况下，他们预测的全球平均温度会高于实际观测值。正如第4章所讨论的，此后人们认识到气溶胶能够提供负辐射强迫的来源，可以抵消由温室气体引起的正辐射强迫。气溶胶作用于整体辐射强迫的大小和时间变化情况具有不确定性，不过能够确定的是，由于气溶胶潜在影响的大小和标志具有不确定性，导致模型存在更多可变性，从而促使人们做出更多努力，使预测数据尽量与全球地表温度的历史数据相吻合。

仔细查验 IPCC 所使用的一些模型，会发现尽管这些模型普遍成功地重现了全球平均地表温度的变化趋势，但不同模型模拟的气候细节有很大差异。具体表现为对区域气候的描述以及对水文循环的处理方式有所不同，其中，水文循环的差异体现在对降雨量、云量以及云层的高度和厚度等方面不同的处理方式上。在此情境下，模型对未来状态的预测能力确实值得怀疑。然而也有观点认为，将众多模型的结果结合起来（作为一个整体），就能够获取有用信息。他们认为，在此情况下单个模型的错误可以得到弥补。因此有人认为，将模型结合起来得到的结果可能比任何单个模型模拟的结果更可信、更有说服力。目前，综合模型普遍被用于预测短期天气变化，比如桑迪飓风的轨迹。人们希望模型也能很好地预测未来气候的潜在变化特征。

需要指出的是，如第4章所述，我们为什么应该认真预测人为因素引起的气候变化，我并未明确使用这些通过复杂的计算机模型得出的结果。而是选择关注温室气体浓度上升的事实，毫无疑问，人类需要对此负责。地球将变得越来越温暖，延续过去130年的变化趋势。我认为，大气层越来越温暖，会导致水蒸气的含量增多。这就意味着每当下雨时，雨量会比以前更多。如果全球范围内降雨量保持相对稳定，那么某一地区某一时段可能发生强降雨，而另一地区则会滴雨不下，从而造成更多洪灾和旱灾。高温伴随着干旱，极大增加了森林大火发生的可能。关键问题是，过去经历的天气情况不大可能为我们对将来天气的预测提供有效指导。我们并不需要借助计算机模型来警示危险，只需要留心过去几年所经历的异常天气情况。

一概而论的说法（三）

地球经历过更加温暖的时期。 第 1 章简单地回顾了过去的气候情况。地质年代时期，比如白垩纪时期，地球普遍较暖（从 1.45 亿年前到 6600 万年前），比现在或者不远的将来温度更高。这种温暖状况持续到距今几百万年之前，中亚地区的棕榈树也在距今 500 万年前开始生长，而这一切都发生在人类出现之前。人类出现后的很长一段时间里，地球已经变冷，处于冰期，期间穿插着一些相对较短的温暖间冰期。

在 2 万年前，世界退出了最后一个冰期。按照自然趋势，大概在 7000 年到 5000 年前，地球过渡到了最温暖的时期。之后温度缓慢下降。中间穿插着相对较暖和较冷的时期。比如说，公元 950～1200 年的中世纪时期是普遍认为较暖的时期。气候学家将这个阶段称为中世纪最优期。公元 1400～1850 年被称作小冰期，温度变得异常寒冷。正如我在第 1 章所提到的，如果不是由于人类在过去几个世纪里使用大量化石燃料造成温室气体积累，我们可能已经走向下一个大冰期了。但是，我也说过我们可能已经偏离轨迹太远了！

能说明地球现在比过去几千年间任何时间都要温暖的最佳证据在于：20 世纪中期某个时间点的温度可能超过了中世纪最优期。如今人类居住相对集中（主要在城市），更容易受到极端天气和未曾预料的气候变化影响。中世纪时期地球人口数量约为 3 亿，如今已超 70 亿，正向 90 亿靠近。现代人类的生活方式主要依赖于基础设施，这些设施确保了生活所需的食物、住宿和能源等必要资源的正常供应。但核心问题不仅仅包括全球变暖，还包括区域天气模式正在发生变化。我们面对的根本挑战是，建筑、道路、桥梁、码头、能源资源等这些我们长久以来赖以生存的基础设施，在应对可预测的新气候常态时可能变得非常脆弱。

一概而论的说法（四）

现在正发生的气候变化只是自然循环的一部分。 这一观点来源于：中世纪时期是一个相对温暖的时期，紧接着世界又进入了相对寒冷时期。如果现在的气候比几百年前更温暖，为什么不能将近些年来的温暖归结为自然循环，为什么我们需要为这一变化负责呢？

正如先前讨论的，按照常规发展趋势，人们推测在过去几千年里，由于地球的轨道参数发生变化，全球气候也应随之变冷。中世纪气候最优期和小冰期可以解释为几个世纪尺度上气候的自然波动，温暖和寒冷在长期变化趋势中穿插出现。这些波动可能与深海水循环的变化有关，被称为"传动带"[①]。在此条件下，我们预计小冰期后会有大约一个世纪的相对温暖时期。然而，这只是附加在长期持续变冷趋势中的一个短暂阶段。这一观点的问题在于，他们忽略了一个事实，目前温室气体浓度已远远超过推测出的早些时期的浓度，而且的确比过去 80 万年中任何时期都要高。正如前面章节里讨论的，有充分的证据表明净能量在不断输入地球的气候系统：地球作为一个整体在获取能量。这导致过去几千年来的变冷趋势已经被现在的变暖所取代。虽然源于自然的变化仍起到一定作用，但毫无疑问，过去 130 年里观测到的变暖状况是真实存在的，这很关键，人类活动应该对此负主要责任。有证据表明，如果不立即采取行动来解决这个困扰，当前趋势将会继续，并且将来的变化速度的确可能更快。

一概而论的说法（五）

全球变暖的影响可能是积极的。美国东北部 2012 年的冬天异常温暖，几乎没有下雪，温度在零上 5℃左右，3 月就可以穿衬衫。尽管气温如此温暖，人们仍在为刚过去的冬天支付取暖费用。我所在的社区中，很难找到不喜欢这种舒适天气的人，有人还将之称为没有冬天的年份。当目光转向 2012 年的夏天时，你会发现，艾奥瓦州农民或者得克萨斯州西部牧场主的反应截然不同，农民只能眼看着地里谷物粮食经历暖冬和干旱；由于没有足够的牧草，牧场主不得不宰杀他们的牛群。稍微升温的冬天对于我们来说当然可以适应，但对自然生态系统可能就会产生微妙的不良影响（比如对正常的季节规律造成破坏性变化）。相对而言，夏季出现前所未有的高温，尤其是本来就很温暖的区域出现高温，会造成完全不同的后果——农作物可能减产，人们可能会由于高温来袭而生病甚至死亡，空调使用费增加，能源供给有中断的风险，以及一系列其他挑战。事实上，最近几年世界上发生的破纪录高温事件越来越多，而破纪录低温事件却很少。地表温度并非没有上限。但最终的挑战应该是我们是否具备了应对气候变化的能力，而事实证明，相应的准备很可能还远远不够。

现在我将讨论 2012 年初刊登在《华尔街日报》的文章中提出的问题。来自不同科研领域的 16 位权威人士将他们名字列入了于 1 月 12 日发表的第一篇文章里（Allegre et al., 2012a）；紧接着 2 月 21 日又发表了后续的第二篇（Allegre et al.,

2012b）；发表于 3 月 27 日的第三篇文章（Happer, 2012）为普林斯顿大学光学物理学家 William Happer 所作，他是前面几篇文章的合作者之一，同时也是一个坚定的气候变化的怀疑论者。Happer 不仅任职于普林斯顿大学，同时也是弗吉尼亚州阿灵顿保守派马歇尔学会的董事会主席。

我打算依次说明这些文章中提出的问题，在说明的过程中会直接引用一些独特的个人评判。第一篇文章（Allegre et al., 2012a）从一开始就向执政候选人表明："越来越多的杰出科学家和工程师认为我们不需要对全球变暖采取严厉措施。"并且继续声称："这些著名科学家和工程师这样认为的原因是基于一系列不容改变的科学事实。"那么令这些作者提出异议的依据究竟是什么？

《华尔街日报》评论 1

最令人震惊的事实是，过去 10 年全球并未变暖（Allegre et al., 2012a）。这一观点与图 4.5、图 4.10、图 4.11 和图 4.12 中汇总的对地表温度变化记录的解释有关。图 4.5 显示的结果重现了自 1880 年以来全球地表温度年平均值和 5 年滑动平均值。文中断言由于缺少证据证明过去大部分时期在变暖，从而给那些试图论证是由人为因素引起全球平均地表温度发生重大变化的人造成一定麻烦。即使简单查阅一下图 4.5 中的数据，也会发现近期的温度变化趋势也很难证明这一结论。正如 Trenberth 等（2012）在文章中所指出的，过去十年确实是有记录以来最温暖的时期。在 1880 年到现在的所有高温年份中，过去十年间出现的次数占了 90%，并于 2014 年产生了 134 年以来的最高纪录。其中，北极变暖的情况尤为突出（图 4.12）。基于所有温度记录，有明确证据表明，自 1880 年以来地表温度长期处于升温状态，升高了约 1℃。

温度随时间的变化趋势并不是单一的（朝着一个方向不变）。温度的年际变化，甚至每十年的变化都是不同的。有时在十年或更长时间里，温度较为稳定，甚至有所下降。重要的是，我们要知道，地表温度记录并不能完美地说明气候变化。正如前文所提到的，大气的热容量小于海洋，当地球作为一个整体在吸收能量时，我们推断大部分额外热量都被海洋所吸收。ARGO 漂浮计划（图 4.13，深度为 0～2000 m）得到的证据清晰地说明海洋正在变暖。此外我们也认识到了 ENSO 现象的重要性，预计地表温度会随着与 ENSO 有关的海洋环流的改变而发生变化，同时海洋表层水温也相应地发生了改变。过去十年里，拉尼娜变冷现象盛行，至少部分解释了近期全球平均地表温度长期上升趋势出现停滞的原因。而且太阳辐射能量暂时下降与最近太阳活动极小期延长有关（第 4 章注释㉑）。

结论

参考过去十年的温度记录并不能说明未来全球气候走向，这条评论毫无根据。

《华尔街日报》评论 2

计算机模型过分夸大了 CO_2 可能造成的额外升温（Allegre et al., 2012a）。正如前几章所论述的，CO_2 浓度升高可以根据相关的辐射强迫来测定。如果 CO_2 浓度达到工业化前水平的两倍，很可能导致散射到地球外部空间的红外辐射立即下降 4 W/m^2，同时地球吸收的净能量相对上升。这是事实，并不是猜测，仅靠对分子性质分析而得出的结论。其中，海洋吸纳了大部分额外能量。地表温度可能会上升，不仅会间接引起大气辐射特性的变化，更会导致水蒸气（最重要的是温室气体）的大量产生，同时会影响云层的产生及其特性。最终，能量的输入和输出会再次达到平衡，气候会过渡到一个新的均衡状态。地表温度最终变化是根据气候敏感度来定义的（第 4 章），由于 CO_2 浓度翻倍导致全球平均地表温度最终达到平衡状态。

达到这一新平衡状态的路径取决于海洋吸收的额外热量随时间的变化情况。人们普遍认为 1 W/m^2 的辐射强度会导致全球平均地表温度上升约 0.75℃，不确定性的变化范围为 ±30%（保守估计）。这就意味着 CO_2 浓度水平相对于工业化前翻倍后，会使全球平均地表温度上升 2～4℃，中心值（最可能）为 3℃（如果我们按照前面章节中 Hansen 和 Sato 所说的不确定性的变化范围，温度则会上升 2.5～3.5℃，中心值也为 3℃）。显然，这个变化幅度的确定是很重要的。需要注意的是，这里所说的气候敏感度为 0.75℃/（W/m^2），这个数据是有很多证据来支持的，而不仅仅是基于计算机模型的预测。相关研究还包括与主冰期向间冰期过渡相关的火山爆发、反照率变化和温室气体变化的分析。

2012 年，Happer 进一步详细阐述了 Allegre 等（2012a）表达的观点，也就是计算机模型夸大了 CO_2 浓度上升带来的影响，认为计算机模型模拟的气候敏感性太高了。正如之前所说，我们必须承认复杂的计算机气候模型有很大的不确定性。Allegre 等（2012a）和 Happer（2012）认为，模型过度估计了 CO_2 水平上升所导致的升温程度。

Allegre 等（2012a）和 Happer（2012）的文章对模型中水蒸气反馈的重要性

提出质疑。他们提出，如果目前估计的气候敏感性太高——达到 3，那么所预测 CO_2 浓度翻倍造成的全球平均地表温度升高应该减少至 1℃。然而特别需要注意的是，根据大气红外探测卫星（AIRS）的观测数据所得出的结论完全不同，科学家们为证明水蒸气反馈的重要性和说明，气候模型中的处理模式提供了有力的实证支持（Dessler et al., 2008; Dessler and Sherwood, 2009）。Allegre 等（2012a）和 Happer（2012）表达的相反观点并未得到实践验证。

任何研究中，如果气候敏感度低到如 Allegre 等（2012a）和 Happer（2012）所说的程度，那么很难同时解释观测到的地表温度和海洋热容量上升的原因。如果是这样，那么过去几十年里海洋热容量升高的程度已经远高于实际观测值了（图 4.13）。如果气候敏感性如此低，就很难进一步解释过去不同气候（包括炎热和寒冷）的广泛变化（如第 1 章所概述）。

正如本章前面已经论述的，气候模型非常复杂，对于未来任何特定区域的任何特定时刻，提供高分辨率精准预报的能力还很有限。但是，当前 CO_2 排放量趋势是否会导致未来世界变得更加温暖，在这个问题上几乎不存在争议。如果 CO_2 浓度翻倍会导致全球辐射（能量）不平衡，根据气候系统敏感性，全球平均温度会上升 2.5～3.5℃。将这一变化幅度与地球上一次退出冰期的变化情况进行对比，有助于我们更好地理解气候系统的敏感性问题。Allegre 等（2012a, 2012b）和 Happer（2012）更倾向于认为气候敏感性较小，但是他们的观点却没有任何有说服力的论据，同时对于与之相反的观点，也无法提供有力的反驳依据。

结论

2012 年，Allegre 在文章中提出，模型过分夸大了 CO_2 浓度翻倍导致的升温。这个说法仅能代表其个人观点，而非针对事实进行的客观分析。诸多证据表明，这条评论毫无根据。

《华尔街日报》评论 3

"面对过去十年里升温已经变缓这一窘境，那些提出警示的人已将关注重点从气候变暖转向了极端天气频发的问题上，甚至将我们多变气候中任何可能发生的事件都归因于 CO_2。"（Allegre et al., 2012a）Happer 也同样讲过："过去十年间，由于温度并未像计算机所预测的那样升高，受到挫败的 IPCC 支持者们却宣称是由于 CO_2 升高导致极端天气频发。"我们已经解决了近期由升温减缓带来的"尴尬"情况：公众没有理由认为我们倡导的气候行动是"令人尴尬"的。把问题归咎于气候学家"从大肆鼓吹气候变暖的问题上转移关注点"，是有争议的，也是不科学的。另一方面，人为因素导致的全球气候变化，是否是极端天气频发的原因，对于这个问题，我们需要进行研究，并做出有根据的回应。

如第 4 章所论述，有充足证据表明气候正在发生变化，特别是北极变暖正在加速。因此，赤道与两极的温差在缩小。由于高速气流（即高速环绕全球，将两极地区温度与其他地区分开的气流）的运行受到干扰，使得其轨迹变得曲折，速度也随之减缓，变得不太稳定。作为热带气候系统的主要表现形式，哈得来环流正在向更高的纬度延伸，有人认为这是导致美国西南部和地中海地区近期发生持续干旱的重要原因。此外，大气中水蒸气含量持续上升，正如前文中论述的，这意味着降雨量可能增多。同时，为了达到平衡，其他地区的降雨会相应减少，结果导致更多洪涝和更多干旱。水蒸气冷凝是暴风雨能量的主要来源，因此可以预料暴风雨会变得更加猛烈。而且当生态系统的水分输入量持续较少时，发生森林火灾的可能性会大幅增加，会给有限的救火资源带来压力，更会导致生命财产的损失。这些可能性都被近期发生的事件证实了。从这些现象不难发现，地球气候的前景堪忧。部分气象学家将注意力从模型问题转移到极端天气频发的问题上，并据此界定了一个值得关注的重要问题，即人为因素导致的全球气候变化可能是极端天气频发的原因。除此之外，其他持相反观点的建议，均形同虚设，也毫无建设性。

结论

气候学家将注意力转向研究"变暖导致极端天气事件频发"的潜在意义是完全合理的。那些持反对意见的评论者认为他们这么做的动机不纯，是为了填补模型缺陷导致的"窘境"，这种说法是毫无根据的。

《华尔街日报》评论 4

"在 CO_2 浓度水平大幅提升之前，气候变暖的进程就已经开始，说明变暖主要由自然原因导致，和人类无关。"（Allegre et al., 2012b）1880～1920 年，地球平均温度相对稳定。1920～1940 年上升了 0.4℃，1940～1975 年几乎无变化，甚至有所下降。1975～2010 年间，全球平均温度上升了 0.6℃。Happer（2012）的大概观点是：1920～1940 年间观测的升温（0.4℃）与 1975～2007 年间的升温（0.6℃）

相差无几，在 1920～1940 年变暖过程中 CO_2 浓度上升了 7 ppm（从 303 ppm 到 310 ppm），而 1975～2007 年则上升了 52 ppm（330 ppm 到 382 ppm），这两个时期 CO_2 浓度的变化差异显著。他从这一观测结果得出结论，即"变暖主要由自然原因导致"，但这一结论尚未得到证实。实际上，对于很多已发布的合理且有说服力的解释，他都选择了无视。

第 4 章已经论述，有证据表明，过去 130 年间观测到的气候变化是由很多因素导致的。很多人认同温室气体浓度升高是这一时期观测到的变暖现象的主要影响因素。由温室气体导致的升温，至少部分会被气溶胶的反射性和吸湿性所带来的冷却效应所抵消。1940～1975 年，受传统污染源（包括燃煤产生的硫）排放量增长的影响，升温现象发生间断（图 4.6 和图 4.7）。第 4 章也提到，20 世纪 70 年代早期，硫排放量达到峰值，反映出为减小相关排放对健康的危害以及酸雨对环境造成的不良影响，美国和欧洲都采取了重要举措。1975 年后，硫和其他气溶胶形成的污染物排放量逐渐减少，较为合理地解释了在过去几十年里，观测到的全球平均地表温度快速上升的原因。第 4 章中也论述过，由于中国加大力度进行传统污染物减排，未来升温情况很可能加剧。科学家们预测，若不受气溶胶抵消效应影响，气候变暖的步伐会加快。

大气和海洋是一个耦合系统，大气运动与海洋运动互相影响。ENSO 现象就是耦合的极好的例证。在冷期（拉尼娜现象）阶段，海水受东北信风和东南信风驱动，从东到西穿过热带太平洋地区，离开海洋东部表层区域，被由下层上升的冷水所替代。当表层水流穿过海洋时，会因吸收阳光而被加热。最终，海水在西边累积起来，当西部水位达到一定临界值时，整个系统就变得不稳定。西部温度较高的海水会被驱动并返回海洋，而东部上升流受到阻隔，使得整个海洋表面温度分布趋向均匀。这一过程明显地改变了海面风的模式，建立起完全相反的暖循环周期（厄尔尼诺现象）。最终，信风恢复到原来状态，海洋东部深层的冰冷水流上涌，表层水流再次受驱动向西运动，整个循环重新开始。如第 4 章所述，ENSO 现象对地球大部分区域的天气系统和气候有重要影响。在循环的暖期，全球地表平均温度会上升零点几度，在冷期则会下降。

ENSO 现象是许多类循环现象之一，被视为气候变化的自然来源。举个例子，Muller 等（2012，见第 4 章参考文献）说明了北大西洋年代际振荡（AMO）的潜在重要影响，北大西洋环流和温度的变动以相关指数的变化来记录，这些环流和温度的变动或许可以解释过去六十年里年代际尺度下,地表温度变化的主要原因。同时第 4 章中也总结到，还有很多其他变化也可能导致了年际、年代际甚至更长区间的气候波动。基于此，对于气候怀疑论者而言，要他们认同 "变暖主要是由自然原因导致，和人类无关" 这个观点，需要在思想上产生质的飞跃，这将会是他们的重大进步。

结论

这一异议并没有得到物理论证的支持，因此该评论缺乏根据，应该被视为顽固的怀疑论者没有事实依据的思想观点。

《华尔街日报》评论 5

"CO_2 不是一种污染物，而是一种无色无味的气体，我们每个人都会呼出高浓度的 CO_2，它是生物圈生命循环的重要组分。"（Allegre et al., 2012a）这句话在一定程度上是正确的，但经常会造成误导。诚然，当我们摄入食物和吸入氧气时确实会呼出 CO_2。食物中碳的氧化（转化成 CO_2）为人类的生存提供了能量来源。然而，食物中的碳是通过吸收全年甚至更早以前自然界大气中由光合作用产生的 CO_2 而来的（对于肉类而言时间更早）。当我们呼出 CO_2 时，我们只是简单地将刚刚吸入的 CO_2 还给大气。这一过程并不会导致大气中 CO_2 净含量上升或下降。与此相反，我们消费的煤炭、石油和天然气中的碳是几亿年前从大气中（以 CO_2 形式）转移而来的。当我们燃烧这些碳时，其中所含的能源会释放出来，这些年代久远的碳就回到了大气中，大气中 CO_2 含量也因此上升，这是毫无争议的事实。

增加大气中 CO_2 的排放量会导致不可逆的后果，即改变和气候息息相关的大气化学和光学特性。一部分多余的 CO_2 转移到海洋中，导致其酸度上升。从这方面来考虑，我想我们很难认为 CO_2 不是一种污染物。不管怎样，这一问题在法律上已有了明确规定。美国最高法院规定，在美国清洁空气法案期限中，CO_2 和其他温室气体的确应当作为污染物来考虑。这一法规非常重要。这意味着该法律赋予美国环境保护局（EPA）权力控制和管理这些气体的排放。

Allegre 等（2012a）在文章中声称："更多的 CO_2 能够让植物更好地进行光合作用，因而温室管理员经常将室内 CO_2 浓度提高三、四倍，以使植物更好地生长。"的确，在最优温室条件下，CO_2 浓度增加可能会使植物生长得更好。但是，对于生长在广阔自然环境中的植物而言，它们的长势与环境中 CO_2 的浓度关系并不大，而与当地的气象条件（温度、降雨和阳光等）、土壤质量以及必要营养元素的摄入情况密切相关。那些认为高浓度的 CO_2 "可能为上世纪农业大幅增产做出贡献"

（Allegre et al, 2012a）的说法太天真了。这一说法掩盖了我们的普遍认识：农业增产是由于引入了高产量的谷类种子、投资灌溉系统以及其他的绿色革命举措。想要通过这个说法来证明 CO_2 不是污染物，是行不通的。

结论

由 Allegre 等（2012a）提出并由 Happer（2012）再次附和的 CO_2 不是一种污染物这一观点毫无根据。

回 顾 总 结

对于人为因素引起气候变化影响的重要性这个论题，本章我选择首先关注非专家人士对该问题的质疑，然后描述了 Allegre 等（2012a, 2012b）和 Happer（2012）刊登在《华尔街日报》专栏文章上的学术论断。我对《华尔街日报》文章中带有个人主观偏好的部分论断不予置评。一些著名科学家公开表达了一个观点，即温室变暖是有人为了一己私利而提出的，这一观点对于气候变化的支持者和反对者而言都是毫无价值的。目前，已有专业组织发表了大量公开声明，我赞成 Allegre 等（2012a）对这些声明的重要性和影响力提出异议。复杂科学问题应该通过传统的方式来解决，应以论文的形式，经过同行评审，刊登在权威科学杂志上，而不是以新闻稿的形式发表，也不是只经过有倾向性的媒体采访来体现，更不是通过个人签字同意由他人起草的政策性定向声明来表现。

总之，我认为 Allegre 等（2012a）和 Happer（2012）阐述的大部分学术评判都是毫无价值的。然而，这些文章却具有潜在影响力。比如这些文章会促使人们思考：人为因素引起气候变化的警示是否属实？科学界在这一问题上会产生重要的分歧。事实上，针对这些问题并不会产生多少争议，至少那些有能力给出专业观点的人，他们之间不存在分歧。如同我在开始时所述，除了个别例外，《华尔街日报》文章的作者们都不是气象科学家。他们表达的仅仅是个人观点，而不是自己独立进行科学分析的结果。但是这些个人观点会通过广播和电视节目等被公众所知，从而使人们对政府、科学和科研活动产生普遍怀疑。此外，关注人为因素引起气候变化，被认为是一个边缘化的自由主义问题。美国政客出于竞选公职的需要，虽然私下里可能会认同这一问题的重要性，但在公众场合下都谨慎地避免提到上述问题。因为这个问题经常成为被奚落的对象，而不是对其进行严肃的讨论。

现在我们迫切需要领导者通过引导、教育以及发表公开演说来坦诚面对这一复杂话题。多年来，人们已经丧失了这样的勇气。我们只能寄希望于将来的政治环境可以得到改变，当以后有人针对这些公认的复杂问题展开建设性探讨时，还为时不晚。

【注释】

① 哥伦比亚大学地球化学家 Wallace Broecker 提出一种构想，描述了海水在世界海洋深处的循环。冬季，当寒冷的含盐海水在北大西洋的表层下沉时，这一传送带就会开始运行。新形成的深海水朝着南极流动，在那里向东流转，环绕着南极洲，与其他从南极周围寒冷表层海域流转而来的高密度水流汇合，此后，又流向印度洋和太平洋。深海水慢慢地回到表层，随着印度洋和太平洋表层海水回流到大西洋，整个循环结束。这样一个大规模的传送带式循环差不多要经过千年才能完成。我们没有理由认为这一传输过程中的水流应该在这一时段保持恒定。中世纪气候最优期和小冰期所表现出来的气候变化性，就反映出传送带的特性和功能在世纪尺度上的波动性。

参 考 文 献

Allegre, C., et al. 2012a. No need to panic about global warming. *The Wall Street Journal*. http:// online.wsj.com/ article/ SB10001424052970204301404577171531838421366.html.

Allegre, C., et al. 2012b. Concerned scientists reply on global warming. *The Wall Street Journal*. http:// online.wsj.com/ article/ SB10001424052970203646004577213244084429540.html.

Dessler, A. E., and S. C. Sherwood. 2009. Atmospheric science: A matter of humidity. *Science* 323, no. 5917: 1020-1021.

Dessler, A. E., Z. Zhang, et al. 2008. Water- vapor climate feedback inferred from climate fluctuations, 2003-2008. *Geophysical Research Letters* 35, no. 20: 1-5.

Happer, W. 2012. Global warming models are wrong again. *The Wall Street Journal*. http://online.wsj.com/ article/ SB10001424052702304636404577291352882984274.html.

Trenberth, K., et al. 2012. Check with climate scientists for views on climate. *The Wall Street Journal*. http:// online.wsj.com/ article/ SB10001424052970204740904577193270727472662.html.

6 煤：充足但存在着问题

2011 年，全球能源消费总量中煤炭消费量占比 30.3%，是自 1969 年以来占比最高的一年（BP, 2012）。基于单位能源计算，煤是 CO_2 排放量最多的化石燃料，这一事实本身就凸显了我们在应对气候问题时面临的严峻挑战。以单位能量来表示石油和天然气的 CO_2 排放量，约为煤炭产生 CO_2 排放量的 78% 和 54%。2010 年，全球 CO_2 排放量中有 43% 来自煤炭，36% 来自石油，20% 来自天然气。

2011 年，中国煤炭消费量占世界煤炭消费总量的 49.3%。美国（13.5%）、印度（7.9%）和日本（3.2%）分别排名第二到第四位。2011 年亚太地区煤炭消费量占全球总消费量的 71.2%，北美占 14.3%（美国、加拿大、墨西哥），欧洲和欧亚大陆（包括俄罗斯和乌克兰）占 13.4%。2011 年中国能源使用总量中，煤炭占比达 70%（2013 年为 65.5%），而美国仅为 22%。与 2010 年相比，中国 2011 年的煤炭使用量增长了 9.7%。与之相反，同一时期美国煤炭使用量下降了 0.46%。

英国石油公司（BP, 2012）预测，2011～2030 年，经济合作与发展组织（简称经合组织，OECD）[①]国家煤炭需求量每年将下降 0.8%。然而，也预测到经合组织国家煤炭需求量的下降会被同一时期内非经合组织国家每年 1.9% 的需求量增长率所抵消。同时还预测，到 2030 年，中国仍然是世界上最大的煤炭消费国（占全球消费总量的 52%）。尽管如此，中国煤炭消费增长率仍有望降低，年均增长率将从 2000～2010 年的 9% 降至 2010～2020 年的 3.5%，2020～2030 年将进一步降至 0.4%。正如英国石油公司所分析的，该趋势反映了未来向低碳经济活动转型以及总体能源效率提高的愿景。

到 2024 年，预计印度煤炭需求总量会超过美国。这种情况下，其年均增长率同样也会下降，从 2000～2010 年的 6.5% 降至 2011～2030 年的 3.6%。印度煤炭需求增长率减缓主要源于能源效率提高，然而这种增长率的下降会被不断扩展的工业部门需求增加所抵消。预计 2011～2030 年间，全球煤炭需求总量将以年均 1.0% 的速率增长。

煤炭在美国主要用于发电（参见图 3.1）。而在发展中国家的应用更为多样化，工业和生活消费约占总消费量的一半。英国石油公司（BP, 2013）预测，全球使用煤炭发电的比例将从 2011 年的 45% 降至 2020 年的 44%，到 2030 年进一步降至 39%，同时，他们认为全球工业煤炭需求增长率也呈类似下降趋势，但幅度较小。

第 4 章讨论了燃煤作为 CO_2 的来源在改变气候方面具有的重要作用，另外还探讨了硫酸盐气溶胶（由煤炭衍生）抵消全球变暖的潜在意义。本章首先介绍当前煤炭使用模式，包括了解并总结当前煤炭资源的地理分布情况。进而讨论煤炭使用可能造成的更直接的消极影响，如常规空气污染、酸雨以及汞排放的后果。随后是对碳捕获和封存潜力的评述，以及我们在排放 CO_2 的同时能够继续使用煤炭的可能性。本章最后总结了可能影响未来全球煤炭行业命运的一些因素。

国家资源和消费模式

如前所述，2011 年中国煤炭消费量约占全球煤炭消费总量的 50%。表 6.1 总结了 2011 年全球排名前十的煤炭消费国的煤炭消费以及生产情况。结果以能量单位表示，参考百万吨油当量（mtoe）所含能量标准的定义[②]。该表包括各个国家煤炭生产量和消费量的差值，即 P-C。P-C 为正值表示生产量大于消费量，表明该国或者将部分生产量用于储备，或是煤炭净出口国，或两者兼有。虽然中国和美国 P-C 都为正，但却有不同的内涵。美国是煤炭净出口国，因此其 P-C 为正值。与美国不同，中国为煤炭的净进口国，而其 P-C 亦为正，表明国内煤炭储备在未来商品价格上涨的预测中发挥了重要作用[③]。

表6.1 2011年10个最大煤炭消费国的煤炭消费和生产情况（BP, 2012）

排名	国家	消费量 C（mtoe）	生产量 P（mtoe）	P-C（mtoe）
1	中国	1839.4	1956.0	116.6
2	美国	501.9	556.8	54.9
3	印度	295.6	222.4	−73.2
4	日本	117.7	0.7	−117.0
5	南非	92.9	143.8	50.9
6	俄罗斯	90.9	157.3	66.4
7	韩国	79.4	0.9	−78.5
8	德国	77.6	44.6	−33.0
9	波兰	59.8	56.6	−3.2
10	澳大利亚	49.8	230.8	181.0

2010 年，中国煤炭进口量为 1.65 亿吨，出口量为 0.19 亿吨。图 6.1 和图 6.2 总结了中国进口来源地和出口目的地。2010 年，从印度尼西亚、澳大利亚、越南和蒙古国四国进口的煤炭量占中国煤炭进口总量的 83%，分别占比是印度尼西亚

占33%，澳大利亚占23%，越南占11%，蒙古国占10%。中国煤炭大部分出口到韩国（38%）和日本（34%）。煤炭储备量总计为1.975亿吨。

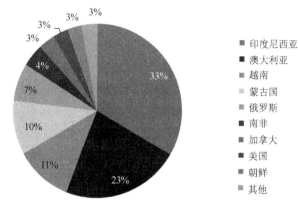

煤炭进口总量：165 Mt

图6.1　2010年中国煤炭进口量

资料来源：LBNL, http://china.lbl.gov/publications/chinaenergy-statistics-2012

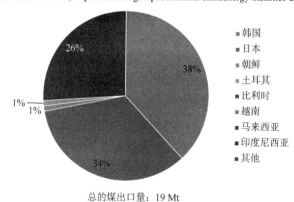

总的煤出口量：19 Mt

图6.2　2010年中国煤炭出口量

资料来源：LBNL, http://china.lbl.gov/publications/chinaenergy-statistics-2012

　　日本以及通常所说"亚洲四小龙"中的韩国、中国香港和中国台湾，高度依赖进口，2011年煤炭进口量分别为117 mtoe、78.5 mtoe、47.7 mtoe 和41.6 mtoe，占这些国家或地区煤炭消费总量的99%以上。2011年煤炭主要出口国按出口量排名依次是澳大利亚（181.0 mtoe）、中国（116.6 mtoe）、俄罗斯（66.4 mtoe）、美国（54.9 mtoe）、哥伦比亚（51.5 mtoe）和南非（50.9 mtoe）。出口量分别占这些国家当年煤炭总产量的80%、6%、42%、10%、92%和35%。

如表 6.2 所示，美国煤炭储量位居全球第一。英国石油公司汇总相关数据表明，美国煤炭储量占世界煤炭总储量的28%。俄罗斯位列第二，其次是中国、澳大利亚和印度。表6.2 还包括单个国家的储量与产量之比，即 R/P。这些数据是假设以 2011 年的开采速度进行开采，估计耗尽其国家储备需要的时间。R/P 值的特征值得关注，如推测中国为 33 年，是一个相对较低的值。若中国煤炭生产如英国石油公司（BP, 2013）所预测的，即在 2010 年到 2020 年的年均增长率为 3.5%，则表 6.2 中的数据表明，中国最早可能在 2032 年耗尽国内煤炭储备。需要指出的是中国目前已经是一个煤炭净进口国。

表6.2　10个最大煤炭消费国家现有煤炭储量（Mt），以及按当前速度消耗储存煤炭的使用期限（年）（BP, 2012），如果国家储存的可用总量耗尽，将会导致的大气CO_2浓度变化的估计值（Δppm）

排名	国家	无烟煤和沥青（Mt）	亚烟煤和褐煤（Mt）	总储备量（Mt）	R/P（年）	Δppm
1	美国	108 501	128 794	237 295	239	32.6
2	俄罗斯	49 088	107 922	157 010	471	20.0
3	中国	62 200	52 300	114 500	33	16.4
4	澳大利亚	37 100	39 300	76 400	184	10.6
5	印度	56 100	4 500	60 600	103	10.2
6	德国	99	40 600	40 699	216	4.4
7	乌克兰	15 351	18 522	33 873	390	4.6
8	哈萨克斯坦	21 500	12 100	33 600	290	5.0
9	南非	30 156	—	30 156	118	5.2
10	哥伦比亚	6 366	380	6 746	79	1.1

假设：① 无烟煤和沥青煤排放因子的估算平均值为 2690.4 kg CO_2/t，亚烟煤和褐煤为 1661.9 kg CO_2/t（US EPA, http://www.epa.gov/cpd/pdf/brochure.pdf）。

② 1 ppm CO_2=77.7 亿吨 CO_2

表 6.2 还描述了 10 个最大煤炭消费国各国所有估计资源产生的 CO_2 浓度增加值。假定排放到大气中的 CO_2，有 50%存留在大气中，过剩 CO_2 会被海洋吸收，与当前海洋从大气中吸收过量 CO_2 的能力一致。根据我们的假设，10 个最大煤炭消费国将使大气中 CO_2 的浓度增加 110 ppm。如果按照英国石油公司（BP, 2013）所估计的那样，全球煤炭资源总量将随着时间推移逐渐被耗尽，大气中 CO_2 的浓度将增加 118 ppm，从当前约 400 ppm 增加到未来的大于 500 ppm。预计 2011～

2030 年间,全球煤炭消费量会按照每年 1% 的速度增长(BP, 2013),意味着到 2030 年大气 CO_2 浓度将增加约 25 ppm。

煤炭是空气污染和酸雨的来源

与煤炭使用相关的环境问题既明显又微妙。显而易见的是,消耗煤炭时产生的黑烟主要影响下层空气。这种黑烟是由煤烟与黑炭组成的复杂混合物,是煤炭燃烧不完全的产物,并混合有多种不同矿物质。除此之外,排放物还包括一系列有毒气体,特别是二氧化硫、氮氧化物和一氧化碳;同时,基于煤的来源不同,还可能排放出达到潜在危险水平的汞。

硫和氮的氧化物在大气中转化为酸性形式,形成了酸雨。当酸化降水落到地表并渗入地下时,会使土壤中天然矿物质发生分解。以这种方式转换的元素包括植物健康生长所必需的钙和镁,以及铝等有毒物质,当有毒物质迁移到河流和湖泊时会严重危害鱼群健康,甚至对其生存构成威胁。由酸雨导致的鱼类死亡问题最初是在南斯堪的纳维亚和新英格兰的河流和湖泊中观察到的。森林植被枯朽也与酸雨有关,特别是当土壤中的化学组分无法中和多余的酸时。底层瘠土和花岗质基岩的环境尤其脆弱,而富含碱性矿物(如石灰石)的土壤,对输入的酸具有缓冲作用,这类土壤相对不易被酸侵蚀。

如前所述,硫和氮氧化物,与反射性、吸湿性气溶胶的形成有重要关系,这种气溶胶有利于气候系统的负辐射强迫(冷却)。这些颗粒物通常体积很小,对公众健康有着额外的间接性影响。人类吸入体内的小颗粒渗入到肺部会引起一系列健康问题,甚至会威胁生命,危及整个社会。尽管硫和氮氧化物的排放对气候的影响可以被视为是积极的,但对自然界及人类群体的总体影响显然是负面的。近年来,北美、欧洲和中国的政府部门已经采取了积极措施控制相关污染物排放的规模和范围。

通过与雨水或地表物质接触(大气化学家称为干沉降),颗粒形式和氧化形式的汞能够相对快速地从大气中除去。然而,元素形式的汞可以作为气体在大气中停留一年甚至更久。能够被快速去除的短生命周期形式汞仅在局部产生影响,与之相反元素形式的汞的影响可以扩展到全球。燃烧富汞煤所产生的汞最终大部分存留于水生系统中。汞一旦在水体富集,就可以转化成对生物体来说毒性最强的化学形式,即甲基汞。被鱼类摄入后,甲基汞富集在这些生物体组织里。这对于人类来说,后果极其严重,因为鱼类是人类饮食的重要组成部分,而其中很可能存在被汞污染的现象。甲基汞是一种神经毒素，如果母亲在怀孕时摄入过量甲基汞，生出的婴儿可能会患有一系列残疾，包括学习说话、处理信息、协调视觉和运动功能方面的障碍。

值得注意的是，除了燃煤对环境有不利影响外，煤炭的生产过程也存在各种环境问题：如工人因煤矿事故失去生命；由于黑肺和其他呼吸道疾病导致煤矿工人死亡；为了更高效地攫取资源而移除整个山峰，对自然造成破坏；附近的炉渣堆崩塌；处理煤灰导致的河流和地下水污染。一个多世纪以来，煤炭或许推动了世界各地工业经济体的成功，然而，人类社会和他们赖以生存的环境也为此付出了沉重代价。

人们早已意识到，采用未经处理的低品位煤，会产生肮脏黑烟及恶臭等突出问题。Freeze（2003）讲述了一个故事：1306 年夏天，"英格兰各地的主教、男爵以及骑士们离开他们乡村的庄园"，去伦敦参加第一次英国议会会议，他们对"陌生的、刺鼻的煤烟味"感到反感和厌恶。国王爱德华一世回应称，将禁止在城里使用煤炭。尽管如此，后来煤炭在英国及其他地方仍然作为家庭供暖的燃料，并作为工业革命兴起后的主要工业燃料。但随后引发的一系列灾难，促使决策者采取更积极的应对措施。

1952 年，伦敦气象情况异常，出现逆温现象，导致来自城市住宅及工厂的烟雾和有害气体从 12 月 4 日到 12 月 8 日在空气中累积长达 4 天。在此期间，事件导致超过 4000 人死亡，很多人因此暴尸街头。议会采取应对措施，禁止在英国所有城市使用软（烟）煤。1948 年 10 月，在宾夕法尼亚州多诺拉也发生了类似事件，由于使用了未经处理的燃煤，小镇多达一半的居民患病，然而在美国意识到这个问题之前，那些得病的居民大多死亡了。美国的应对政策包括提高工业炉的利用效率，减少含黑烟的碳化合物的排放，安装静电除尘器装置，在从烟囱排放到空气之前，将颗粒物去除。这些措施在解决可见的、明显的煤基污染方面取得了显著成功。纵观当今美国和欧洲发电厂或者其他工业设施的燃煤排放，你会看到白色的烟，其成分主要是与燃烧相关的水蒸气离开烟囱后冷凝而成的水滴。无论如何，必须进一步采取措施以削减硫和氮氧化物以及汞的排放量。

常用的除硫方法包括将化学品（如氧化钙、石膏等）投入燃煤炉的废气中，将硫在排放到大气之前转化为可回收的形式。这需要大量资本投入，用以提供必要设备。另一问题是这些必要设备的运行需要消耗额外能量，这意味着必须消耗更多的煤以产生所需电量。

氮氧化合物有两种来源。一种是燃料中的氮，另一种是高温燃烧过程中大气氮的分解。而后者来源更难处理，因为燃烧过程中温度降低会导致其总效率下降。第一种来源原则上可以通过在燃烧之前减少燃料的氮含量来降低氮氧化合物。显然，减少来自燃煤工业设施的氮氧化物排放的措施并不成功，并且其成本普遍高于减少硫排放的成本。通常脱硝装置需要安装昂贵的催化转化器，才能从燃煤设施的烟囱中选择性地除去氮氧化物，该装置类似于欧洲和美国常见的卡车和汽车废气再循环装置系统。

美国环境保护局（EPA）于 2012 年宣布了一项雄心勃勃的计划，以限制有害空气污染物（由 EPA 归类）的未来排放量（EPA, 2012）。主要包括颗粒物的直接排放，硫和氮氧化物以及汞的排放。具体要求参见 http://www.gpo.gov/fdsys/pkg/FR-2012-02-16/pdf/2012-806.pdf。满足这些严格标准的技术措施在规则中有专门规定。但实施这些技术的费用较高，将不可避免地增加燃煤发电成本，以及以煤为主要能源的产品的生产成本。尽管如此，到目前为止，煤炭行业面临的最具挑战性问题是减少 CO_2 的排放量。

是否有可行的措施来消除煤炭燃烧过程中 CO_2 的排放？

可以通过三个步骤减少由燃煤向大气排放的 CO_2。第一步，必须在燃煤产生的 CO_2 排放到大气之前，将其从主工业设备的烟囱中捕获。第二步，必须将其运送到合适的、有安全保障的永久储存库中。第三步，必须将其安全地封存在储库中。这一过程被称为碳捕获和封存（CCS）。

典型燃煤发电厂或工业设施排出废气中，CO_2 是相对较小的组分。如果在空气中燃烧煤（通常做法），则来源于空气的氮气将成为废气中的最主要组分。除 N_2、CO_2 和少量的 O_2 外，废气还包括大量颗粒物以及 CO、H_2O、SO_2、NO、HCl、HF、汞和其他金属等。CCS 方法的第一步需要将浓度通常小于 14% 的 CO_2 从这种复杂化学废气中分离出来，可以通过将废气与可吸收 CO_2 的溶剂进行混合来实现上述过程，由水和单乙醇胺（C_2H_7NO）组成的混合物溶液可以作为介质。接下来要对 CO_2 进行浓缩、纯化和加压，之后将其转移到指定储存处。可以通过多种方法捕获由煤燃烧产生的碳。但每一种选择都比较昂贵，不仅需要高昂的资金投入，还需要较高的能量投入[④]。

【注释】

① 经济合作与发展组织（OECD）由发达国家于 1961 年组织成立，根据自由市场原则促进经济发展。目前有 34 个成员国，总部设在巴黎。

② 英国石油公司（BP, 2012, 2013）选择用能量单位表示煤炭量，以 100 万吨油当量（mtoe）的能源含量作为标准：1 mtoe 相当于 39.7 万亿 BTU，相当于 733 万桶石油所含能量，或 392 亿立方英尺天然气所含能量。

③ 根据任何特定年份英国石油公司的数据，推断生产量和消费量之间的差值，不仅能反映出口和进口的变化，还反映了储煤量的变化。

④ CCS 整个过程相当复杂，需要按照规模和成本来安装辅助设备，这可能相当于起初建造燃煤设施的费用。由于受空间限制，辅助设备不可能安装或连接到现有的燃煤设施上。设备运行还会损失大量能量，可能至少达到原始设施燃料燃烧所产生能量的 20%，最高可达三分之一。与其对现有工厂花费高昂价格进行用于碳捕获的改造，不如将该设施选择性地并入新工厂，从一开始就优化新工厂的设计，使投资和运营成本最小化。这种情况下，可以考虑使用浓缩氧而非空气作为燃烧过程的氧化剂（又称为氧原料）。由于氮能有效地从氧化剂中除去，所以这能确保废气中 CO_2 浓度更高。第二种可能性是采用一体化煤气化联合循环（IGCC）发电技术，在燃煤之前将其气化，将承载煤能量的碳转化为 CO 和 H_2 的混合气体，随后 CO 与 H_2O 反应生成额外的 H_2（通过水转移反应）。IGCC 方法的优点是，从一开始就提供富集 CO_2 的气流，但其对资本和能源的需求却显著增加。关于捕获过程的更多探讨，可参见 IPCC（2005）和 McElroy（2010）。

参 考 文 献

BP. 2012. *BP statistical review of world energy*. Houston, TX, p. 48.

BP. 2013. *Energy outlook 2030*. Houston, TX, p. 86.

EPA. 2012. National emission standards for hazardous air pollutants from coal-and oil-fired elec-tric utility steam generating units and standards of performance for fossil-fuel-fired electric utility, industrial- commercial-institutional, and small industrial-commercial-institutional steam generating units; Final Rule; 40 CFR Parts 60 and 63, vol. 77, no. 32. https://www.fed-eralregister.gov/articles/2012/02/16/2012-806/national-emission-standards-for-hazardous-air-pollutants- from-coal-and-oil-fired-electric-utility.

IPCC. 2005. *Special report on carbon dioxide capture and storage*. Edited by B. Metz, O. Davidson, H. d. Coninck, M. Loos, and L. Meyer. Geneva, Switzerland: Intergovernmental Panel on Climate Change.

McElroy, M. B. 2010. *Energy perspectives, problems, and prospects*. New York: Oxford University Press.

7 石油：过去的波动与未来的不确定性

数千年来，木材一直是人类社会最重要的能源，应用于许多领域。木材最重要的用途就是生产木炭。木炭燃烧产生高温，可以用来煅烧铜、锡、青铜及后来出现的铁等，这些物质可用来制造工具和武器。当木材耗尽时，社会文明也常常随之崩塌，这种模式在人类历史进程中反复出现。

18 世纪早期，煤炭取代木材成为英国最主要的能源。在什罗普郡铁器制造商 Abraham Darby 的推动下，煤炭为工业革命提供了原动力，与此同时也在能源领域站稳了脚跟。1709 年，Darby 研发了一种去除煤中杂质（如硫）的新工艺，这些杂质若不被去除，可能会阻碍冶炼过程。煤生产的焦炭取代了木材生产的木炭成为重要的工业品，因此，煤炭资源丰富的国家受益颇多。但是直到 1900 年，煤炭才取代木材成为美国的主要能源，这主要是由于美国木材资源丰富。此外，美国东北部有多条河流及瀑布，可以提供现成的水力资源，尤其是在马萨诸塞州的查尔斯河和新罕布什尔州的梅里马克河（包括其在马萨诸塞州的下游支流）。正如前文所述，水力资源在新英格兰早期纺织行业的兴起中发挥了关键作用。

20 世纪上半叶，石油取代煤炭成为全球主要工业经济体的重要能源。石油使用的历史非常久远。早在公元前 5000 年，人们就用美索不达米亚平原渗出的石油来制作沥青了，沥青制成的砂浆用于建造巴比伦城的塔和城墙。《创世记》里记录着上帝对诺亚的指示，"你自己用歌斐木造一艘方舟：在方舟里建造房间，并将房间内外都覆盖上沥青。"Yergin（1991）提到，公元 1 世纪，古罗马博物学家 Pliny 曾称赞石油的药物特性——具有止血功能，可用于治疗牙痛和腹泻等多种疾病，缓解与风湿病和发烧相关的病痛。古希腊人还发现，用石油可加工制作出一种可怕的新武器——一种被称为"希腊火"的凝固汽油弹，它被 Yergin（1991）记述为比火药更有效更可怕的武器。这种强大新武器的生产和使用方法一直是拜占庭帝国的重要国家机密。

石油是由烃（由碳和氢原子连接形成不同长度的链组成的分子）与不同含量的硫、氧和痕量金属元素混合而成。不同地质储层石油组分也不同。典型情况下，石油中的烃约三分之一在低质量范围内，每个分子中碳原子数低于 10 个。还有三分之一在中间质量范围，每个分子有 10～18 个碳原子。最重组分以黏稠的半固态化合物呈现，如焦油和沥青。在电力时代之前，煤油作为照明来源需求广泛，是早期现代石油工业的重要产品。当煤油燃烧时，可以分解成许多分子碎片辐射高强度的可见光。煤油分子由 10～15 个碳原子构成，比汽油比重高，挥发性低。汽油分子包含 8～12 个碳原子，其与柴油都是现代石油时代最重要的产品。柴油包含 10～20 个碳原子，其挥发性比汽油低。

1859 年 8 月 27 日宾夕法尼亚州泰特斯维尔油井的成功钻探标志着现代石油工业的诞生。在油井深 69 英尺（21.03 米）处发现油矿，且需要用泵将石油抽取至地表。随之出现的关键问题是在石油运输到市场之前要找到一种合适的存储方法，而威士忌桶提供了便利的临时解决方案。直到今天，石油交易仍然是以"桶"为单位，一桶油设定体积为 42 加仑（158.99 升）。

John D. Rockefeller 是美国早期石油工业中一位较早获益的企业家。他与合作伙伴 Maurice Clark 一起，利用泰特斯维尔和邻近的宾夕法尼亚州产油区丰富的石油供应，在克利夫兰建立了一家炼油厂，将石油炼制成煤油。1865 年，Rockefeller 与 Clark 合作关系结束，Rockefeller 拿到 72 500 美元，并开始建立一个能够控制石油和煤油行业所有环节的能源帝国，包括生产、蒸馏、种植木材以生产存储石油产品的木桶，与铁路部门签订的合约以将他的产品运输至东部海岸的市场，他甚至寻找机会将石油出口到欧洲。1870 年，标准石油公司成立，Rockefeller 持有该公司四分之一的股份。十年后，标准石油公司控制了美国总炼油产能的 90% 以上，不仅在炼油和营销方面，还在运输关键的早期产品——煤油方面也占有统治地位。1906 年，时任总统的 Theodore Roosevelt 成功实施了 1890 年制定的《谢尔曼反托拉斯法》，打破了标准石油公司的垄断地位，迫使该公司分解成许多独立的单元，其中最大的是新泽西标准石油公司，也就是当今埃克森美孚石油公司的前身。

直到 1910 年，石油主要应用于交通领域，而不再是照明领域。推动这一转变的第一个因素是 1880 年 Thomas Edison 改进完善了长寿命白炽灯泡，以及随后推行的保证分布式供电的一系列举措。其次是在 1908 年，Henry Ford 成功发明和销售了第一台人们买得起的汽车，即福特 T 型车。如今，石油继续为全球运输行业提供主要动力。每天有超过 1300 万桶经过加工的石油供应给美国汽车司机，超过 4 亿加仑（15.14 亿升）的汽油被消耗掉。试想一下假如我们用尽了石油会发生什么：汽车、卡车、火车、船只和飞机将会无法行驶。如果你不在农村生活（而且不在农村生活的人会越来越多），你将很快没有食物可以食用，必然会引起大面积的恐慌和饥荒。

继宾夕法尼亚州早期石油产业的发展之后，美国俄亥俄州、堪萨斯州、加利福尼亚州、得克萨斯州、路易斯安那州和俄克拉何马州也发现了大量油田，美国国内石油产量迅速增长。根据 Yergin（1991）的记述，1901 年在得克萨斯州发现了大量的石油，导致石油价格跌至每桶 3 美分，甚至不如一杯水的价格高。仅仅在几年以后，在俄克拉何马州又发现了储量更大的石油矿。1871 年在巴库、1885 年在苏门答腊岛、1887 年在婆罗洲、1908 年在波斯（伊朗）、1910 年在墨西哥、1922 年在委内瑞拉、1932 年在巴林、1938 年在科威特，人们均发现了大量油田，且在仅仅若干年后，人们又发现了埋藏在沙特阿拉伯沙漠之下储量巨大的石油矿，可谓是石油勘探方面最重大的进展。随着这一系列发现，国际石油供应量迅速增长。

直到 20 世纪 70 年代早期，美国石油一直自给自足，也是主要石油出口国。随后，尽管在阿拉斯加州石油勘探以及近海石油勘探和开采方面取得了重要成就，但国内石油供应已经跟不上快速增长的需求。1962 年我第一次到美国时，1 加仑石油价格只有 25 美分，如果从某一特定供应商处长期购买石油的话还会有额外的优惠。1973 年，大量廉价可用汽油在维持多年自给自足的状态以后，最终走到尽头。1960 年，伊拉克、科威特、伊朗、沙特阿拉伯和委内瑞拉建立了石油输出国组织（OPEC），后来利比亚、阿拉伯联合酋长国、卡塔尔、印度尼西亚、阿尔及利亚、尼日利亚、厄瓜多尔、安哥拉和加蓬也加入其中，这是后来石油价格受到冲击的重要影响因素。尤其是在 20 世纪 70 年代以后，石油输出国组织成为决定全球石油市场价格以及调节石油供应的重要力量。

石油进口国很容易受到国外石油供应不确定性的影响。1973 年这些石油进口国第一次遭受了损失。因此，石油输出国组织中的阿拉伯成员国，联合伊朗（石油输出国组织成员）、埃及、叙利亚和突尼斯，对某些特定国家实行石油禁运，尤其是美国、加拿大和荷兰。这一举动是为了惩罚这些国家在所谓的赎罪日战争期间支持以色列。战争的敌对行动始于 1970 年 10 月 6 日，即犹太宗教日历最神圣的节日—— 赎罪日，那一天埃及和叙利亚对以色列发动了突袭。6 个月后，石油禁运解除，国际原油价格从每桶 3 美元上涨到每桶 12 美元。此后十年，伊朗推翻国王统治，美国驻伊朗德黑兰大使馆人质事件，以及世界上两个最大石油生产国—— 伊拉克和伊朗爆发了两伊战争（1980 年 9 月），这些事件引发了新一轮的石油危机。两伊战争持续近 8 年，直到 1988 年 8 月才最终签署和平条约。国际油价在 20 世纪 70 年代末和 80 年代初增长了两倍，攀升至每桶近 34 美元，约相当于现在的 97 美元，与近期原油价格相差不大，但是这对过去长期习惯于低价且可靠的石油供应的经济体冲击很大。图 7.1 展示了以当时的美元价格和调整后的 2012 年美元价格表示的世界石油价格历史数据。可以清楚地看到，过去 40 年间，全球石油市场价格波动幅度非常大。

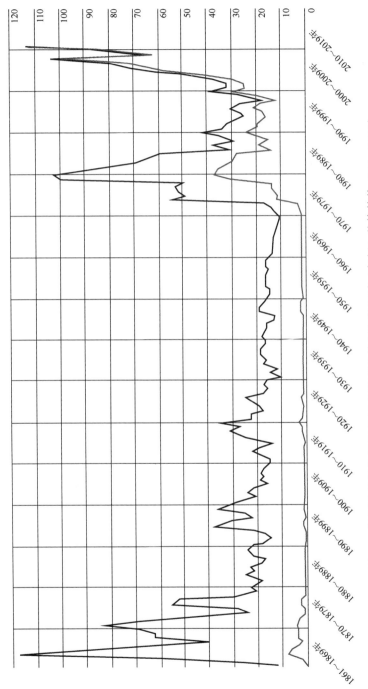

图 7.1 以历史美元价格和 2012 年美元价格展现的石油（每桶）价格趋势（BP，2013）

从尼克松、卡特、里根、布什（G. H. W. Bush）、克林顿、布什（G. W. Bush）
到奥巴马，历届美国政府均宣称会采取计划以提升美国能源安全水平。这意味着
他们将采取措施，以鼓励减少或者终止美国对进口石油的依赖。如今距第一次石
油危机爆发已经过去了五十年，对于美国来说这些目标可以很快实现或至少已经
颇具眉目，这些将在后续部分继续讨论。但是，其他的主要石油进口经济体，特
别是中国，其前景是不确定的。

本章将首先介绍全球石油市场概况：哪些国家石油储量最丰富；他们消耗石
油储备的速度有多快；以及基于目前生产率，现有石油储量耗尽还需多久。随后
本章将探讨美国石油经济发展趋势，重点阐述从页岩储层中开采原油对国内增产
的重要性。接下来本章还会概述加拿大石油产业最新发展情况，尤其针对储藏在
加拿大阿尔伯塔省广泛分布的油砂矿的重油——沥青进行阐述，并继续探讨中国
石油经济当前的趋势，最后总结本章要点。

全 球 视 角

表 7.1 列举了英国石油公司（BP，2013）统计得出的世界石油储量最丰富的
十个国家及其储量。表中未显示的国家还有美国，其石油储量估计为 350 亿桶，
排在第 11 位；中国石油储量约为 173 亿桶，排在第 14 位，低于排在第 13 位的阿
曼和第 12 位的哈萨克斯坦。本次调查中，世界原油总储量估计为 16 689 亿桶。
根据这些分析，其中中东国家石油储量约占全世界总量的 48%。

表7.1 2012年各国石油储量、年储采比（R/P）以及石油资源完全被消耗后大气二氧化碳浓度
变化（BP，2013）

排名	国家	储量（亿桶）	年储采比（R/P）	CO$_2$（Δppm）
1	委内瑞拉	2 976	299.1	6.2
2	沙特阿拉伯	2 659	63.2	5.5
3	加拿大	1 739	127.3	3.6
4	伊朗	1 570	116.9	3.2
5	伊拉克	1 500	131.9	3.1
6	科威特	1 015	88.9	2.1
7	阿拉伯联合酋长国	978	79.3	2.0
8	俄罗斯	872	22.5	1.8
9	利比亚	480	87.2	1.0
10	尼日利亚	372	42.2	0.8
	全世界	16 689	53.1	34.5

英国石油公司（BP，2013）提供的数据反映的是"探明储量"，即采用目前的资源开采技术可以得到的经济可采储量。从这个意义上来讲，这一结果应当理解为石油未来潜在可用量的最低值。基于这一定义，我们注意到英国石油公司在2006 年 6 月（BP，2006）报告的石油估计储量与最近的报告（BP，2013）相比有较大差别。2006 年的报告统计了特定国家 2005 年的石油储量，其中委内瑞拉排在第 6 位。而表 7.1 表明，委内瑞拉的石油储量在 2013 年调查中位居榜首（基于 2012 年的石油储量）。2006 年的调查中，加拿大石油储量排名第 13 位，但在最近的报告中其排名提升至第 3 位。2006 年报告的 2005 年全球石油储量估计为12 007 亿桶，2013 年评估的全球储量约为 16 687 亿桶，比 2006 年增加了 39%。这些差异只是反映了针对特定储层中潜在可开采的石油量更准确的统计，并且考虑、评估了可用开采技术进步的影响。

加拿大石油储量估测发生重要变化，主要反映了阿尔伯塔省广泛存在的油砂矿资源的重要性。报告中委内瑞拉"探明储量"的增加与之类似，原因在于奥里诺科盆地的油砂矿中同样存在储量丰富的重油。未来两国继续开发石油的前提是全球石油市场价格持续走高。

表 7.2 列举了 2012 年各国石油产量。以沙特阿拉伯为首的中东国家占主要地位，其中沙特阿拉伯石油产量占全球石油总产量的 13% 以上。储量排名第 8 的俄罗斯，在产量榜单中位列第 2。美国和中国是世界两个最大石油消费国，石油产量分别排在第 3 位和第 4 位。如表 7.3 所示，经济体在石油消费方面存在以下模式：经济体规模越大，其对石油需求量也越大，这是全球经济体取得成功的必要条件。

表7.2　2012年各国石油产量（BP，2013）

排名	国家	产量（万桶/天）
1	沙特阿拉伯	1153
2	俄罗斯	1064
3	美国	891
4	中国	416
5	加拿大	374
6	伊朗	368
7	阿拉伯联合酋长国	338
8	科威特	313
9	伊拉克	312
10	墨西哥	291
	全世界	8615

表7.3   2012年各国石油消费量（BP, 2013）

排名	国家	消费量（万桶/天）
1	美国	1855
2	中国	1022
3	日本	471
4	印度	365
5	俄罗斯	317
6	沙特阿拉伯	294
7	巴西	280
8	韩国	246
9	加拿大	241
10	德国	236
	全世界	8977

　　除了储量数据，表 7.1 还估算了假设以当前速率继续开采，石油储量多久耗尽。这一概念用储量和产量之比，即年储采比（R/P）表示。从字面理解，在未来50 年的某个时间点，全世界石油可能会完全耗尽。但是，考虑到前述"探明储量"的含义，结论应当有所保留。如果潜在储层可开采资源增加、开采技术进步、价格升高推动了开采活动等因素导致"探明储量"的估计值在未来增加，那么结论中石油储量耗尽时间也要相应延长。正如前文所提到的，过去几年中，估算的"探明储量"明显增长，并可能继续保持增加趋势。

　　表 7.1 还包括了当前报道的所有石油储量在未来被耗尽之后，大气 CO_2 浓度增加的量。假设石油燃烧排放的 CO_2 有 50%在大气中停留一段时间，反映的是空气中 CO_2 的份额。大气中多余的 CO_2 将被海洋吸收，导致海水酸度增加。数据显示，假如当前全球石油"探明储量"被消耗殆尽，大气中的 CO_2 浓度将在当前（2013 年）约 400 ppm 的水平上再增加 34.5 ppm。如果全球煤炭储量也被耗尽，则预计 CO_2 浓度将再增加 118 ppm（详见第 6 章）。二者合计将导致大气中 CO_2 浓度超过 550 ppm。

美　国　视　角

　　美国石油经济当前正发生重大变化。1971 年，美国国内原油开采量达到顶峰，日产原油水平为 964 万桶/天。1971～2008 年间下降了 48%，之后有所回升。2008～2012 年间产量增加了 29.7%，从 500 万桶/天增加到 649 万桶/天。2008 年，进口石油占美国原油总消费量的66%。如图7.2所示，2012年进口原油比重下降到56%，随后进一步降低，以致国产原油供应量超过进口量。2013年8月，国内原油开采量超过了进口量。两个因素导致了这一趋势发生逆转：①如图 7.2 所示，国产原油产量不断增长；②美国出台了更严格的国家企业平均燃油经济性（CAFE）标准，导致客运车辆的燃油经济性增加，从而减少了石油消费。

图7.2　2000年1月至2014年9月美国国内原油月产量与月净进口量

资料来源：http://www.eia.gov/dnav/pet/hist/LeafHandler.ashx?n=PET&s=MCREXUS2&f=A

近期美国国内产油量增加很大程度上是由于页岩采油。美国页岩采油工业的成功主要得益于高油价以及页岩油开采技术进步带来的盈利性增加——具体来说，开采技术不仅可以在垂直方向上也能在水平方向上实现准确钻孔，并且可以利用高压在页岩层中注入水和化学物以实现烃类的释放（此工艺称为水力压裂，在后面的章节我们将进行更详细的讨论）。美国页岩油主要分布在北达科他州的巴肯页岩区和得克萨斯州南部的伊格福特页岩。2012年美国各州原油产量中北达科他州仅次于得克萨斯州，排名第2位。2007年，北达科他州还排在第8位，落后于得克萨斯州（第1位），阿拉斯加州（第2位），加利福尼亚州（第3位），路易斯安那州（第4位），俄克拉何马州（第5位），新墨西哥州（第6位），以及怀俄明州（第7位）。2011～2012年北达科他州原油产量增加了58%，从2011年的42万桶/天增加到2012年的66万桶/天以上。伊格福特页岩原油产量的增长同样令人印象深刻，2012年5月至2013年5月增加了58%。2011～2012年，得克萨斯州原油产量增加了 37%，其中伊格福特页岩产出的原油占增量的绝大部分。未来一段时期内，美国页岩油产量不太可能大幅下降。

如图 7.3 所示，成品油产品进出口同样发生着令人印象深刻的变化。2007 年美国成品油还有 42 万桶/天的缺口，但目前国内成品油已经由不足转为盈余：2012 年成品油出口量已经比进口量高 161 万桶/天。墨西哥湾炼油厂享有持续增加的重质原油供应，并且能够利用充裕廉价的国产天然气来处理这些重油（下一章将阐述更多天然气产业发展背景的细节），得益于此，美国已经成为全球石油市场许多产品的低成本供应商。2012 年，美国出口的成品油主要包括：蒸馏燃料油，占出口总量的 38.6%；石油焦炭，占出口总量的 19.3%；汽油，占出口总量的 15.7%；残余燃料油，占出口总量的 14.9%；还包括液化石油气等一系列产品。这些产品一般出口到加拿大、墨西哥、巴西、智利、荷兰和委内瑞拉等国家（US EIA，2013a，2013b）。

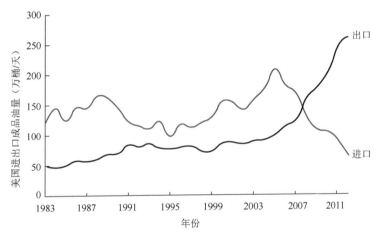

图 7.3　美国成品油进出口历史（US EIA，2013a，2013b）

假设每桶原油价格平均为 100 美元，2012 年原油进口量总计为 3088 亿美元，对美国国际收支平衡有负面影响。假设成品油的可比价是每桶 100 美元，通过出口成品油可以净获得 717 亿美元的收入，能够部分抵消原油进口的负面影响。在石油贸易对美国收支平衡造成的全部影响中，约有 28.6% 归因于从加拿大净进口原油。再假设每桶原油成本 100 美元，不包括与加拿大的贸易，2012 年美国石油贸易净逆差会减少到 1486 亿美元。这可与 2012 年中国贸易逆差为 4366 亿美元相比较。

加拿大焦油砂

阿尔伯塔省焦油砂潜在可开采石油量估计为 1700 亿桶，足以满足美国目前以及未来至少 30 年的石油需求。焦油砂的储油量占阿尔伯塔省石油总量的 99%。2012 年焦油砂日产油量达 190 万桶，预计 2022 年日产量将翻一番。焦油砂产油量目前占加拿大石油总产量的一半左右。2012 年美国大约有 34% 的石油净进口量来自加拿大，即每天 255 万桶。美国从沙特阿拉伯和委内瑞拉进口的石油也较多，分别占总进口量的 18% 和 12%，紧随其后的是占 10% 的俄罗斯和占 6% 的墨西哥（Lattanzio，2013）。

焦油砂中的烃并非严格意义上的石油，而是一种黏稠厚重的沥青（产品技术术语），与焦油的稠度类似（因此得名）。从焦油砂中提取焦油有两种技术方法：一种是开采砂矿后在表面进行分离，另一种是原位加热使其流动，通过管道输送到表面。2011 年运用前一种技术方法开采的产量占 51%，剩下的 49% 采用原位开采技术。两种技术方法都是能源密集型过程。原位开采技术比采矿后进行表面分离会产生更多的温室气体，反映了前一种技术需要更多的能源（通常是化石能源）来产生蒸汽和（或）电能。预计原位开采技术方法在未来生产中的比重将增加。

有两种技术方法可将焦油砂中的沥青转换为可利用形式的石油。一种方法是添加氢，通过沥青与富氢化合物（如天然气）进行反应，增加产品的氢碳比。另一种方法是将沥青分离成富碳和富氢产物，随后去除富碳组分（类似焦炭）。还需要进一步去除硫和氮，以提高最终合成原油产品的质量。所有这些步骤都需要能量输入，其中大部分是由化石燃料提供，从而导致相关温室气体排放量显著增加，尤其是二氧化碳。

美国近年来涉及加拿大焦油砂资源的一个主要争议是关于是否应该批准建造一条直接连接阿尔伯塔省的哈迪斯蒂和内布拉斯加州斯蒂尔城的管道，从而方便将加拿大焦油砂产品向美国输送。横加公司拥有该管道的所有权，并将进行建设和运营。这是一家在加拿大注册、经营多种能源相关业务的公司，已经建设并运营 57 000 km 的管道，主要致力于天然气的运输和分配、部分天然气的存储和发电。该公司最近将业务扩展到石油管道的建设和运营方面。基斯顿公司是横加公司的全资子公司，管理一个分布广泛的石油分配管道网，其中包括一条已经建成的管道，它是阿尔伯塔省焦油砂与美国市场之间的重要衔接。

现有管道从加拿大阿尔伯塔省的哈迪斯蒂向南延伸，然后向东通过萨斯喀彻温省和曼尼托巴，穿过边境进入美国南达科他州和内布拉斯加州，在内布拉斯加州的斯蒂尔城转而向东延伸，通过堪萨斯州、密苏里州和伊利诺伊州，最后在伊利诺伊州的帕托卡和伍德里弗终止。这条管道将阿尔伯塔省的焦油砂产品输送到伊利诺伊州的炼油厂，日运输量约 59 万桶。2012 年 2 月此管道完成了延伸工程，延伸管道从斯蒂尔城向俄克拉何马州的库欣——美国一个重要的原油分配中心输送部分石油。2012 年 3 月在奥巴马总统的支持下，管道得到进一步的延伸，目前正在建设中，这将有助于将石油由库欣输送到墨西哥湾炼油厂，减少目前滞留在库欣储存库的中西部原油。图 7.4 描述了现有管道网络的整体配置，包括拟扩建的部分。

图 7.4　现有管道网络，包括拟扩建部分(TransCanada, 2013)

基斯顿输油管道发展计划每天拟输送 83 万桶石油，但并非所有石油都来自阿尔伯塔省焦油砂矿，还来自北达科他州巴肯页岩层的部分石油。2013 年 4 月巴肯页岩层的石油输出量达到新高，日产量接近 75 万桶，比上一年增加了 33%。现在北达科他州的巴肯页岩层产出的石油中约有 75% 通过铁路运输。基斯顿油管扩建只能在一定程度上解决这种不平衡问题；随着巴肯石油产量迅速增加，美国仍旧需要建设额外的基础设施来满足运输需求。

由于新提出的管道建设计划涉及穿越加拿大和美国边境，因此需要美国国务院判断是否推进此项目，并最终由总统决定。2013 年 6 月 25 日，奥巴马总统在一次气候政策演讲中，就是否继续或停止跟进此项计划阐述了基本原则："建设基斯顿输油管的前提是论证此项目确实符合国家利益，也只有在此项目不会加剧碳污染的情况下我们国家的利益才能得到保障"。基斯顿输油管扩建计划能否通过批准的关键问题在于其是否会导致温室气体净排放出现显著增长。也就是说，美国焦油砂产品如汽油或柴油的提取、改进、分销、精炼和最终消费的过程是否会引起温室气体净排放的变化。

回答这个问题需要进行"从油井到汽车"的全生命周期评估。Lattanzio（2013）在一份美国国会研究服务报告中指出，按单位燃料消耗计算，加拿大焦油砂引起的温室气体排放量（从油井到汽车）要比美国当前销售或分销运输燃料的加权平均值高 14%～20%。他进一步总结道："与某些种类的进口原油相比，加拿大焦油砂原油的排放强度比中东高硫原油高 9%～19%，比墨西哥玛雅地区的原油排放强度高 5%～13%，比委内瑞拉各类原油排放强度高 2%～18%。"假定基斯顿输油管计划每天为美国石油精炼厂提供最多 83 万桶的石油，他估计"输油管道造成的排放增加量将使美国每年温室气体排放总量增加 0.06%～0.3%"。虽然影响相对显著，但对于人类活动引起的全球气候变化几乎没有颠覆性的整体影响。

2009～2010 年间，加拿大温室气体年排放量增长了 1.03 亿吨，其中有 32% 是由阿尔伯塔省焦油砂开采导致的。2010 年，阿尔伯塔省 38.2% 的 CO_2 排放量与焦油砂开发过程相关，包括提取和加工沥青。省政府已经采取措施解决这一问题。根据 2010 年生效的相关规定，相对于 2003～2005 年基线，"排放大户"（每年 CO_2 排放量超过 5 万吨）单位产品排放量必须减少 12%。如果这些目标未完成，违约者需要从超额完成减排任务的公司购买碳额度以抵消，或者按每吨额外排放 15 美元的价格向省清洁能源基金上缴资费（2012 年 4 月，加拿大此项基金的可用资金超过 3 亿美元）。通过增加废热发电来提供开采沥青所需的蒸汽和电力可以减少温室气体排放，利用可再生资源，例如太阳能蒸汽（在该地区合适）和风力辅助发电，也可以进一步减少温室气体排放。

在其他论述中我曾经提到过，奥巴马总统应该批准基斯顿输油管扩建计划（McElroy，2013）。我认为假如他批准这一计划，可以再加一条规定：焦油砂开采和使用的全生命周期排放不能超过当前美国交通领域液体燃料使用造成的平均排放量。越来越多的加拿大石油供应，无疑能够减少美国对委内瑞拉、沙特阿拉伯和尼日利亚等潜在不稳定和不可靠石油资源的依赖。从美国角度来看，无论从经济还是能源安全方面考虑，都有足够的理由推动引进加拿大的石油供应。在可预见的未来，我们仍然需要经济可靠的石油燃料供应给汽车、卡车、公共汽车、火车和飞机。通过采取适当的 CO_2 减排措施，虽然不可能彻底消除加拿大焦油砂资源开发对气候系统造成的损害，但至少可以将其最小化。但是这一计划并没有被通过，奥巴马总统选择了不批准此石油管道建设计划。

中国的现状与挑战

图 7.5 展示了中国国内石油生产和消费趋势。如图所示，中国从 1993 年起成为石油净进口国。此后，尽管中国石油产量不断提高，年均增长率近 1.9%，但消费量以年均 6.7% 的速率增长，远超生产量增长速率。2012 年，中国进口石油占全国石油总消费量的 60.7%，如图 7.6 所示，中国对进口石油的依赖度与日俱增。中国石油净进口情况与美国形成对比，2012 年美国石油和石油产品的净进口量占

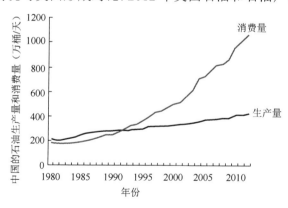

图 7.5 中国国内石油生产和消费趋势

资料来源：http://www.eia.gov/countries/country-data.cfm?fips=CH#pet

消费量的 52.0%，且正如之前所提到的，在当前形势下，美国石油进口量有长期下降趋势。

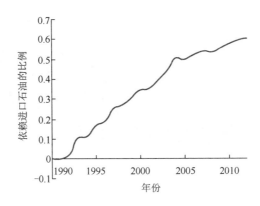

图 7.6　中国对进口石油的依赖程度

资料来源：http://www.eia.gov/countries/country-data.cfm?fips=CH#pet

　　中国石油消费方式也与美国明显不同。在美国，71%的石油用于运输行业，23%用于工业，5%用于住宅和商业领域，剩下 1%用于发电。与美国相反，2011 年中国运输行业仅占石油消费量的 35%，占比最大的是工业消费（占 39.7%），住宅和商业用途占 9.9%，剩下的部分大部分用于农业（3.2%）(Ma et al., 2012)。但是正如图 7.7 所示，中国运输行业的石油消费占比一直在增加。2011 年，中国有 7480 万辆轿车，1790 万辆商务车。与之相比，同年美国注册的轻型卡车和汽车接近 2.5 亿辆。

　　2010 年，中国石油进口量的 44%来源于中东地区，主要包括沙特阿拉伯（19%）、伊朗（9%）、阿曼（7%）、伊拉克（5%）和科威特（4%），其他重要的进口来源包括安哥拉（17%）、俄罗斯（6%）和苏丹（5%）。为保证石油供应，中国主要石油公司（其中大部分都是国有企业）在全球石油市场日益活跃。利用中国庞大的外汇储备（2012 年的外汇储备估计超过 3 万亿美元），中国的国有石油公司已经和很多国家签订了"贷款换石油"协议，包括俄罗斯、哈萨克斯坦、委内瑞拉、巴西、厄瓜多尔、玻利维亚、安哥拉和加纳。这些协议保证了一定数量的石油在特定时间内以特定价格供应给中国，以换取中国提供的数目明确的直接贷款。2008 年以来，这一系列协议承诺的总金额估计高达 1000 亿美元（US EIA，2013c）。

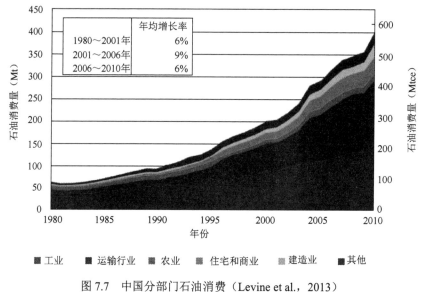

图 7.7　中国分部门石油消费（Levine et al.，2013）

tce：吨标准煤当量

除在中东、北美、拉美、非洲和亚洲等多个地区购买了石油资产外，中国国有石油公司也积极与国际石油公司形成战略合作伙伴关系（US EIA，2013c）。2012年，中国海洋石油总公司签订了收购加拿大尼克森石油公司的协议，正在等待加拿大政府批准，据美国能源信息署（US EIA，2013c）报道，此项收购将至少耗资150亿美元。

鉴于中国当今和未来石油需求对进口石油的依赖程度日益增加，中国政府也清楚地意识到所面临问题的严重性。正如上文所论述的，中国正采取积极措施应对这个问题，包括增加供应来源的多样性、签订具有法律约束力的长期协议以确保这些供应，以及针对国外潜在的石油供应源进行投资控股并建立伙伴关系。同时中国也在采取进一步的措施以增加国内石油的供应，包括陆上石油和海洋石油。中国正在投资建立战略储备设施，预计到2020年其石油储备量将高达5亿桶，以确保在国际石油价格飙升或供应暂时中断期间不会带来破坏性影响，包括美国在内的其他国家，也在实施类似的战略。中国正积极解决未来可能出现的石油经济问题，避免这些问题上升到危机的程度。显而易见，这些举措不仅仅符合中国的利益，也符合国际社会的利益。

要 点

（1）在最近的调查中，英国石油公司评定的委内瑞拉石油探明储量排名第 1 位，取代了沙特阿拉伯。加拿大排名第 3 位，美国和中国分别排名第 11 位和第 14 位。

（2）探明储量是指根据不完全估计，未来潜在可用的最大石油量，是基于当前油矿可用数据和开采技术，并在经济可行的前提下做出的判断。

（3）委内瑞拉和加拿大排名的增长主要反映出这些国家焦油砂矿床中储藏有大量的重油，且由于当今全球石油价格较高，开采这些石油是有利可图的。

（4）过去几年来，美国石油产业的走向发生了重要变化：国内产量增加，进口原油的比例已经由 2008 年的 66%下降到 2012 年的 56%。

（5）在北达科他州和堪萨斯州南部利用水力压裂技术提取页岩层中的石油是导致美国石油产业发生此变化的重要原因。得克萨斯州和北达科他州现在的石油生产量在美国各州中分别排名第 1 位和第 2 位。

（6）墨西哥湾沿岸炼油厂利用国内廉价的天然气处理重质原油，如今美国已成为石油成品净出口国，2007 年每天石油缺口平均为 42 万桶，但到 2012 年平均每天可盈余 161 万桶。

（7）中国石油消费量和进口量直到近期一直排名全球第 2 位，但目前中国已取代美国成为世界最大石油进口国。和美国形成对比的是，中国对进口石油的依赖度与日俱增，威胁着国家长期的能源安全。中国正在采取积极有效的措施以缓解这种依赖所带来的挑战。

（8）石油供应增长虽然在短期内对全球经济有积极作用，但从长期来看将对全球气候系统构成严重威胁。

参 考 文 献

BP. 2006. BP statistical review of world energy. http:// www.bp.com/ liveassets/ bp_ internet/ russia/ bp_ russia_ english/ STAGING/ local_ assets/ downloads_ pdfs/ s/ Stat_ Rev_ 2006_ eng.pdf.

BP. 2013. BP statistical review of world energy. http:// www.bp.com/ en/ global/ corporate/ about- bp/ statistical- review- of- world- energy- 2013.html.

Lattanzio, R. K. 2013. *Canadian oil sands: Life- cycle assessments of greenhouse gas emissions*. Washington, DC: Congressional Research Service.

Levine, M. D., D. Fridley, et al. 2013. *Key China energy statistics 2012*. Berkeley, CA: Lawrence Berkeley National Laboratory.

Ma, J., W. Zhang, et al., Eds. 2012. *China energy statistical yearbook 2012*. Beijing: China Statistics Press.

McElroy, M. B. 2013. The Keystone XL Pipeline: Should the president approve its construction? *Harvard Magazine* 6: 37– 39.

TransCanada. 2013. Keystone XL Pipeline project. http:// keystone- xl.com/ .

US EIA. 2013a. Exports by destination petroleum and other liquids. Washington, D.C.: US Energy Information Administration: 1. http:// www.eia.gov/ dnav/ pet/ pet_ move_ expc_ a_ EP00_ EEX_ mbblpd_ a.htm.

US EIA. 2013b. U.S. imports by country of origin petroleum and other liquids. Washington, D.C.: US Energy Information Administration: 1. http:// www.eia.gov/ dnav/ pet/ pet_ move_ impcus_ a2_ nus_ ep00_ im0_ mbbl_ m.htm.

US EIA. 2013c. China. Analysis. Washington, D.C.: US Energy Information Administration: 27. http:// www.eia.gov/ countries/ cab.cfm?fips=CH.

8 天然气：化石燃料中最清洁的能源

在燃烧排放方面，主要由甲烷组成的天然气是污染程度最低的化石燃料。每产生 1 单位的能量，天然气的 CO_2 排放量比煤炭（褐煤）低 45.7%，比柴油低 27.5%，比汽油低 25.6%。

正如 Olah 等（2006）所讨论的，人类很早就意识到了天然气的特性。泄漏到地表的天然气，经常被雷电等点燃。早在三千多年前的古希腊，天然气泄漏导致帕纳塞斯山发生大火，古希腊人发现其火焰可以长时间燃烧且无需外部供应燃料，认为这一现象十分神秘。他们认定天然气泄漏的位置是地球和宇宙的中心，并在此修建了一座阿波罗神庙以宣告、歌颂此地的独特和神秘。后来该神庙成为特尔斐神谕之家，歌颂由神庙永恒火焰启发的预言。

史料记载，最早将天然气应用于生产活动的国家是中国。大约在公元前 500 年，人们用竹竿制作的原始管道将天然气从源区输送到烧煮卤水的地方，生产具有经济价值的盐和饮用水。直到近两千年后，西方国家才开始将天然气用于生产活动。

1821 年，在纽约弗里多尼亚附近，通过钻井开采的天然气为街道照明提供能源。1858 年，弗里多尼亚煤气照明公司成立，这是第一个专门经营天然气相关业务的商业实体。1883 年，Joseph Newton Pew 创建了太阳石油公司（现在称为 Sunoco），将天然气输送到匹兹堡，作为制造煤气（也称为城市煤气）的替代品。后来 Pew 将天然气产权出售给了 J. D. Rockefeller 名下的标准石油公司。

早期天然气主要应用于街道、工厂和住宅照明。1855 年，德国化学家 Robert Bunsen 发明了煤气喷灯，进一步刺激了天然气市场的发展，到 19 世纪末期，天然气应用已经不仅仅局限于照明，而是逐渐扩展到烹饪和采暖，如今天然气在这些领域同样十分重要。

1891 年，美国建设了世界上第一条长距离天然气运输管道。这条长 120 英里（193 km）的管道从印第安纳州中部的一个天然气田向芝加哥输送天然气。按照现代标准，这条天然气管道的运输原理十分简单。管道利用井口处的气压推送天然气到最终目的地。与之相比，现在的长距离管道采用压缩机能够使气体沿着传输线保持最佳流动。如今美国天然气运输设施中，天然气运输管道已超过 30 万英里（48.28 万 km），有超过 1400 台压缩机用于保证天然气安全、稳定地流动，并配备了近 400 个地下储气设施来支持这个配送网。

本章首先概述国际天然气市场情况。主要内容包括介绍英国石油公司（BP，2013）评定的世界天然气探明储量、天然气生产量和消费量分别排名前十位的国家，以及国际天然气贸易中重要的分销渠道。并估算了全球天然气储量耗尽后，大气 CO_2 浓度的增加量，以补充之前关于煤炭和石油耗尽导致大气 CO_2 浓度增加量的讨论。之后概述了美国天然气工业形势的变化情况，重点讲解了通过采用水力压裂法提高页岩气开采量的重要性。在这一部分，本章将详细介绍水力压裂技术的工作原理，以及应用此项技术可能导致的问题。随后介绍了当前中国天然气产业的发展形势，最后总结了本章要点。

全 球 视 角

表 8.1 列举了英国石油公司（BP，2013）评定的天然气"探明储量"最高的十个国家。结果以公制单位体积计量，其中存储量数据的单位为万亿 m^3，生产量/消费量数据的单位为亿 m^3/a。天然气在纽约商品交易所（NYMEX）以能量单位——百万 BTU（MMBTU）进行交易。一百万 BTU 能量相当于标准温度和压力（STP）下 $28\ m^3$，即 990 立方英尺的天然气所含的能量。正如第 2 章所提到的，美国住宅天然气价格以热值单位克卡进行报价：1 克卡相当于 10 万 BTU。

表8.1　2012年各国天然气储量、年储采比（R/P）以及在天然气完全耗尽的情况下大气CO_2浓度的变化量（BP, 2013）

排名	国家	储量（万亿 m^3）	R/P	CO_2（$\triangle$ppm）
1	伊朗	33.6	209.5	4.12
2	俄罗斯	32.9	55.6	4.04
3	卡塔尔	25.1	159.6	3.07
4	土库曼斯坦	17.5	271.9	2.15
5	美国	8.5	12.5	1.04
6	沙特阿拉伯	8.2	80.1	1.01
7	阿拉伯联合酋长国	6.1	117.9	0.75
8	委内瑞拉	5.6	169.6	0.68
9	尼日利亚	5.2	119.3	0.63
10	阿尔及利亚	4.5	55.3	0.55
	全世界	187.3	55.7	22.96

伊朗的天然气"探明储量"位居第 1 位，其次是俄罗斯、卡塔尔和土库曼斯坦，美国居于第 5 位。与第 7 章提到的石油储量情况类似，根据统计数据，中东国家在天然气储量方面同样占主导地位，其天然气探明储量占世界总量的 43%。表 8.2 和表 8.3 列出了 2012 年各国天然气生产量和消费量排名。美国在天然气生产和消费方面均为第 1 位，俄罗斯位列第 2。

表8.2　2012年各国天然气生产量（BP，2013）

排名	国家	生产量（亿 m^3/a）
1	美国	6814
2	俄罗斯	5923
3	伊朗	1605
4	卡塔尔	1570
5	加拿大	1565
6	挪威	1149
7	中国	1072
8	沙特阿拉伯	1028
9	阿尔及利亚	815
10	印度尼西亚	711
	全世界	33 639

表8.3　2012年各国天然气消费量（BP，2013）

排名	国家	消费量（亿 m^3/a）
1	美国	7221
2	俄罗斯	4162
3	伊朗	1561
4	中国	1438
5	日本	1167
6	沙特阿拉伯	1028
7	加拿大	1007
8	墨西哥	837
9	英国	783
10	德国	752
	全世界	33 144

2012 年，中东国家天然气生产量和消费量分别占全球天然气生产量和消费量的 16.3% 和 12.4%。生产和消费之间的差异反映在天然气净出口方面，其中大部分是以液化天然气（LNG）的形式进行出口，其中卡塔尔占该产品贸易的绝大部

分（78.4%）。

据 2013 年 7 月发布的英国石油公司世界能源统计年鉴所述，当前天然气国际贸易的运输途径，主要包括管道运输（气体）和航运（液化天然气，LNG）。年鉴中数据表明，现在欧洲严重依赖天然气进口：2012 年进口量为 3 772 亿 m^3，其中 34.5% 来自俄罗斯，10.4% 来自北非（阿尔及利亚和利比亚）。显然，一旦天然气供应出现可能的波动或中断，欧洲将受到较大影响。

如表 8.1 所示，如果英国石油公司（BP，2013）估算的全球天然气"探明储量"被耗尽，预计大气 CO_2 浓度增加量将高达 23 ppm，加上之前估计的煤炭耗尽导致的 CO_2 浓度增加量 118 ppm，以及石油耗尽导致的 CO_2 浓度增加量 35 ppm，预计 CO_2 总共将增加 176 ppm。在这种情况下，大气 CO_2 浓度将从当前的 400 ppm 增加到接近 576 ppm。需要强调的是，正如前文所述，"探明储量"这一概念仅仅是对未来可开采天然气储量进行的不完全统计（很可能低估）。英国石油公司（BP，2013）发布的 2012 年全球天然气"探明储量"相较于 2005 年（BP，2006）的估计值提高了 4%，这一事实也强调了这一点。

英国石油公司在不同的报告中估算的天然气"探明储量"的差异（增加）很可能要归因于相关开采技术（水力压裂）的发展和使用，这一技术可以将页岩层中紧密黏附、不易开采的气体以一种经济可行的方式开采出来。迄今为止，利用水力压裂技术进行的页岩气开采大部分是在美国进行的。在不久的将来，这项技术很可能在页岩气开采过程中得到广泛应用。因此，"探明储量"的估算值预计会继续升高，未来大气 CO_2 浓度预测值也需要随之继续向上调整。

早在 10 年前，美国天然气产量似乎已达到峰值，美国将不得不依靠进口来满足其持续增长的天然气需求（2004～2007 年美国国内生产量和进口量之间的差值达到最大）。20 世纪 90 年代末和 21 世纪初，预计天然气进口量会持续增长，因此美国曾计划建造一系列港口设施，用于液化天然气进口供应。但过去几年中，美国天然气产业的前景发生了巨大变化，很大程度上是页岩气产量迅速增长所致。不久的将来，预计美国将成为天然气净出口国，而非净进口国。过去为了进口液化天然气而建造的港口设施，现在正在改建以适应出口。

美国页岩气革命

页岩是一种沉积岩，主要由数百万年或数亿年前水环境中沉积的黏土矿物

（泥）构成，比如当今美国内陆大部分地区都曾经被内海覆盖。随着沉积物形成，原来生活在上覆水体中的部分生物体也融入其中。上覆水体生物生产力越高，最终底层沉积物中包含的有机物浓度就越高。

随着沉积物不断积累，存留的有机物会受到稳定增加的温度和压力的作用。构成生物体部分的长链碳氢化合物分子会逐渐分解，形成一系列与石油相关的化合物。在更高的温度和压力下（尤其是在深度超过 5 km 的地方），只有最简单的一些烃分子才能存留，如甲烷（CH_4）和低分子化合物如乙烷（C_2H_6）、丙烷（C_3H_8）和戊烷（C_5H_{12}）等。在这种环境下，黏土矿物占累积沉积物的大部分，导致大部分存留的有机物质会与后来产生的页岩紧密结合，并且这些页岩会形成非渗透性隔层，能够有效防止有机物质的泄漏。保存在页岩层中的有机物最终会形成石油还是天然气，将取决于沉积物矿床的历史变化及其最终经受的温度和压力。

图 8.1 展示了美国数目众多的页岩气矿藏。正如第 7 章提到的，巴肯页岩区和伊格福特页岩区的主要能源形式为石油。主要成分为高分子量化合物的沉积物，通常被归类为湿类沉积，而富含气体的沉积物则被称为干类沉积。天然气资源最丰富的地区是马塞勒斯、海恩斯维尔和巴奈特地区，分别占美国页岩气可开采量的

图 8.1　美国 48 个州页岩气主要开采位置

资料来源：美国能源信息署.http://www.eia.gov/analysis/studies/usshalegas/pdf/usshaleplays.pdf

55%、10%和6%，其余可开采页岩气主要分布在巴奈特-伍特福德、费耶特维尔、伍特福德、曼科斯、伊格福特和安特里姆地区。2011年得克萨斯州页岩气开采量领先于其他州，其次是路易斯安那州和宾夕法尼亚州。

2011年美国页岩气产量占全国天然气总产量的34%。预计到2040年，页岩气占天然气总产量的比例将增长50%，使国内天然气总产量增加113%（US EIA，2013）。美国能源信息署（US EIA，2013）预测，最早在2016年美国将会成为液化天然气净出口国，到2020年将成为各类形式天然气的净出口国。

页岩气开采的水力压裂过程包含多个步骤。首先需要钻一个到达页岩层的垂直井，这些页岩层通常位于地表以下几千米深的地方：如巴奈特页岩层的深度达6500～8500英尺，海内斯维尔页岩层的深度则更深，达10 500～13 500英尺。在快要到达页岩层时，钻井钻头方向由垂直转向水平。钻探方向转向水平后，还要以竖井为轴在页岩层中延伸1 km或者更多。钻井完成后，整个井壁将镶嵌上钢制内壳，并在适当的位置用混凝土加固。水平钻井穿孔以爆破方式进行。随后，在高压条件下将水、沙子和化学试剂注入井内，通过套管上的钻孔触及页岩层，使岩石中出现一系列小裂缝（因此称为压裂）。沙子可以使裂缝一直张开，同时注入的化学试剂可以促进气体从页岩层释放。压裂过程结束后压力减小，部分注入的水返排到地表。随后，气井开始产气。仅仅使一个地点产生页岩气，其准备过程可能涉及多达25个压裂阶段，每个阶段都需注入超过40万加仑的水（每个钻井一共需要超过1000万加仑的水）。图8.2展示了页岩气生产和压裂操作的全过程。

2013年7月20日，现代水力压裂技术之父George Mitchell去世。他出生于得克萨斯州的加尔维斯顿，是一位希腊移民的儿子（他父亲是一位贫穷的牧羊人）。Mitchell是早期采用水力压裂技术从巴奈特页岩层中提取天然气的先驱。他曾经是得克萨斯州一名成功的油气资源开采投机商。2002年，在以35亿美元的价格将自己的公司卖给戴文能源公司后，他成为水力压裂技术领域第一个资产达数十亿美元的富豪。尽管在石油和天然气行业深耕多年，Mitchell却是一位坚定的环保主义者和慈善家。正如2013年8月4日英国《卫报》发布的讣告所描述的，Mitchell在得克萨斯州建立了伍德兰兹庄园地产，是公认的模范社区；同时他还是一个天文爱好者和支持者，并将大部分财产用于保护自然环境，甚至包括致力于保护和拯救得克萨斯州的啄木鸟。

2010年，Josh Fox制作和导演的获奖纪录片《天然气之地》（Gasland）指出水力压裂技术存在的潜在风险。摄制组从宾夕法尼亚州出发，向西到科罗拉多州

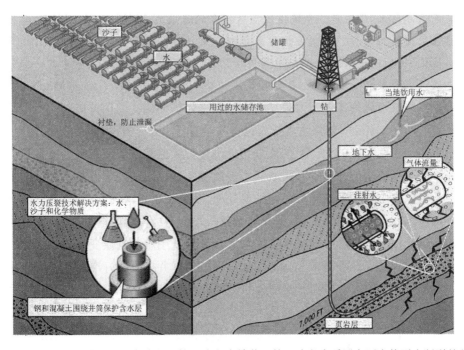

图 8.2　水力压裂过程的两个阶段，第一阶段为钻井，第二阶段为采用高压水使页岩断裂并释放其中的气体

资料来源：http://harvardmag.com/pdf/2013/01-pdfs/0113-24.pdf

和怀俄明州，期间一些人声称饱受水力压裂技术之害并在健康和其他方面遇到严重问题，Fox 对这些人进行了采访。纪录片中有一个戏剧性的片段，当其中一个受访者打开家里的水龙头时，从水龙头流出的水突然发生了爆炸。当地水源供应来自地下蓄水层。这说明在底部页岩层使用水力压裂技术导致了化学物质的泄漏，且蓄水层已受到这些化学物质的污染。

我们有理由相信，纪录片《天然气之地》揭露的这一系列问题反映了许多企业不负责任的掠夺性经营行为，他们为了快速获取利润而忽略了自身应当担负的社会责任。Mitchell 坚信政府需要进行监督，以确保水力压裂技术以一种环境友好的方式使用。2012 年 7 月，在福布斯记者 Christopher Helman 对 Mitchell 进行的一次采访中（Helman,2013），他表示，"政府正试图加强控制，我认为这是一个很好的做法，他们应该实行严格的控制措施，尤其是能源部更应该这样做"。他继续评论道：

　　"从技术角度上，我们能够保障水力压裂法的安全性，开采者应当恰当地采用这些技术。"但是，小规模独立钻探者的开采方式近乎"疯狂"。"这些独立开采者很难管控。如果他们采取了错误或是危险的行动，相关部门必须严惩他们。"所有开采者"都知道如何使用标准技术开采气井"。但总有一部分违法开采者破坏行业规则，甚至可能毁掉整个开采业（引自 George Mitchell）。

如果未来页岩气工业想要长期盈利，开采者需要赢得并保持周围人的信心。开采者应当制定计划，确保水力压裂过程安全进行。应在压裂之前和压裂过程中，对蓄水层（当地居民的水源）的化学组分进行持续监测，即便在气井被封存后，也应作出长期监测的承诺。开采者应当提前准备好可靠的处理方案，保证压裂流体一从页岩层中抽取出来即可得到妥善处理，使未来出现潜在问题的可能最小化。另外，开采者还应确保页岩气开采和输送过程不会造成甲烷的逸散排放（无意的）。如前所述，作为一种导致气候变化的物质，一分子甲烷对气候变化的效应比一分子 CO_2 强 20 倍。从业者应当预测可能出现的问题并提前做好准备，确保能够及时作出反应。当然这一切都需要资金的支持。但是，正如 Mitchell 所指出的："假如所有开采者都采用最优的开采技术，其产生的额外成本将最终体现在升高的天然气价格上，从而弥补其投入的成本。"这样的投资不仅是必要的，也是明智的——这相当于是保证该行业未来能够可持续发展的一笔预付款。

在缺乏有效进出口渠道的情况下，由于页岩气产量增加，美国天然气价格暴跌，从 2008 年 6 月的 12.69 美元/百万 BTU 下降到 2012 年 4 月的 1.82 美元/百万 BTU，这也是有记录以来的最低值。图 8.3 展示了过去 15 年间国际天然气价格走势（BP，2013）。值得注意的是，直到 2009 年，不同地区天然气价格的差异一直相对较小。2013 年 10 月，日本到岸天然气价格平均为 16 美元/百万 BTU，中国为 15.25 美元/百万 BTU，印度为 13.75 美元/百万 BTU，欧洲为 11.60 美元/百万 BTU，但与之相比，美国亨利港天然气基准价格仅为 3.6 美元/百万 BTU。加拿大的天然气价格与美国相似，反映出两国之间的贸易起到了价格调整作用。

Cohen（2013）在一次对美国页岩气工业的经济状况进行的综合研究中指出，生产页岩气的保本价格约为 4 美元/百万 BTU。在当前市场条件下，液态天然气（NGLs）价格较高，尤其是乙烷、丙烷和戊烷，生产者可从中获益。液态天然气价格通常与现行国际石油价格挂钩。直到最近，美国天然气的低价是靠石油的高价来补贴的。随着生产率的持续提高，液态天然气的价格可能会继续下降。相应地，对具有经济效益的页岩气生产的补贴将会减少。

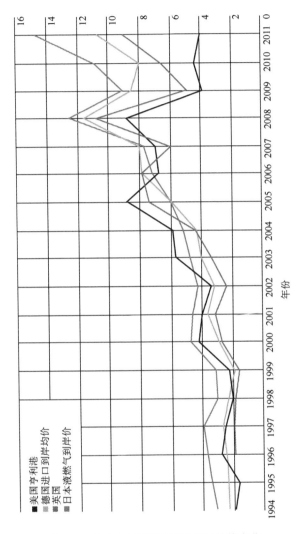

图 8.3　过去 15 年间国际天然气价格变化

资料来源：英国石油公司世界能源统计年鉴，2013 年 6 月，http://www.bp.com/content/dam/bp/pdf/
statistical-review/statistical_review_of_world_energy_2013.pdf

　　在天然气和石油每单位能量的价格相同的基础上，当油价是 100 美元/桶时，
天然气的交易价格则应当超过 17 美元/百万 BTU。随着时间的推移，我们预计天
然气价格可能会恢复与石油价格的历史关系。目前，美国缺乏足够的基础设施来

支持天然气的出口，那么我们应当如何重建这一传统模式呢？显而易见，可能的解决方法包括增加国内消费，发展相关的基础设施以扩大出口，或两者兼而有之。目前，美国已经开始进行调整。

如图 8.4 所示，美国电力工业中，天然气正在逐渐地取代煤炭。美国三大铁路公司，即伯灵顿北方圣达菲铁路运输公司（BNSF）、联合太平洋铁路公司、诺福克南方公司，已经宣布将使用 LNG 形式的天然气替代柴油来为火车提供动力。2010 年，BNSF 公司被 Warren Buffett 的伯克希尔哈撒韦公司收购，Buffett 表示，在不久的将来很可能将火车全部改为天然气驱动。美国主要的运输公司，如联邦快递、联合包裹和废物管理公司，正在将卡车改成天然气驱动（使用压缩天然气，CNG）。汽车公司也紧跟这一趋势。2012 年，福特公司天然气汽车的销量创下了新高（Mugan，2013）。至少在短期内，这些举措均有利于减少美国 CO_2 排放量。如前所述，天然气燃烧产生的 CO_2 排放量比煤炭燃烧产生的 CO_2 排放量低 45.7%。

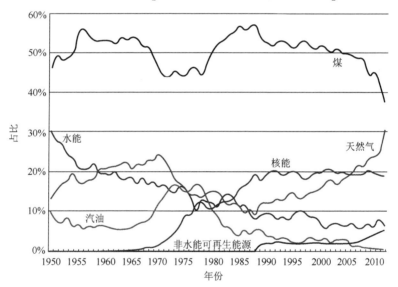

图 8.4　美国电力工业各类能源占比，天然气逐步替代煤炭（Logan，2013）

如前所述，预计到 2016 年美国将成为 LNG 净出口国，到 2020 年成为各种形式天然气的净出口国，后一种情况的延迟反映了美国与加拿大、墨西哥之间管道天然气贸易平衡的变化情况（US EIA，2013）。切尼尔能源公司拥有一家价值 100 亿美元的 LNG 出口工厂，该工厂目前正在位于路易斯安那州西南部的色宾生产基地进行建设。美国最大天然气生产商埃克森美孚石油公司（Exxon Mobil），计划在同一地区投资 100 亿美元建设第二个工厂。目前美国有多达 24 个 LNG 出口设施的建设提案等待政府当局批准。短短 30 年里，美国从一个天然气净进口国变成未来的净出口国，美国天然气工业的发展和成就可谓举世瞩目。

中国天然气经济展望

图 8.5 显示了中国天然气生产量与消费量的历史数据。2007 年之前，中国在天然气生产和消费方面可以自给自足。尽管国内产量持续增长，但中国现在越来越依赖进口来平衡供需。在进口的天然气中，大约有一半以 LNG 的形式进入中国，其他则通过管道进行运输，其中大部分由连接中国和土库曼斯坦、乌兹别克斯坦和哈萨克斯坦的中亚天然气管道（CAGP）输送。中国现有及拟建的石油和天然气运输管道分布如图 8.6 所示。

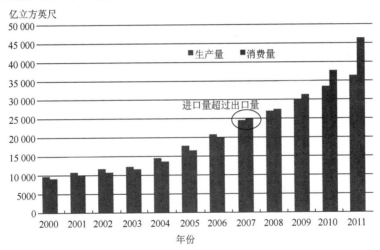

图 8.5　中国天然气生产量和消费量历史数据

资料来源：美国能源信息管理局国际能源统计数据

中国能源消费总量中天然气占比相对较小，2007 年为 3.4%，2009 年上升到5%，预计到 2020 年也只能达到 10%左右。与之相比，2011 年美国一次能源消费总量中，天然气占比达 26%，石油占 36%，煤炭占 20%，核能占 8%，水力、风能、太阳能、地热和生物质共占 9%（US EIA，2012）。US EIA（2013）预测，中国天然气需求将以每年约 5%的速度增长，到 2035 年总需求量将增至现在的 3 倍以上。

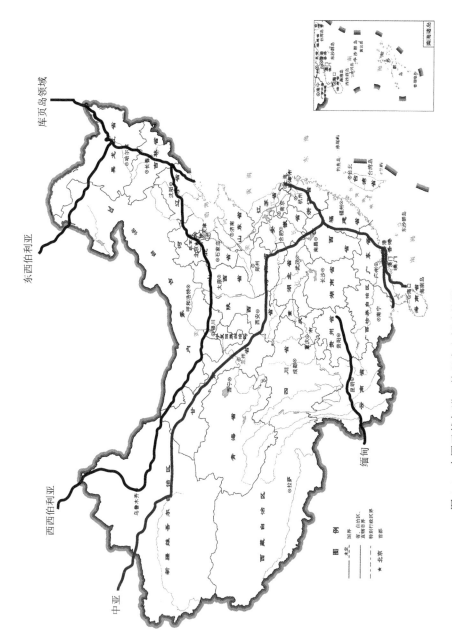

图 8.6 中国天然气进口的现有和拟建管道（PetroMin Pipeliner, 2011）

中文版以国家测绘地理信息局标准地图[GS（2016）2884 号]为底图重新绘制

2011 年中国工业部门消耗的天然气占全国天然气消费总量的 34%。近年来天然气消费的增长主要反映在电力、住宅/商业部门需求的增加，未来可能会继续保持这一趋势（US EIA，2012）。2012 年美国天然气消费结构中电力部门占比最大，为 36%，其次是工业部门，占比 28%，商业和住宅部门共占 28%，运输和其他一些小型应用领域占 8%。

中国国内天然气生产不仅包括传统的天然气气田，如地处中国西南的四川盆地，西北的塔里木盆地、准噶尔盆地、柴达木盆地，以及北部的鄂尔多斯盆地，还包括一种重要的、产量逐渐增加的非传统形式天然气，即煤层气（CBM）。煤层气是指煤炭固体基质中存在含量不等的甲烷。据中国官方媒体新华社最近报道，中国煤层气储量大约为 35.8 万亿 m^3，居世界第三位，仅次于俄罗斯和加拿大（http://www.upi.com/Business_News/2013/03/12/China-to-exploit-coal-bed-methane-reserves/UPI-28781363082555/）。2010 年中国煤层气产量为 3150 亿立方英尺/年（315 bcf/a），约占国内天然气总产量的 10%。"十二五"规划提出，到 2030 年，煤层气产量将增加到 15 700 亿立方英尺/年（1570 bcf/a）（US EIA，2012）。2011 年，煤层气产量占美国干天然气生产量的 7.3%。预计未来美国天然气总产量中，煤层气的相对贡献将减少，而页岩气供应将会越来越重要。

US EIA（2013）估计，中国页岩气储量与美国相当甚至高于美国。2012 年 3 月，中国石油天然气集团公司（CNPC）与荷兰皇家壳牌公司签署了一份产量分成合同（PSC），共同开发四川盆地的页岩气储层。然而到目前为止，中国页岩气产量极低。尽管有关部门已制定计划在 2015 年后增加页岩气产量，进一步开发页岩气资源，但其发展前景仍充满不确定性。

要　　点

（1）压裂技术的成功应用彻底改变了美国近期的天然气生产情况。

（2）美国天然气价格比欧洲和亚洲的现价低 3~4 倍。

（3）美国家庭和工业天然气消费者从此价格差异中获益显著。

（4）US EIA（2013）预测，到 2016 年美国将成为 LNG 形式的天然气净出口国，到 2020 年成为所有形式天然气的净出口国。国内天然气价格可能会相应升高。

（5）美国页岩气工业未来是否能继续取得成功，将取决于相关机构是否能采取有效的监管措施以确保生产过程对当地区域的空气、土壤和水资源的环境影响降到最低。

（6）考虑到温室气体甲烷对气候变化的重要影响，应采取措施控制甲烷的无意排放。

（7）低价天然气促使美国电力行业使用天然气取代煤炭，有助于美国减少二氧化碳排放。

（8）中国天然气消费量迅速增长。尽管国内生产量有所增长，特别是煤层气，然而，为满足国内需求，中国对于天然气进口的依赖程度仍在不断增加。

（9）在未来，中国的页岩气资源可能会为满足国内的天然气需求做出重要贡献。但正在进行的勘探开发行动能否取得积极成果仍有待观察，发展前景尚不明朗。

参 考 文 献

BP. 2006. BP statistical review of world energy: 48. http://www.bp.com/liveassets/bp_ inter-net/russia/bp_ russia_ english/STAGING/local_ assets/downloads_ pdfs/s/Stat_ Rev_ 2006_ eng.pdf.

BP. 2013. BP statistical review of world energy: 48. http://www.bp.com/en/global/corporate/about- bp/statistical- review- of- world- energy- 2013.html.

Cohen, A. K. 2013. The shale gas paradox: Assessing the impacts of the shale gas revolution on electricity markets and climate change. Undergraduate Senior Thesis, Harvard University.

Helman, C. 2013. Father of the fracking boom dies— George Mitchell urged greater regulation of drilling. *Forbes*. http://www.forbes.com/sites/christopherhelman/2013/07/27/father-of-the-fracking-boom-dies-george-mitchell-urged-greater-regulation-of-drilling/.

Logan, J. 2013. U.S. power sector undergoes dramatic shift in generation mix. Golden, CO: National Renewable Energy Laboratory. https://financere.nrel.gov/finance/content/us-power-sector-undergoes-dramatic-shift-generation-mix#two.

McElroy, M. B., and X. Lu. 2013. Fracking's future: Natural gas, the economy, and America's energy prospects. *Harvard Magazine* January- February: 24‒ 27.

Mugan, S. 2013. Natural gas isn't going to replace gasoline— It already has. *Oil & Energy Daily*. http://www.oilandenergydaily.com/2013/03/27/natural-gas-vehicles-lng-cng/.

Olah, G. A., A. Goeppert, and G. K. S. Prakash. 2006. *Beyond oil and gas: The methanol econ-omy*. Weinheim, Germany: Wiley-VCH Verlag GumbH & Co. KGaA.

PetroMin Pipeliner. 2011. *China's pipeline gas imports: Current situation and outlook to 2025*. Singapore: AP Energy Business Publications.

US EIA. 2013. China. Analysis. Washington, D.C.: U.S. Energy Information Administration. http://www.eia.gov/countries/cab.cfm?fips=CH.

9 核能：乐观的开端，暗淡的未来

　　20 世纪 50 年代末和 60 年代初，当核能最开始进入美国电力市场时，社会各界普遍认为核电是人们梦寐以求的最佳能源——核电价格非常便宜，以至于电费不足以支付计量其消费量的成本①。1957 年年末，第一个民用核反应堆在宾夕法尼亚州西平波特投入使用，其装机容量为 60 兆瓦（MWe）②。截至 1974 年，美国实际运转的核反应堆有 55 个，总装机容量约为 32 GWe，其中最大的独立核电站装机容量为 1.25 GWe。自 1970 年以来建造的核反应堆平均装机容量超过 1 GWe。随后，该行业的发展进入停滞阶段。在一系列核事故被曝光后，核电的发展形势发生了急剧变化。1975 年以后，美国只通过了 13 个建造核反应堆的决议，并且这些决议随后都被取消了。

　　1979 年 3 月 28 日，宾夕法尼亚州三里岛核电站发生了严重事故，随后美国公众对核电项目的支持消失殆尽。1986 年 4 月 26 日，乌克兰切尔诺贝利核电站也发生了重大事故，这起事故使美国乃至全世界的核电事业都遭受了巨大打击。而最近发生的日本福岛第一核电站事故，再次使人们对核电安全产生质疑。2011 年 3 月，海洋地震引发的海啸导致了洪水暴发，继而使核电站出现了一系列相互关联并不断恶化的问题，最终导致大量放射性物质被释放到环境中，迫使超过 30 万人从周边社区撤离。即便不称为致命一击，这起事故也无疑给核电事业的发展前景蒙上了一层阴影，不仅是在日本，在世界其他地区同样如此。尤其是德国在此后选择了关闭核设施，导致其为了满足电力需求不得不更加依赖煤炭，使德国显著减少二氧化碳排放的目标变得更难实现。

　　本章将首先介绍一些关于核能的基础知识，包括什么是核能以及人们如何利用核能发电。接下来本章将介绍三里岛、切尔诺贝利和福岛核电站事故都是如何发生的，并概述核工业的发展现状和前景，最后总结本章要点。

核能基础知识

　　将原子看作一个微观太阳系。位于中心的原子核（太阳）承载了原子的大部分质量。将沿着轨道、围绕原子核运动的电子看作行星。这个比喻也许并不完全恰当，但仍有启发意义。太阳系的行星由于引力作用而被限制在各自的轨道上运动，无法远离太阳。原子中带负电的电子同样无法脱离带正电的原子核，但这是由于静电力的作用而非引力的作用，正是这种静电力使带相反电荷的粒子互相吸引。单个原子所含有的电子数取决于原子核中带正电荷粒子的数目，即质子的数量。最简单的原子——氢原子的原子核只包含一个质子，原子核外围也仅有一个电子。更复杂的原子则包含更多数量的电子，以及相应数量的质子以中和负电荷。

原子中原子核的质量一部分由其包含的质子数量决定，另一部分则由称为中子的电中性粒子的数量决定。中子质量与质子质量相差不大，前者略大于后者。原子核中质子和中子在核力的作用下聚集在一起，而核力属于短程力，在粒子间距很小时吸引力尤其强。现代物理学的一个关键性发现是认识到了质量和能量之间的等价关系。1900 年，Henri Poincaré 首次提出了一个方程式来表示这种等价关系，但现在人们通常认为此方程式是 Albert Einstein 的成就，因为他在 1905 年提出了一个更加严谨的公式来表述这一关系。该方程表明，能量等于质量乘以光速的平方，即 $E=mc^2$。光速的平方是一个巨大的数字，这意味着，即使质量发生的变化很小，其导致的能量变化也会非常大。

原子核的质量小于组成它的质子和中子的质量之和。这一差异实际上反映了在原子核这样的狭小空间体积内使质子和中子结合在一起所需的能量。与原子核形成之前的状态相比，原子核形成后，系统已经调节到了低能量状态。系统内在能量降低的表现形式即为质量的减少，减少的数量则由 Poincaré-Einstein 关系式决定。因此，多余能量就被释放到外界环境中。

正如在第 2 章中简要讨论的，核反应在高温高压的太阳核心中不断进行，最终导致太阳大气层的外围区域（同时也是温度相对较低的区域）以可见光和紫外线的形式向外界释放能量。其中的关键起始过程涉及核聚变，即将氢原子的质子紧密地挤压在一起，使它们能够克服这些带相同电荷的粒子之间的静电斥力（长程力）。这一过程使得组成原子核的粒子之间的引力（短程力）占了上风，从而形成一个新的、稳定的核复合物。氢的两个质子结合导致了氘（D）的形成。后续的聚变过程不但涉及质子，还包括中子，并且会形成一系列重元素，正是这些重元素构成了太阳。最终它们组成了早期太阳周围的星云，星云逐渐凝聚后，这些元素也成了行星、小行星和其他天体的组分。

长期以来，尽管人们一直希望将核聚变作为一种极可能不会枯竭且商业可行的电力来源，这一目标却较难实现（参见第 2 章注释⑥）。实际的核能发电过程一直依赖核裂变，即利用不稳定的原子核分裂或分解时释放的能量产生电能。铀原子是现今核能利用的关键，其包含 92 个电子与 92 个质子。在地球的自然环境中，铀主要有三种同位素，不同同位素的中子数量不同。同位素通常由在相应的元素符号（以铀为例，符号为 U）前面添加上标来表示，上标数字表示原子核中质子和中子的总数（即质量数）。铀元素丰度最高的同位素是 ^{238}U（146 个中子），占铀原子总量的 99.275%，其次是 ^{235}U（143 个中子）和 ^{234}U（142 个中子），丰度分别为 0.72%和 0.0055% (Bodansky, 2004)。其中的可裂变组分，即在中子轰击下可以分裂（即发生核裂变）的同位素是 ^{235}U。

裂变过程的起始步骤是 ^{235}U 通过吸收一个中子转化成 ^{236}U。^{235}U 与低能量中子碰撞时，吸收过程最容易发生。如果中子能量较高，其很可能被丰度更高的 ^{238}U 所捕获，从而产生钚，即 ^{239}Pu。为提高 ^{235}U 吸收中子的效果，人们通常采取两种对策。第一，进入核反应堆的铀中 ^{235}U 的含量较高，通常要达到约 3%的相对丰度。第二，在反应堆中加入被称为慢化剂的物质，其作用是将中子能量降低至有利于 ^{235}U 吸收的范围。可用作慢化剂的材料包括普通水（轻水）、重水（主要成分为 D_2O 而非 H_2O），以及石墨（碳）。轻水的优点是很容易获得且价格低廉，缺点是低能量中子很容易被 H 捕获，转化为 D。重水的缺点是价格昂贵，并且不可避免地包含少量 H 元素。作为慢化剂，石墨比轻水更高效，但没有重水效果好。除了作为慢化剂，轻水和重水还可作为冷却剂使用，这是它们共有的另一优势。目前轻水反应堆的发电量占全球核工业发电总量的 88%，重水反应堆和石墨反应堆分别占 5%和 7%（Bodansky, 2004）。

为反应提供能量的燃料是二氧化铀（UO_2），通常将二氧化铀制成圆柱形芯块并嵌入套管中，将套管放入反应堆作为燃料；确定套管的制作材料时，要选择那些结构强度合适且中子吸收能力低的材料。这些套管称为燃料棒。一支标准的燃料棒长 3.7 米，直径 1 厘米。多支燃料棒组装在一起，构成被称为燃料棒束或燃料组件的装置。一个代表性的案例为西屋压水反应堆，其装载了 193 个燃料组件，包含 50 952 支燃料棒（Bodansky, 2004）。燃料组件的组成部分还包括控制棒，用以调节反应堆的运行。构成控制棒的材料能够有效吸收低能量中子，尤其是含有硼或钙的复合材料。完全插入时，控制棒即可关闭反应堆。

通过吸收低能量中子产生的 ^{236}U 同位素非常不稳定。^{236}U 发生分裂形成一系列的新原子核，并释放多余的中子。在典型的反应中，^{236}U 分裂将产生钡的一种同位素，即 ^{144}Ba，并伴有氪同位素产生，即 ^{89}Kr。由于质子数和中子数（统称为核子）是守恒的（初始系统和最终系统中的核子数目必须相同），这一反应将释放三个中子，使导致初始裂变过程发生的中子数量增至 3 倍。这一反应途径总结如下：

$$n + {}^{235}U \longrightarrow {}^{236}U \longrightarrow {}^{144}Ba + {}^{89}Kr + 3n \qquad (9.1)$$

该反应产物的总质量小于最初反应物的质量。根据 Poincaré - Einstein 关系式，这一差异体现在反应产物的能量盈余。这些能量的大部分（约 96%）以动能的形式传递给产物的原子核，其余能量则被伴生中子所吸收[③]。

考虑所有可能的反应路径，^{235}U 裂变释放的中子数平均为 2.42，即所谓的瞬发中子。初始裂变过程中形成的一些原子核更不稳定。它们的衰变时间在 0.2～56 秒之间不等，平均为 2 秒，平均每 100 次核裂变事件中，还会多释放出 1.58 个中子（即缓发中子）（Bodansky，2004）。在一个标准轻水反应堆中，^{235}U 每吸收 10 个中子，大约就有 6 个中子（即能量较高的部分中子）被 ^{238}U 吸收，产生可发生核裂变的 ^{239}Pu。若继续捕获一个额外的中子，则会产生 ^{240}Pu，并可能进一步发生裂变。随着时间增加，^{238}U 丰度逐渐减少，^{239}Pu 丰度逐渐增加。正常情况下，大约每过三年，^{235}U 丰度降低到临界阈值以下时，须从反应堆中取出燃料组件并更换新燃料。耗尽的燃料棒从反应堆中移除后，必须采取措施保护其安全，因为其包含的 ^{239}Pu 可为核弹提供燃料。1945 年 8 月 6 日在日本广岛爆炸的原子弹是由高浓度 ^{235}U 引发的。3 天后另一颗原子弹在长崎爆炸，^{239}Pu 为此原子弹提供了能量来源。

图 9.1（a）和（b）展示了沸水反应堆（BWR）和压水反应堆（PWR）的基本构成部分。在这两种核设施中，关键的部件——燃料棒、慢化剂和控制棒均被放置在圆柱形的大型钢制储罐中（反应堆压力容器）。反应堆压力容器的高度约为 40 英尺，直径约 15 英尺，容器壁的承压能力强，PWR 的容器壁能承受高达 170 个大气压的压强 (Bodansky，2004)。反应堆容器外建有厚重的安全外壳，一旦发生事故，安全壳可以提供重要的额外防护。在 BWR 中，核裂变过程产生的热量直接将水转化为蒸汽，随后蒸汽从反应堆容器转移到安全壳之外的涡轮机进行发电。PWR 中用于发电的蒸汽则在单独的蒸汽发生罐中产生，蒸汽发生罐放置在安全壳结构之内，但与反应堆容器分离。

值得注意的是，在两种设计中，蒸汽管道将核裂变产生的能量传递到发电涡轮机，发电后的蒸汽经冷凝后产生的水又回流至反应堆容器，而保证这一流动线路的通畅是非常重要的。如果流动中断，将会产生严重的问题。在这种情况下，如果核裂变过程继续进行，热量会在压力容器中累积，最终会使容器外壁破裂，导致一系列危险且具有高放射性的物质泄漏到周围介质中（在这里可以看出设计安全外壳的重要作用）。一旦发生紧急事故,应当立刻插入控制棒终止核裂变过程。

位于安全壳结构外部的泵则应继续运作，为冷却复合体提供足够的水。

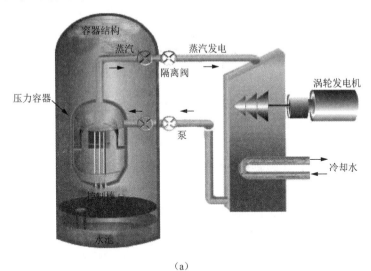

（a）

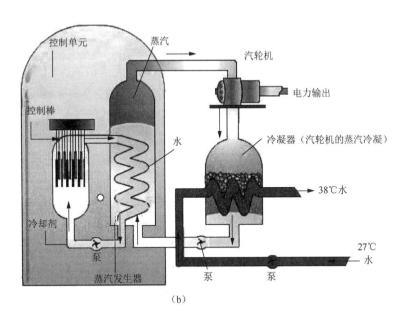

（b）

图 9.1　沸水反应堆（a）和压水反应堆（b）的关键组件（Bodansky，2004）

　　从反应堆中取出的乏燃料组件被浸入水池中冷却。在水池中冷却后，它们会被转移到放置在重质屏蔽容器中的钢罐内，容器高效的屏蔽作用可以有效地消除放射性物质泄漏的潜在风险。传送过程由机器人进行，以保护人力操作者免受任何可能的辐射。乏燃料在移出反应堆时不仅温度很高，也有放射性。第一年后，其发出的辐射和释放的热量大约会减少 75 倍，在接下来的十年间又会进一步减少 5 倍。考虑到废物流中存在长寿命放射性核素，在随后的 10 万年甚至更长时间内其发出的辐射会一直十分显著（最初 1000 年辐射将减少 10 000 倍，其后 10 万年将仅减少不到 100 倍）。

美国早期构想的核废料处理计划是将乏燃料转移到一个或多个集中处理设施中，对其进行加工处理后回收利用。再处理产物称为混合氧化物燃料（MOX），是铀和钚氧化物的混合物，可为反应堆提供新燃料。由于担心再加工过程分离出的钚可能会落入其他人手中，被用于制造粗核弹或者所谓的脏弹，导致核扩散，因此在 1977 年，美国放弃了核燃料再利用计划。目前仍有五个国家在使用这种核废料再处理，即法国、英国、日本、印度和俄罗斯。

尽管再处理过程能够显著降低核废料的质量，但却不能降低废物的放射性水平。这种放射性主要是由最初核裂变的产物导致的。人们仍然需要一种可以长期储存核废料的贮藏所。但是，需要运送到这种贮藏所的废物物质的重量将远低于原始废物的重量。原始废物中，铀占比多达 98%，其中的大部分都会转移到再处理产生的 MOX 中。

经过大量的研究和争论，1987 年，美国内华达州尤卡山被选定为能够长期存储美国核废料的潜在场所。原计划该地点在 2010 年开始接收核废料，但是内华达州议会代表团对此强烈反对，直接废止了这一计划。目前的计划是，在可预见的未来，美国核工业产生的废物将就地存储于产生废物的工厂。Bunn 等（2001）认为这一计划不仅性价比高，并且"安全、可以防止核扩散"。

三里岛核事故

三里岛核事故是由巴高克和威尔科克斯公司建造的两个加压轻水反应堆中的一个（Unit 2, TMI-2）导致的，该反应堆位于宾夕法尼亚州萨斯奎哈纳河上的一个岛上，在哈里斯堡南部约 10 英里处。事故由机械或电气故障引起，故障的发生使蒸汽发生器的水供应中断，反应堆堆芯产生的热量无法被转移。按照设计的应急预案，涡轮发电系统关闭，控制棒迅速被插入燃料组件以停止反应堆的反应。随着冷却剂的减少，反应堆容器内的压力逐渐增加。而后工作人员打开相关阀门，反应堆/冷凝器复合装置中的水流到专门的容器中，反应堆内的压力随之下降。按照预期，反应堆压力一旦降低，阀门即会自动关闭。然而，阀门卡在了开启位置，反应堆中的水不断流出。由于监测系统设计有疏漏，工厂操作员错误地认为系统依旧按预定方式正常运行。水冷却剂不断流失，反应堆堆芯开始过热，容纳燃料棒的材料出现破损，燃料颗粒逐渐熔化。反应堆进入了所谓的堆芯熔毁状态。幸运的是，反应堆外层的安全壳结构防止了大部分放射性物质泄漏到外部环境中。

由于缺乏可靠信息指明实际上到底发生了什么，事故发生后人们陷入了混乱。宾夕法尼亚州州长 Richard Thornburgh 在与美国核管理委员会（NRC）的人员商议后，建议生活在三里岛核电站 5 英里范围内的孕妇和幼儿应当撤离。多达 14 万人采纳了这一建议。三个星期后，他们中的大多数人返回家园。卡特总统主持成立了一个以达特茅斯学院校长 John G. Kemeny 为首的委员会，调查三里岛核事故情况，并就未来可能会出现的问题提供操作流程方面的建议。调查委员会对涉及三里岛核事故的各方均提出了批评，包括核电站建造商、电站所有者、负责培训操作人员的机构，还包括 NRC。对于事故产生的后果，他们也鼓励道："这里不会出现癌症病例，或者只会出现极少数，以至于我们无法检测到放射性物质。对于其他人体疾病也同样如此。"（Kemeny,1979）

1980 年 7 月，人们第一次进入废弃的三里岛核电站。1984 年 7 月，反应堆容器顶部装置被拆除。1985 年 10 月开始取出核燃料。1986 年 7 月，人们开始进行反应堆堆芯残骸的厂外运输。1990 年 1 月，核燃料完全取出。1991 年 1 月，开始蒸发污染的冷却水。1993 年 8 月，人们最终完成了对 223 万加仑事故中产生的污水的处理，此时距事故发生已过去 15 年。全部清理工作的成本超过 10 亿美元。TMI-2 现已永久关闭，放射性的水已经全部净化，所有放射性碎片也已运送到爱达荷州的处置设施，由能源部进行管理。

切尔诺贝利核事故

评估核事件或核事故的严重性通常在国际原子能机构（IAEA）和经济合作与发展组织核能署（OECD/NEA）的主持下进行。根据国际核事件分级量表（INES），最严重的核事故评定为 7 级，1～3 级事件被定性为"事件"而非"事故"。INES将切尔诺贝利核事故评定为 7 级，只有后来发生的福岛第一核电站核事故与其级别相同。相比较而言，三里岛核事故被评定为 5 级。

切尔诺贝利核事故是由位于乌克兰普里皮亚季城附近的四座核反应堆中的一座导致的，后来普里皮亚季成为前苏联的一部分。问题出现在对 4 号反应堆冷却系统进行测试的过程中。该地的反应堆配备了 1600 支燃料棒，每小时用 7400 加仑的水分别进行冷却。原测试计划是模拟在抽取冷却水的水泵电力供应中断时会发生什么，在这种情况下电厂需要使用原位辅助柴油发电机提供的电力来给水泵供电。在人们的预期中，这些发电机产生的电力应当在 15 秒内就可以使用。但实际上，柴油发电机至少需要 60 秒才能够提供平稳电力。人们推测，核电站蒸汽轮机运行减慢时产生的电力即足够用来弥补这一不足，但实际并非如此。最终发生了一系列重大事件，包括反应堆输出电力急剧增加，引起的蒸汽爆炸将固定整个反应堆的重达 2000 吨的钢板炸飞，并穿透了反应堆厂房的屋顶。二次爆炸完全破坏了反应堆安全壳，导致放射性物质碎片喷射到安全壳外部。同时，反应堆石墨慢化剂起火，使问题进一步恶化。

前苏联当局未能及时承认并公开切尔诺贝利核事故的严重性。直到瑞典一座核电站的工人在他们的衣服上发现了放射性粒子，公众这才首次意识到有重大问题发生。到这个时候，切尔诺贝利核事故释放的放射性粒子已经分散到欧洲东部和西北部，触发了很多警报，但人们却一直找不出根源。在最初爆炸发生的 36 小时后，普里皮亚季市民已被秘密疏散，政府向居民保证，最多几天后，他们就能够返回家园。后来普通民众仅仅通过前苏联国家电视台播出的仅有 20 秒的短讯了解到这一事故。

事故发生后大约有 237 人被诊断为患有急性放射病，其中大部分是现场急救人员。在随后的几个月，这些受害者中有 28 人相继死亡。与之相比，辐射暴露对其他众多普通人群的影响相对较弱，也相对模糊。事实证明，人们很难区分哪些疾病或死亡案例是明确由辐射暴露导致的，哪些疾病或死亡是在正常、自然条件下也会发生的。后续追踪调查得出的结果表明，苏联核反应堆在设计之初就存在致命缺陷。我的同事 Richard Wilson 是一位核能专家，他将该情形总结为：在西方国家，这些核反应堆永远不可能得到授权运行。现在，损坏的反应堆被封装在巨大的混凝土石棺中。事故发生后，继续运行的三个反应堆已被关闭，整个厂址也已经被封锁。后期清理费用估计达数百亿美元。毫无疑问，切尔诺贝利核事故严重损害了公众对核电安全的信心，这种影响十分深刻，并将持续很长时间。

福岛核事故

2011 年 3 月 11 日，日本东海岸发生地震，此地震引发了福岛第一核电站事故。此次地震震级为里氏 8.9 级，是在过去 100 年间全球有记录的地震中排名第 4 的大地震，也是日本有史以来遭遇的最大地震。此次地震引发了大规模海啸，海啸引发的洪水淹没了日本东部沿海的大面积地区。地震和洪水导致多达 15 700 人死亡，4650 人失踪，5300 人受伤，131 000 人无家可归，332 400 幢建筑受损，2100 条公路、56 座桥和 26 条铁路受到严重损坏（American Nuclear Society，2012）。

福岛第一核电站共有 6 座沸水反应堆，这些反应堆由通用电气公司于 20 世纪 70 年代建设安装，归东京电力公司（TEPCO）所有并负责维护。海啸发生时，5、6 号反应堆正在进行计划性维护并处于关闭状态。4 号反应堆燃料已经卸载。1～3 号反应堆正常运行。核设施受海堤保护，海堤设计的目标为能够承受 5 米高的风暴潮。但此次海啸产生的海浪最高超过 15 米，导致洪水淹没了核电站与周边大部分地区。

地震发生时，1～3 号反应堆已经按照预先设计停止运行。后来出现的问题实际是由电力供应中断导致的，在这种情况下水泵停止运行，无法为反应堆提供冷却水。柴油发电机通常会提供应急电源作为备用，却由于被洪水淹没而无法运行。反应堆中的温度逐渐升高，导致了氢气生成。氢气的存在导致 1 号反应堆发生大规模爆炸，使围绕钢制反应堆容器的混凝土建筑在 3 月 12 日，也就是星期六这一天彻底坍塌。两天后反应堆再次发生爆炸，炸掉了 3 号反应堆外层安全壳结构的顶部。进入紧急状态的第 4 天，也就是 3 月 15 日发生了第三次爆炸，4 号反应堆严重损坏。

事故刚刚发生后，外界受到的辐射影响实际比较有限。更持久且难以解决的问题在于，放射性物质发生了泄漏并穿透工厂的地基污染了地下水，并与受污染的冷却水发生相互作用。目前，有多达 9000 万加仑这样的污水储存在现场的水箱内，并且有一部分泄漏到了海洋中。目前相关人员正在采取行动处理这些污水。

目前人们正通过一个非常复杂的操作过程来移除 4 号反应堆的燃料棒（正如本章之前提到的，这些物质有高放射性）。此后，TEPCO 计划取出 1～3 号反应堆的乏燃料。全部清理过程预计需要 20～25 年才能完成，估计成本将高达 100 亿美元。截至 2013 年 7 月 1 日，日本原来运行的 54 座核反应堆仅剩下 2 座还在运行，其余已全部关闭；考虑到日本对电力的持续需求，这些核反应堆的关闭给常规燃料源（煤、石油和天然气燃烧锅炉）带来沉重负担，电力成本也相应增长。

福岛核电站的设计缺陷，即未能预测到发生如此高震级地震的后果及随后发生的海啸的影响，是导致 2011 年福岛第一核电站发生一系列破坏性事件的重要原因。由于 TEPCO 和日本当局反应迟缓且应对措施不当，问题变得更加复杂。如果能够更详实地了解实际发生的情况，提前进行更好的培训，并更加合理、高效地部署和调动现场人员，许多严重后果本可以避免。

尽管发生了一系列问题并且代价高昂，但值得注意的是，福岛核事故中没有一个人因暴露于辐射而死亡。世界卫生组织在2013年2月发布的一份报告中指出，基于目前的暴露水平，福岛核事故导致的人类癌症发病率的增加量非常小，甚至根本无法检测。但毫无疑问，这一事故再次打击了全世界人民对核电稳定性与安全性的信心。

当前形势

截至2013年7月，世界上总共有427座核反应堆处于运行状态，分布在世界31个国家，相比2002年的444座有所减少。1993年，核电占全世界发电总量的17%（记录峰值）。最近核电相对贡献率有所下降，2012年降至10.4%（Schneider and Froggatt，2013）。图9.2展示了过去22年全世界发电总量与核电相对份额变化情况。最近核电占比的下降反映了日本福岛第一核电站发生重大事故以后日本核电行业发展走向的变化。正如之前所述，在日本福岛第一核电站以及邻近的第二核电站关闭了10座核反应堆后，日本剩下的44座反应堆中只有2座在2013年7月1日以后继续运行。

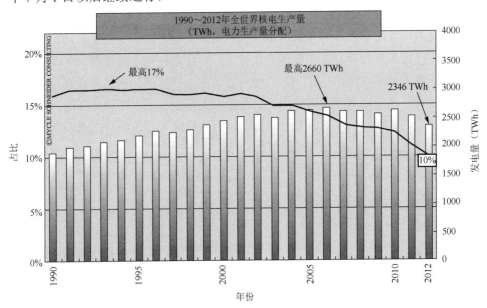

图9.2　过去22年中世界总发电量与核电相对份额变化趋势(Schneider and Froggatt, 2013)

2012 年，五个国家的核能发电总量占全世界核电总量的 67%，从高到低依次为美国、法国、俄罗斯、韩国和德国。2012 年，美国运行中的核反应堆有 100 座，核电占全国发电总量的 19%，相比记录峰值即 1995 的 22.5% 有所减少。考虑核能发电量绝对值，2012 年美国排名第 1，发电量几乎是排名第 2 的法国的两倍。考虑核电占本国发电总量的比例，2012 年法国排名第 1（接近 80%），其后为斯洛伐克、比利时、乌克兰、匈牙利、瑞典、斯洛文尼亚、瑞士、捷克和芬兰。就这一指标，美国排名第 16，中国排名第 30（Schneider and Froggatt, 2013）。

截至 2013 年 7 月，中国运行的 18 座核反应堆总装机容量为 14 GWe，还有 28 座反应堆正在建设。目前，中国计划到 2020 年核电装机容量增加到 5 倍，达到 70～80 GWe，到 2030 年增加至 200 GWe，2050 年增加至 500 GWe。考虑实际情况，我们需要注意的是到 2030 年，预计中国电力需求量将增加到现在的两倍以上，包括水力、风力和太阳能等在内的可再生能源发电量预期将占新增电量的一半以上。目前核电约占中国发电总量的 2%。按照目前的发展计划，预计到 2040 年中国核电占比将增加到 11%（EIA, 2013a）。

尽管制定了增加可再生能源和核能供应的发展计划，但在可预见的未来，中国能源经济很可能继续依赖煤炭，CO_2 排放量也将不断增长。2011 年煤炭占中国一次能源消费总量的 68.4%。目前计划在 2017 年前，将中国煤炭占比降低至 65%；未来煤炭使用量依旧会持续增长，只是相比过去增长速度有所下降。

未 来 前 景

在最近的一封公开信中，气候学家 Ken Caldeira，Kerry Emanuel，James Hansen，Tom Wigley 共同呼吁各国尽快推广核电，在他们看来，这是防止气候变化产生破坏性影响唯一可行的方法（https://plus.google.com/104173268819779064 135/posts/Vs6Csiv1xYr）。他们认为：当今世界在所有能够有效应对气候变化的行动路径中，核能都必然占有重要地位。虽然他们承认"现在的核电站还远称不上完美"，但他们仍然认为："通过改良被动安全系统以及发展其他技术，未来的核电站将会更加安全。通过及时燃烧产生的废物以及更加高效地利用燃料，现代核技术可以降低核扩散风险并解决废物处置的问题。技术创新和规模经济效应甚至能够使新建核电站的成本低于现有核电站的成本。"

我同样认为核电可以为满足世界未来的电力需求做出重要贡献。但是我怀疑从以化石燃料为基础的能源系统向以核能为主体的能源系统转变的过程是否真的可以像他们提到的那样迅速。中国核电发展前景可能更好，在很多时候中央决策者可以在不受市场力量束缚的条件下做出决策，并且有足够的权威实施这些决策。但对于美国以及其他市场导向的经济体，至少在短期内，经济的低迷和公众的反对很可能会限制核电发展。

目前暂无足够证据表明新建的核电站将比现有核电站成本更加低廉。EIA（2013b）在一份报告中指出，2012 年新建一座核电站的隔夜投资成本（即不计利息的成本）为 5429 美元/kW。考虑到利息费用以及建造电厂所需的时间，实际成本可能高于隔夜投资成本的 2 倍以上。穆迪信用评级机构认为，对于大多数公司来说，为大型核电厂投资可谓是"孤注一掷"的决定，因为目前公开上市交易的公司运营的规模最大的核电厂市值也不超过 500 亿美元。表 9.1 展示了竞争性电力公司规模发电企业的隔夜投资成本[④]。可以看出，核电厂的隔夜投资成本超过了陆上风电场的 2 倍。与核电厂相比，太阳能热能发电厂和太阳能光伏发电厂也更具竞争力。

表9.1　2012年竞争性电力公司规模电力企业隔夜投资成本

发电技术	隔夜投资成本（美元/kW）
单一机组高级 PC	3246
采用 CCS 的单一机组高级 PC	5277
单一机组 IGCC	4400
采用 CCS 的单一机组 IGCC	6599
传统 CC	917
传统 CT	973
双机组核电	5530
陆上风电	2213
海上风电	6230
太阳热能发电	5067
光伏发电（150 MW）	3873

注：PC：粉煤；CCS：碳捕捉与封存；CT：燃气轮机；CC：复合燃烧

资料来源：　EIA 2013，http://www.eia.gov/forecasts/capitalcost/

表 9.2 列举了到 2019 年具有潜在可操作性的不同类型发电来源的平准化成本（EIA，2013b）。表中数据反映的是全国平均值。以陆上风电场为例，在风力资源充足且利于使用的地方，其平准化成本可低至 73.5 美元/MWh，而在风力资源质量低的边缘化地带，其成本则高达 99.8 美元/MWh。按照这一测算，未来核电发展所需的隔夜价或平准化成本相对较高，核电行业不具备发展竞争力。

表9.2　2019年具有潜在可操作性的不同类型发电来源平准化成本估计值

（2012 US $/1000 kWh [MWh]）

发电厂类型	容量因子（%）	平准化投资成本	固定运行与维护	可变运行与维护(包括燃料)	输电投资	全系统LCOE	补贴 [a]	包含补贴的LCOE
可调度技术								
传统煤炭	85	60.0	4.2	30.3	1.2	95.6		
整体煤气化联合循环（IGCC）	85	76.1	6.9	31.7	1.2	115.9		
采用 CCS 的 IGCC	85	97.8	9.8	38.6	1.2	147.4		
天然气常规联合循环	87	14.3	1.7	49.1	1.2	66.3		
高级联合循环	87	15.7	2.0	45.5	1.2	64.4		
高级 CCS 与 CC	87	30.3	4.2	55.6	1.2	91.3		
传统燃气轮机	30	40.2	2.8	82.0	3.4	128.4		
高级燃气轮机	30	27.3	2.7	70.3	3.4	103.8		
高级核电	90	71.4	11.8	11.8	1.1	96.1	−10.0	86.1
地热	92	34.2	12.2	0.0	1.4	47.9	−3.4	44.5
生物质	83	47.4	14.5	39.5	1.2	102.6		
不可调度技术								
风电	35	64.1	13.0	0.0	3.2	80.3		
海上风电	37	175.4	22.8	0.0	5.8	204.1		
太阳能光伏 [b]	25	114.5	11.4	0.0	4.1	130.0		
太阳热能发电	20	195.0	42.1	0.0	6.0	243.1	−11.5	118.6
水力发电 [c]	53	72.0	4.1	6.4	2.0	84.5	−19.5	223.6

　　a. 补贴主要以定向税收减免为基础，比如针对某些技术的生产或投资税收减免。表中只反映了基于 1992 年和 2005 年能源政策法案，发电企业在 2019 年可以获得的补贴，其中对于地热和太阳能技术，投资者享有 10%的永久性投资税收减免；对于高级核电厂，生产者可在 6 GW 的装机容量范围内享有 18.0 美元/MWh 的生产税收减免。EIA 按照现有法律和规定中的税收减免期限进行了模型估计：在 2016 年年底之前建成投产的太阳热能发电厂和光伏发电厂能够获得占资本支出 30%的投资税收减免，在此时间节点之后将下降到 10%。新建风力、地热、生物质、水力和垃圾填埋气发电厂能够获得以下两种补贴的一种：①发电厂运行前 10 年内可获得 21.5 美元/MWh 的扣除通货膨胀因素的生产税收减免（对于除风力发电、地热发电和闭环生物质发电以外的技术，补贴为 10.7 美元/MWh）；②如果在 2013 年年底之前发电厂即开始建设，则享有 30%的投资税收减免。

　　b. 成本以可并入电网的净交流发电量表示。

　　c. 模型中认为水电可进行季节性存储，故其可以在一个季度内进行分配，但整体运行则受到相应地点和季节水力资源可获得性的限制。

　　资料来源：U.S. Energy Information Administration. Annual Energy Outlook 2014 Early Release, December 2013, DOE/EIA-0383ER(2014). http://www.eia.gov/forecasts/aeo/pdf/electricity_generation.pdf

图 9.3 展示了 1985～2011 年美国发电系统发展历史，并预测了直到 2040 年对新增发电系统的需求（EIA，2013a）。如图所示，过去 15 年来，美国电力行业的增加值中天然气火力发电系统的投资占很大部分，近期风电系统的投资也逐渐增长。EIA 分析表明，现有发电设施网络足以满足未来十年的电力需求。预计到 21 世纪 20 年代中期，出于更换老化设施的需要，对新电厂的投资需求将会增加。上述公开信认为核电是控制气候变化的唯一可靠路径并呼吁各国向核电行业投资，这一观点必须结合本图所示数据进行考虑。

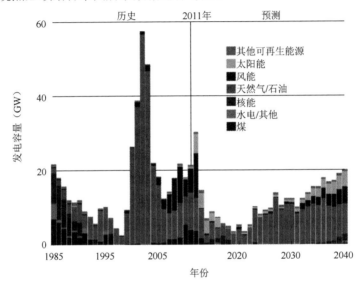

图 9.3　1985～2040 年新增发电容量（EIA，2013b）

如果投资核电有助于美国在不久的将来大幅度降低二氧化碳排放量，则很显然美国需要淘汰许多现有的燃气和燃煤发电厂。即便人们能够为拆除那些老旧且效率低下的燃煤发电厂提供合理的论据支持，但却极难证明拆除最近投入运行的大量高效燃气发电厂是正确的。该政策一经实施，电价将会飙升，无论投资者还是最终消费者都需要为新建核电厂支付高昂的费用，还要承担关闭现有经济有效的燃煤、燃气发电厂的成本。

公开信中倡导新一代核电站应当做到防止核扩散，能够回收利用核废料，并且可以实现被动安全。这一目标值得赞赏，且给予足够的时间和投资，这一目标也可以实现。值得注意的是，在核工业扩展规划中，中国并未计划采用全新的方式设计核电站，而是对现有技术进行适当改进，其选择了 ACPR1000 和 AP1000 作为未来发展国家核电厂的模型。

　　我的同事 Joseph Lassiter 建议美国能够重新投入"新核电"的研究和开发, 这种新型核电站既具有成本效益, 又可以保证安全。但他同时指出, 在当前的法规下, 通常需要很长的时间和很高昂的费用 (7～10 年的时间以及超过 5 亿美元的费用) 以批准进行推动美国大部分经济行业创新的快速实验。他主张效仿食品药物管理局 (FDA) 和联邦航空管理局 (FAA) 在审批新药和新机种时采取的许可程序。他建议在美国的核保留地内建立试点进行核能发电的实验, 并出售运用实验技术生产的电力以支付实验费用。他进一步提出建立快速通道以向核能力和核文化较为完备的国家出口核电, 尤其是中国和印度, 与这些国家商谈减少并最终淘汰国内经济对化石燃料的使用, 同时减少向世界其他国家 (ROW) 出口化石燃料。Lassiter 教授的建议值得认真考虑。

　　当前电力系统中, 燃煤电厂和核电厂是基载电力的重要来源, 输出稳定的电力以满足每天 24 小时, 一周 7 天, 一年 365 天的基本电力需求。如果淘汰了煤电, 我们依然需要维持此类基载电力供应。正如后文 (第 13 章) 将要讨论的, 未来地热发电可以实现这一功能。但是, 这一选择必须建立在有针对性的研究和试验设施成功运行的基础上。与此同时, 核电依旧继续扮演着重要角色。在这样的背景下, 我们需要注意, 美国的核电系统正在老化。通过选择性升级并对现有核电站进行重新认证, 可以延长其寿命。但是最终, 我们必然仍旧需要建设新一代的核设施或其他经济可行的替代品。

要　　点

　　(1) 煤、石油或天然气燃烧释放能量的过程中涉及燃料中化学原子的重新排列, 碳原子与氧原子结合形成 CO_2, 氢原子与氧原子结合成 H_2O。而在核燃料发生反应释放能量的过程中, 则涉及组成燃料原子核的质子和中子的重新排列。

　　(2) 核反应堆使用铀作为燃料。地质储层中的铀有三种同位素。其中 ^{238}U 丰度最高, 占铀总量的 99.275%, 其次是 ^{235}U, 占 0.72%, ^{234}U 占 0.0055%。^{235}U 是民用核反应堆的重要组成部分。

　　(3) 铀的核裂变过程可以产生快 (高能) 中子, 优先被 ^{238}U 吸收。因此为增强 ^{235}U 对中子的吸收, 降低 ^{238}U 吸收中子的概率, 必须减少中子的能量。人们主要采取两个步骤来实现这一目标。首先, 为反应堆配备慢化剂以降低中子的能量, 通常使用水, 在某些情况下也可使用石墨。其次, 对铀燃料进行预处理, 以提高 ^{235}U 的相对丰度。

（4）民用核反应堆使用的 ^{235}U 丰度通常会达到 3%。如果要将 ^{235}U 作为核弹燃料使用，则必须对其进一步浓缩，使其丰度达到 90% 甚至更高。目前人们之所以关注伊朗核计划，主要是因为伊朗购买了铀浓缩所需的昂贵的离心机设备；尽管伊朗当局一再否认，但很明显其真正的意图不单是为民用反应堆提供燃料，还包括生产高水平浓缩铀以制造核弹。

（5）^{238}U 吸收高能中子后可以产生钚，而钚可以用来制造核弹。一个标准反应堆中，^{235}U 每吸收 10 个中子，就会有平均 6 个中子被 ^{238}U 吸收，产生 ^{239}Pu。因此必须采取措施保护使用后的燃料，确保钚的安全。

（6）裂变过程可以产生多种核素（其中很多种类都具有放射性），并释放热量和可以持续数千年甚至数十万年的辐射。目前美国没有长期储存核废料的场地，只能就地储存乏燃料。在其他国家，尤其是法国、英国、日本、印度和俄罗斯，乏燃料通常会经过再处理制成燃料回收利用。再处理过程可以减小废料的体积，但我们仍旧需要其他技术对长寿命放射性废料组分进行处置或管理。美国之所以不采用废料再处理技术，主要原因在于担心不法分子偷取再生燃料中的钚并用它来制造核弹。

（7）三里岛、切尔诺贝利以及最近的福岛核事故严重打击了公众对核电安全的信心。公众的这种不安情绪很大程度上是由于对核电的本质缺乏了解，并且不清楚在这些核事故中究竟发生了什么。目前只有切尔诺贝利核事故中有人因暴露于核辐射而死亡；即便在这个案例中，死亡人数也相对较低。相比之下，有成千上万的人因燃煤发电导致的空气污染而死亡或遭受严重疾病。

（8）短期内美国和其他 OECD 国家核电事业复苏前景暗淡。原因不仅在于公众对核电安全缺乏信心，也在于核电的成本高昂。目前，核电与天然气或风电等替代能源相比，不具备成本竞争力。未来全球核工业增长最有可能出现在中国这样的国家，他们并非单纯基于利益得失进行决策，还会考虑其他因素。以中国为例，其优先考虑的事项包括确保能源多样性以满足国内持续增长的电力需求，减少传统能源导致的空气污染，以及控制未来 CO_2 排放量的增长。

（9）目前美国核电占全国发电总量的 19%，是基本荷载电力的重要来源。目前美国的核电站正在老化，正逐渐逼近最初的设计寿命。通过选择性升级和重新认证，可以在一定程度上延长其使用寿命。但这只是推迟了淘汰时间，对替代品的需求仍不可避免。如果我们想要成功过渡到以非化石燃料为基础的能源时代，这一需求就显得尤为迫切。我们需要建设新一代核电厂或寻找替代方案。地热能是可选方案之一，但至今其尚未建立相关产业基础。

【注释】

① 1954 年 9 月 17 日的《纽约时报》引用了时任美国原子能委员会主席的 Lewis L. Strauss 在一次著名演讲中提出的观点: "将来我们的孩子能够使用到非常便宜的电力, 便宜到不足以支付计量电力使用量的成本; 这并非是奢望。"

② 电力容量值中的符号 e 旨在强调该数字代表的是电力生产的装机容量。标准核裂变反应堆释放的能量转化为电力的效率约为 32%。

③ 单个 ^{235}U 原子裂变释放的能量比单个 CH_4 分子燃烧释放的能量高 1.2 亿倍, 与化学能相比, 核能具有更高的价值。

④ 隔夜投资成本是指假设在没有融资需求的情况下, 一夜之间建成工厂所需要的成本。平准化成本则提供了一种便捷的价格评价尺度, 按照这个价格出售电力将会使投资有利可图。它衡量了在特定财务和工作周期寿命内, 建造并运营电厂所需的成本。本书提供的数据假设成本回收期为 30 年, 其税后加权平均资本成本为 6.6%。

参 考 文 献

American Nuclear Society. 2012. Fukushima-Daiichi: Report by the American Nuclear Society Special Committee on Fukushima, March 2012.

Bodansky, D. 2004. *Nuclear energy: Principles, practices, and prospects*, 2nd ed. New York: Springer.

Bunn, M., J. P. Holdren, A. MacFarlane, S. E. Pickett, A. Suzuki, T. Suzuki, and J. Weeks. 2001. Interim storage of spent nuclear fuel: A safe, flexible, and cost effective near-term approach to spent fuel management. A Joint Report from the Harvard University Project on Managing the Atom and the University of Tokyo Project on Sociotechnics of Nuclear Energy, June 2001.

EIA. 2013a. *Annual energy outlook 2013*. Washington, D.C.: U.S. Energy Information Administration. http://www.eia.gov/forecasts/aeo/pdf/0383(2013).pdf.

EIA. 2013b. *Updated capital cost estimates for utility scale electricity generating plants*. Washington, D.C.: U.S. Energy Information Administration. http://www.eia.gov/forecasts/capitalcost/.

Kemeny, J. G. 1979. Report of the President's Commission on the Accident at Three Mile Island: The need for change: The legacy of TMI. October 1979. Washington, D.C.: The Commission.

Schneider, M., and A. Froggatt. 2013. World nuclear industry status report 2013. http://www.worldnuclearreport.org/IMG/pdf/20130716msc-worldnuclearreport2013-lr-v4.pdf.

WHO. 2013. Health risk: Assessment from the nuclear accident after the 2011 Great East Japan Earthquake and Tsunami based on a preliminary dose estimation 2013. http://apps.who.int/iris/bitstream/10665/78218/1/9789241505130 eng.pdf.

10 风能：机遇和挑战

风力发电的关键步骤包括捕获并利用风的动能（空气定向运动所呈现的能量）。风力涡轮机叶片被设计成特定的形状，和风相互作用后，会使叶片顶部与底部形成压力差。正是这个压力差促使叶片旋转，由此产生电能。

风力涡轮机运转的物理学原理与重型飞机在空中停留的原理相同。飞机机翼被设计成特定形状，使空气通过机翼底部移动的距离比通过机翼顶部移动的距离短。因此，机翼上部的气流比下部的气流速度快。根据伯努利定律，流体速度越大，其产生的压强越小，反之亦然。机翼顶部与底部压力的不同使得飞机可以在空中停留（底部压力高则表明底部风速低）。机翼顶部与底部的压力差（底部压力高则表明底部风速低）为飞机提供了向上的作用力，克服了飞机自身的重量并抵消了向下的重力，使得飞机可以在空中停留。

风携带的动能可以驱动风力涡轮机的叶片旋转，但转化效率存在一定的限制。效率的绝对上限是 59.3%，为纪念首次得出该值的德国物理学家 Albert Betz，该极限被命名为贝茨极限。经过精心设计，现代风力涡轮机的效率已经可以达到贝茨极限的 80%。这种情况下，风力涡轮机能够捕获并利用涡轮机叶片拦截动能的48%，这些能量主要被用来发电。

风速随地表高度的增高而增加。为充分利用这一特点，目前商业电力公司规模的风力涡轮机——如美国通用电气公司生产设计的 2.5 MW 风力涡轮机（GE 2.5 MW）——通常会安装在高度高达 100 m（仅比自由女神像低 7 m，比华盛顿纪念碑低 70 m）的锥形钢管塔上。GE 2.5 MW 风力涡轮机叶片长 50 m，扫风面积为 7854 m^2。风力涡轮机产生电力的大小取决于多种因素，尤其是风速和叶片扫风面积。一定体积的空气所包含动能的大小取决于风速的平方（v^2）。单位时间通过单位面积的动能既取决于与风速平方（v^2）成正比的风的能量，也取决于风能穿过目标区域的速率，由额外的一个速度（v）系数因子表示。也就是说，理想情况下能量传递到风力涡轮机的速率取决于风速的三次方（v^3）。

GE 2.5 MW 风力涡轮机发电产生的电能随风速变化的函数曲线定义为涡轮机功率曲线，如图 10.1 所示（GE，2006）。当风速超过 3.5 m/s（7.8 英里/小时）时，2.5 MW 的风力涡轮机开始发电。风速超过约 12.5 m/s 后，2.5 MW 风力涡轮机达到额定功率，能量输出达到最大值。为避免损坏发电系统，当风速超过 25 m/s（56

英里/小时）时，应当将 GE 2.5 MW 风力涡轮机的叶片边缘薄化。

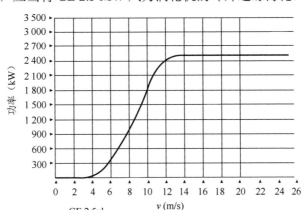

图 10.1 GE 2.5 MW 涡轮机的功率曲线（GE，2006）

风电场应按照风力涡轮机之间的气流干扰最小化的方式布局。这就需要设计者在尽可能最大化每台风机的发电量的同时，考虑如何在单位面积的土地上安装尽可能多的风机，并在这两个相互矛盾的目标之间达成平衡。为限制总功率损耗不超过 20%，风力涡轮机顺风向间隔应当至少达到风轮直径的 7 倍，侧风向间隔至少达到风轮直径的 4 倍（Masters，2004）。若将此准则应用于风电场中风力涡轮机的布局，则要求每台风力涡轮机与其他涡轮机的间隔达到 $0.28\ km^2$（即每平方千米安装 3～4 个风力涡轮机或每个风力涡轮机占地 69 英亩）。

本章首先介绍了风电的现状，主要以全球视角进行叙述；同时，考虑到中美两国不仅在全球能源消费总量中占比较大，且对全球气候变化也有重要影响，故对中美两国风电现状进行重点论述。随后，本章分析了风能在满足未来全球电力需求方面的潜力，进而讨论了将风能等可变性较高的能源整合到现实可靠的电力供应系统中会出现的问题，并介绍了各国实施的鼓励风能（以及其他零碳排放的替代性能源）发展的经济激励手段。最后总结了本章要点。

现　　状

20 世纪 80 年代到 90 年代早期，美国率先发展风力发电。在 20 世纪 90 年代末期，由于石油、煤炭、天然气价格低廉，美国减少了对其他替代性能源的投资，其领先地位由欧洲取而代之。欧洲政治家在决策时优先考虑气候变化的问题，这在很大程度上推动了欧洲可再生能源的发展，而这段时期美国政界对这一问题的态度则模糊不清。目前，美国再次成为风力发电领域的主要参与者，中国也于近期加入其中。2012年各国风能投资中，中国排名第一，装机容量达75.6 GW。美国的装机容量为60 GW，排名第二，其后依次是德国（31.3 GW）、西班牙（22.8 GW）和印度（18.4 GW）（GWEC, 2013）。

表10.1总结了过去16年间这5个国家风力发电装机容量的增长情况。图10.2显示了这些国家风力发电厂的发电数据。从图中可以看出，在很长一段时期内德国的风力发电量占据领先地位。美国在2008年超越了德国，一年以后中国上升到第二位。2013年美国风力发电系统的容量系数平均值为32.3%（http://www.eia.gov/electricity/Monthly/epm_table_grapher.cfm?t=epmt_6_07_b），紧随其后的是德国，约为25%。2012年中国的装机容量大约比美国多25%。2007年（这一年美国风力发电总量超越德国）美国风力发电量仅占发电总量的0.08%，而2012年美国风力发电量达发电总量的3.5%。2011年，中国风力发电量占总发电量的1.6%。2012年中国风力发电容量因数平均值为21.6%，2013年增长到23.7%。尽管中国在装机容量方面有优势（表10.1），但如图10.2所示，中国在风力发电总量上明显落后于美国。

表10.1　排名前五的国家风力发电装机容量历史数据（MW）

年份	美国	德国	西班牙	中国	印度
1996	1590	1545	249	79	816
1997	1592	2080	512	170	950
1998	1946	2583	660	224	968
1999	2500	4445	1522	268	1077
2000	2566	6104	2198	344	1167
2001	4261	8754	3389	400	1340
2002	4685	11 994	4879	468	1628
2003	6374	14 609	6208	567	1702
2004	6740	16 629	8630	764	2980
2005	9149	18 415	10 028	1260	4430
2006	11 603	20 622	11 615	2 604	6270
2007	16 818	22 247	15 145	6 050	8000
2008	25 170	23 903	16 754	12 210	9645
2009	35 086	25 777	19 160	25 805	10 925
2010	40 180	27 214	20 676	44 733	13 065
2011	46 919	29 060	21 674	62 733	16 084
2012	60 007	31 332	22 796	75 564	18 421

资料来源：http://www.eia.gov/cfapps/ipdbproject/IEDIndex3.cfm?tid=2&pid=2&aid=12

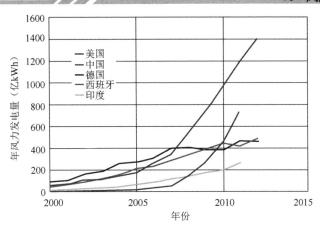

图 10.2 排名前五的国家风力发电历史数据

资料来源：http://www.eia.gov/cfapps/ipdbproject/IEDIndex3.cfm?tid=2&pid=2&aid=12

有两个因素导致了这种反常的结果。首先是中国新布设的风力涡轮机存在并网的滞后性；第二个原因则是受中国特有的情况所限，这一问题也更难解决。中国许多居民区和商业区冬季使用燃煤热电联产（CHP）工厂（既能输送电能，也能输送热水）供应的热水进行供热。在冬天，这些工厂不得不满负荷运行以满足对热水的需求。这一过程中，工厂也必定会产生电能。这将严重压缩风力发电的市场份额。因此，中国的风力发电厂恰好在其发电量最可能达到理想状态（冬季的风力条件对发电最有利）时被闲置。Chen 等（2014）在一项针对满足北京未来热电需求的研究中，提出了一个可能有助于走出该困局的方案。

预计到 2020 年，北京地区的电能及热能需求相对于 2009 年将分别增长 71% 和 47%。如果继续将煤炭用作提供电能和热能的主要能源，那么在此期间 CO_2 的排放量预计将增加 9900 万吨（59.6%）。Chen 等（2014）提出，利用该地区的风能资源发电，可以在未来为热能和发电提供重要来源。具体来说，他们认为如果新建筑物由使用电能的加热泵供暖，不仅会大幅提升对风能资源的利用，也会显著减少 CO_2 的排放。如果风电能够满足未来电能需求增长量的 20%，则 CO_2 的减排量可达 48.5%，并能够通过相对合理的成本（15.5 美元/吨）来实现。如果风电的准入容量进一步提高，则能够减少更多的 CO_2 排放，但成本也会增加：风的准入容量达到 40% 时，CO_2 的减排量将达到 64.5%，成本为 29.4 美元/吨。

风力发电的潜力

在 2009 年发表的一项研究中，Lu 等在逐个分析各个国家风力发电潜能的基础上，估算了全球风力发电的潜能。他们的分析基础是对历史气象数据进行再分析获得的风速记录[①]，即戈达德地球观测系统数据同化系统第五版（GEOS-5 DAS）的分析结果（Lu et al.，2009）。在对风力强度进行模型重建时，空间分辨率设置为（2/3）°经度×（1/2）°纬度，相当于 66.7 km×50.0 km，时间分辨率设置为 6 小时。Lu 等（2009）利用这些数据计算陆地上大范围应用 GE 2.5 MW 风力涡轮机的发电潜力（林地、永久冰雪覆盖区域、水体以及城市用地除外）。该研究也考虑了在距离海岸线 50 海里（92.6 km）内且水深小于 200 m 的近海区域布设 3.6 MW 风力涡轮机的海上发电潜力。

已有文献展示了各个国家陆上与海上的风力发电潜能（Lu et al.，2009）。所得计算结果基于风力发电设备在运转时容量因数不小于 20% 的假设（即在较好的风力条件下运行）[②]。该研究表明，除去如前所述的不在研究范围内的地区，全球布设的陆上 2.5 MW 风力涡轮机发电网络每年能够产生 690 PWh（2353 库德）的电量[③]。除陆上发电外，海上布设的 3.6 MW 风力涡轮机发电网络还能够产生 157 PWh（535 库德）的电量。综合考虑此估算结果和现实背景，2010 年全球电力消费量总计为 20.2 PWh（68.9 库德）。由此可见，在容量系数不小于 20% 的情况下，全球范围内通过陆上 2.5 MW 风力涡轮机捕获的可利用风能资源完全可以满足现在和未来的电力需求。通过海上布设的 3.6 MW 风力涡轮机发电网，人们也能够获得额外的电能。

表 10.2 总结了 CO_2 排放量最高的十个国家的陆上与海上风力发电潜力[④]。该表不仅包括 CO_2 排放数据，也包括当前的电力需求信息。其中 CO_2 排放数据为 2010 年的数据，电能消费数据为 2011 年的数据。值得注意的是，除去日本，各国的陆上风力资源均能满足现有的电力需求，并极有可能满足预测的未来电力需求。海上风力资源将为满足日本现在及未来的电力需求起到重要作用，能够补充这个人口密集、板块运动活跃且多山的国家有限的陆上发电潜力。

表10.2 CO_2排放量最高的十个国家的陆上与海上风力发电潜力

排名	国家	二氧化碳排放量（Mt）	电能消费量（TWh）	风力发电潜力（TWh）		
				陆上	海上	总量
1	中国	8 547.7	4 207.7	39 000	4 600	44 000
2	美国	5 270.4	3 882.6	74 000	14 000	89 000
3	印度	1 830.9	757.9	2 900	1 100	4 000
4	俄罗斯	1 781.7	869.3	120 000	23 000	140 000
5	日本	1 259.1	983.1	570	2 700	3 200
6	德国	788.3	537.9	3 200	940	4 100
7	韩国	657.1	472.2	130	990	1 100
8	伊朗	603.6	185.8	5 600	—	5 600
9	沙特阿拉伯	582.7	211.6	3 000	—	3 000
10	加拿大	499.1	551.6	78 000	21 000	99 000

注：二氧化碳排放量为 2012 年数据，电能消费量为 2011 年数据

资料来源：CDIAC（http://cdiac.ornl.gov/trends/emis/meth_reg.html）和 US EIA（http://www.eia.gov/beta/international/）

　　图 10.3 总结了美国各州陆上年风力发电潜力（Lu et al.，2009）。从图中可以看到，从得克萨斯州向北延伸至达科他州并向西延伸到蒙大拿州和怀俄明州的美国中部平原地区具有高密度的风力资源。如图 10.3（b）所示，该地区风力发电潜力远超当地需求。若要开发利用这些风能资源，就需要大力拓展并升级现有的输电网。除此之外我们还需要注意，这一风力资源富集区冬季风力发电潜力最大，但此时电力需求最小。图 10.4 展示了美国本土范围内电力需求与风电供给在季节上不匹配的情况。

　　发展任何形式的商业规模发电系统都会存在一定问题，并会遭到人们的反对。几乎没有人会主动要求在其生活区周边兴建燃煤厂，或是天然气发电厂、核电厂。类似地，风力发电也同样受到非议，反对意见主要集中在噪声与不美观两方面。噪声的来源有两种，第一种是机械来源，是由齿轮箱、液压装置和系统的发电机运转导致的；第二种是空气在叶片与塔座周围流动产生的"嗖嗖"声。在现代发电系统中，通过对相关部件进行隔音处理可以在很大程度上消除第一种噪声；通过改进风力涡轮机叶片的设计则可以减少第二种噪声，并且同时可以提高风能作用于涡轮机（用于发电）进行旋转运动的效率（http://www.Noblepower.com/faqs/documents/06-08-23NEP-SoundFromWindTurbines-FS5-G.pdf）。相比之下，美观问题更难解决，鳕鱼岬海上风电场项目就是一个恰当的例子。

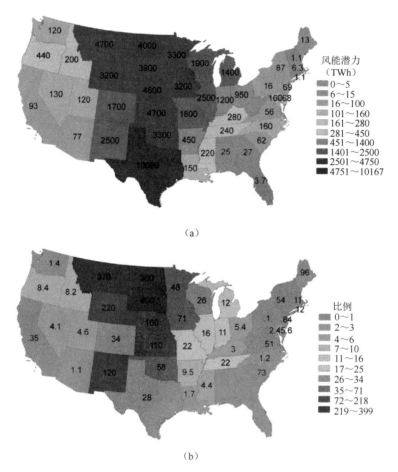

（a）

（b）

图 10.3   （a）美国各州陆上年风力发电潜力，（b）与（a）相同，但表示为与各州总电力消费量之比（2006 年），例如，北达科他州的潜在风电资源是该州目前总电力零售额的 360 倍

鳕鱼岬海上风电场位于距离马萨诸塞州科德角海岸 3.5 英里远、风景异常秀丽的楠塔基特岛湾，计划在该区域布设 130 个 3.6 MW 的风力涡轮机。包括已故的参议员 Kennedy、现任国务卿 John Kerry、前马萨诸塞州州长、总统候选人 Mitt Romney 以及保守派实业家 Bill Koch 在内的反对者指出，风力涡轮机将会对向公众开放的海滩风景区造成负面影响，并且也会降低昂贵的海岸地产的实际价值。经过长时间的争论，该项目最终被通过，于 2014 年进行融资，现已开始建造。反对在美国中西部农牧地区建设风电场的声音也逐渐消失了；作为补偿，土地所有者若同意在其拥有的土地上布设风力涡轮机，则每年可获得 6000 美元的租金。值

得注意的是，由于风力涡轮机土地占用面积相对较小（如前所述，一个风力涡轮机仅占地 69 英亩），因此其对土地原有功能的影响也相对较小。

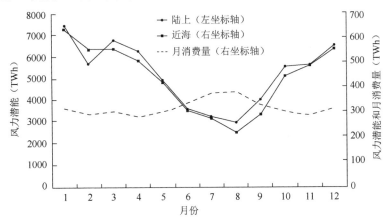

图 10.4　2006 年美国月风力发电潜能和电力月消费量

风力的可变性和不确定性带来的挑战

公共电力事业的运营商面临着一个长期且艰巨的挑战，即需要保证电力供应量能够实时满足预计的电力需求。正如第 9 章所讨论的，核电与燃煤发电系统提供了基载电力。也就是说，这些发电系统会连续不断地运行，难以针对电力需求的增加或减少做出响应和调整。而典型的燃气发电系统则可以迅速地开启或关闭，对于用电量需求的变化能够灵活迅速地做出反应。将风能等变动性较大的能源所产生的电力接入电网，会为复杂的公共电网的有序运转带来问题。如果风力发电占总电能需求量的比例很大（20% 或更多），那么这一挑战就会尤其严峻。

目前，有几种方法可以调节、容纳风能等间歇性能源产生的可变电力输入。理想情况下，我们希望能够在电力供过于求时存储电能，在随后有需要时释放电能加以利用。抽水蓄能水力发电为实现该目标提供了机会。在这种情况下，当电力供过于求时，可使用多余的电能将水抽至高处的蓄水池中。当用电需求增加时，则释放蓄水池中的水，利用水在向下流动的过程中产生的动能驱动涡轮机发电。抽水蓄能水力发电的总效率可高达 80%。也就是说,向上抽水过程消耗电能的 80% 能够通过水的回流发电过程得到恢复和利用；其余 20% 的电能即被损耗。

美国抽水蓄能水力发电的装机容量约为 20 GW，大约能够储存全国发电总量的 2%。美国抽水蓄能水力发电的主要目的是使用电高峰和非高峰时期的电力供需差异最小化。在用电需求较低（例如在夜晚）以及电力价格低廉时，电力可被用于抽水蓄能；当用电需求较高时以及电力价格上涨时（例如次日白天），则可以释放蓄水池中的水来发电。这样做不仅提高了经济效益，也提高了整个电力系统的能源效率。通过接入抽水蓄能水力发电设备，包括煤电厂在内的基载发电系统可以更加稳定、连续地运行，避免了发电厂的临时关闭与重新启动所需的额外燃料消耗（同时也会导致 CO_2 排放量的增加）。通过在电价低时购买电力蓄水，电价高时利用储存的水发电并出售，抽水蓄能水力发电设施的运营商可以赚取利润。

美国的抽水蓄能水力发电设施主要分布在美国东部和西部地区，该地区的地形条件（丘陵区）有利于设施的运行。如图 10.3 所示，美国陆上风力发电资源多集中于地形起伏小的中部地区。因此，抽水蓄能水力发电设施在美国未来的陆上风力资源发展过程中将难以发挥重要作用。然而，它们却可以在平衡欧洲风力发电供求关系时起到作用。例如，当丹麦电能供过于求时，多余的电力将被输送到挪威，并利用挪威大量的抽水蓄能水力发电设备进行处理并存储起来，当丹麦用电需求增加时可以将储存的电能输送回去。通过对分布在广阔区域的风电场的输出进行耦合，能够更好地调节美国风力发电导致的能源供给波动。通过随后的分析我们可以看出，中国也极有可能从此方法中受益。

任何特定位置的风力大小取决于该国大范围内天气系统的变化路径，尤其是在冬季。如果在某个特定地点的风速很高，那么在距离该地 1000 km 的其他区域内风速则可能相对较低（1000 km 是对此类气象扰动空间尺度的粗略估计）。Archer 和 Jacobson（2007）认为，通过将 850 km×850 km 范围内（覆盖科罗拉多州、堪萨斯州、俄克拉何马州、新墨西哥州、得克萨斯州的部分地区）的风电场相互连接起来，即可以利用上述气象特点实现优势风力发电。他们研究发现，耦合该区域的风电场后，其产生的发电量中平均有 33%可被用作可靠的基载电力。Katzenstein 等（2010）和 Fertig 等（2012）进一步探讨了耦合分布广泛的陆上风电场的可实现性。Kempton 等（2010）研究了耦合美国东部沿海的海上风电场可获取的效益。Lu 等（2013）总结道，中国 28%的海上风力发电潜能可被用做基载电力，有助于满足中国发展迅速的沿海地区日益增长的电力需求，并显著减少对新建燃煤发电厂的需求。

Huang 等（2014）研究了导致风力时间变异性的气象因素。他们认为风力发电高频率的变化性［在较短时间（数分钟到数小时）尺度上的变化性］主要是由局部地区产生的小范围气象扰动造成的；并且指出，在美国中部的十个州，这种变化性可以通过耦合 5～10 个均匀分布（等距离分布）的风电场的电力输出而有效消除。在整合电力输出的剩余可变性中，超过 95%的波动性会在长度超过一天的时间尺度上体现，因此电网运营商可以充分利用较为可靠的天气预报来合理安排未来几日的风力发电量。

如最初所指出的，现在电力系统的运行主要以需求作为基础。当消费者需要用电时，他们通常会假设有电可用。一个更有效的系统应综合考虑需求与供应两个方面。如果电能供不应求，电力系统公司应当能够向消费者传达减少用电需求的信号，例如在炎热的夏天适当调高空调温度或晚些开启电动烘衣机（比如在晚上使用）。如果消费者能够在节省电费方面获得明显的收益，他们将更有动力与电力系统公司达成此类协议。通过使用实时电价，消费者可以获得在电能充足廉价时充分用电、在电能短缺昂贵时节约用电的激励。在这一过程中，电力系统公司也能够更好地解决风能等可变性较高的能源在供给上存在的波动问题。

电池技术的发展也为解决潜在的资源/用电需求不匹配问题提供了一个新的思路。Huskinson 等（2014）在近期发表的一篇文章中，描述了一种液流电池的模型，该电池的主要工作原理为较易获得的小型有机分子的氧化还原反应。假设有两个连接起来的容器，里面盛有化学物质，既可以用来发电又可以储电，这个容器大到完全可以满足电力系统规模的储电需求。这可以为可再生能源工业提供巨大的好处。然而这种电池能否满足人们对其的高期待不仅取决于未来科技的进步，最终还取决于应用该技术的成本：在没有政府补贴的情况下，应用该技术是否可以盈利将起到决定性作用。

在本书前面的论述中，我们指出，想要在美国这样的经济体中实现 CO_2 减排目标，需要满足两个条件。第一，我们需要进行发电系统的升级转型，使用向大气排放 CO_2 最少的能源进行发电。第二，我们需要改良运输部门的能源来源，减少其对石油的依赖。就像下文会讨论的，如果我们能够用电能为汽车和卡车提供动力，为其配备电池并使用低碳能源生产的电力为电池充电，那么我们在实现第二个目标上就取得了巨大进步。当电能供不应求时，如果电力系统公司可以从这些车辆的电池中取电，那么将有助于电力供应商和消费者实现双赢。作为一个重要副产品，该设想也能够促使风能等变动性较强的能源（如第 11 章要讨论的太阳能）生产的电力更有效地纳入总电力供应系统。

发展风能及其他低碳能源的经济激励

美国推动风能发展的关键激励手段是生产税收抵免（PTC）。顾名思义，生产税收抵免即对风力发电厂商实行退税，通常在风电设备首次投入使用之后 10 年内持续享受此项政策。自 1992 年引入该激励政策后，其被废除了 5 次，又被重新采用了 5 次，导致了如图 10.5 所示的美国风力发电投资的起落循环。从图中可以看出，在生产税收抵免政策到期后的几年里，风力发电投资的数量明显下降。由于不确定 2012 年的政策许可是否会延长至 2013 年，2013 年新启动的风力发电项目数量陡降，如图 10.5 所示。2013 年前三季度装机容量下降至 70.6 MW，较前一年创纪录地下降了 96%。随后的结果表明，PTC 政策在经历短暂的中断后，于 2013 年 1 月延长了时效而继续施行。对于 2014 年 1 月 1 日之前开始建造的风力发电项目，新法案延长了生产税收抵免政策的时效以纳入这些项目。这激励了风力发电投资的复苏，使计划于 2014 年投入运行的装机容量大幅提升（2014 年上半年有 1 GW 投入运行，另外还有 14 GW 在建）。

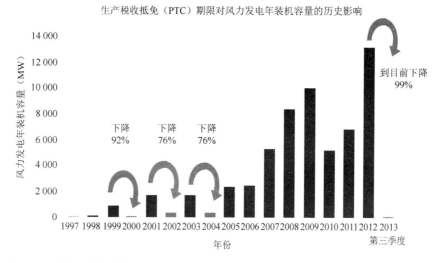

生产税收抵免（PTC）期限对风力发电年装机容量的历史影响

图 10.5　美国风力发电年装机容量（MW）的变动情况表明，当 PTC 政策的实施出现中断时，投资显著减少，尤其是在 2000 年、2002 年、2004 年和 2013 年

资料来源：美国风能协会，2014 年，https://awea.org/Advocacy/Content.aspx?ItemNumber=797

2009 年的《美国复苏与再投资法案》（ARRA）为可再生能源领域的投资提供了生产税收抵免政策之外的新激励，如投资税收抵免（ITC），其可以作为生产税

收抵免的替代政策。为了进一步激励清洁能源领域的投资，ARRA 规定，始建于 2009 年和 2010 年的风力发电项目可以获得财政部下发的多达项目建设成本 30% 的津贴补助。与生产税收抵免政策一样，到 2012 年年底这些优惠政策才会正式开始实施。很明显，提高激励政策（如 PTC、ITC 等）在未来实施的确定性将对可再生能源的发展大有裨益。一个更持久的补贴承诺，即使相关的补贴数量会逐渐减少，也会使美国风能资源的开发更加有序、更加成功。

美国约有 30 个州已开始推行可再生能源配额制（RPS），作为激励各州在可再生能源领域进行投资的措施。可再生能源配额制要求电力供应商使用可再生能源发电，且这部分电力占供应给消费者电力总量的比例需要达到最低限度标准。各州在具体要求设置方面有所不同。以马萨诸塞州为例，该州要求到 2020 年电力消费总量的 15% 应当来自于可再生能源；并进一步要求在随后的每一年，可再生能源发电比例需至少增长 1%，直到马萨诸塞州的立法机关决定调整这一规定。加利福尼亚州要求更加严格：到 2020 年，可再生能源发电量占电力消费总量的比例需要达到 33%。

风能、太阳能、水力等可再生能源发电与煤、石油、天然气、核能等传统能源发电的不同之处在于，前者的"燃料供应"实际上是免费的（我们不需要为风、阳光或雨水付费）。如果可再生能源发电领域的投资者能够清楚地知道出售所生产的电力可获得的收入，那么他们完全可以做出无风险的决策，这是因为他们的开销几乎全部由初始投资的数量决定。在许多国家施行的上网电价补贴制度（FIT）能够保证在整个投资周期内，投资者面对的电价是稳定且明确的。这种方法在激励可再生能源的发展上取得了巨大成功，尤其是在德国。

德国决心用零碳排放的可再生能源替代对气候变化有重大影响的传统化石能源，并采取了严格的措施。德国现行规划要求到 2020 年使可再生能源发电量达到总发电量的 35%，到 2030 年达到 50%，到 2050 年至少达到 80%。上网电价补贴制度是推动该目标实现的政策手段。在此制度下，投资者在项目的全运营周期（20 年）内能够获得固定的电价补贴。不同种类的可再生能源，其补贴电价也有差异，通过这种方式，能够推动各类可再生能源发电技术的发展。例如，对安装在屋顶上的太阳能发电板的补贴电价高于对陆上风力发电厂的补贴，因为前者的平准化成本更高。补贴电价能够让投资者得到较为合理的投资回报率，一般在 5%～7% 之间。未来新投资项目的补贴电价会根据每年的实际情况进行调整，以反映可再生能源发电成本的变化。根据上网电价补贴制度，电力系统公司需要按照初始合同规定的上网电价购买可再生能源生产的电能，而购买这些电力的成本最终会转嫁到消费者身上。这一制度可能导致的风险在于，用电成本会变得非常高昂。但到目前为止德国还没有出现这种情况。补贴电价目前占零售电价的 18% 左右，可再生能源供电占德国总发电量的 22%。德国施行上网电价补贴制度的优势是政府能够根据国家需求调整补贴电价，从而有效地影响可再生能源发电行业的发展速度（Paris，2009）。

中国激励可再生能源发展的方式与美国和德国有所不同，尤其是在风力发电方面。中国鼓励风力发电发展的政策可分为两个阶段。第一个阶段是 2003～2008 年，政府邀请公司通过竞标的方式在指定地区内建设风电场，由电网公司负责将风电场输出的电能连接到供电网络中（同时由电网公司承担成本）。相关部门会审核各公司提出的建设方案，考虑的因素包括项目运营期头十年内每单位发电量的预期收益。第二个阶段为 2008 年之后，近几年中国对相关政策进行了调整，采用了与德国实施的上网电价补贴制度类似的激励措施：针对政府认证的特定可再生能源发展项目，实行上网电价补贴制度，提供政府规定的补贴数额以保证其收益。

要　　点

（1）中国风力发电装机容量为世界第一，但在发电量方面落后于美国，主要原因在于中国的风力发电设备在冬天需要频繁关闭。在冬天，燃煤热电联产工厂需要为区域供暖提供热水，因此不得不持续运转，使中国的风力发电厂闲置。推动电能取代热水为建筑供暖可以改善这种低效率的局面。

（2）2012 年美国风力发电量占其总发电量的 3.5%，2011 年中国风力发电量占电能消费总量的 1.6%。

（3）风力发电原则上足以满足各主要 CO_2 排放国的大部分用电需求。

（4）风力资源的变动性为电力系统带来了挑战，因为电力系统一直设法达成电力的供需平衡。将相距 1000 km 以内的风电场的电能输出耦合可以减少风力发电输出的不稳定性。

（5）目前电力市场的运营主要以需求为主导。当电力供给有限时，如果电力系统可以调整非必需用电服务的需求量，市场的运转将会更有效率。智能电网技术将能够帮助电力系统将风能等变动性能源并入其复合供电网络中，同时提升整个电力系统的运转效率。

（6）各国采取了一系列激励政策以推动可再生能源行业的发展。在美国，重要的激励手段包括全国范围内的生产税收抵免、投资税收抵免以及各州具体的激励政策，但由于缺少长期实施的承诺，这些政策的有效性受到一定影响。

（7）德国目标是到 2050 年使可再生能源发电量至少达到电力供应总量的 80%。在美国，综合考虑风能、太阳能和其他可再生能源的发展情况，也能达到与德国类似的效果。为实现这样的目标，联邦政府、州政府和地方政府需要做出可信、持久的承诺。

（8）从传统化石能源向可再生能源的转变将使未来的电价更加透明、稳定，因为可再生能源的平准化成本主要由前期投资决定，但化石燃料未来价格的不确定性让我们难以确定传统燃煤、燃气、燃油发电系统的平准化成本。

【注释】

① 对未来天气的预测基于复杂的计算机模型，预测过程需使用多种来源的数据，包括陆上基站、飞行器、气球、轮船、海洋浮标、卫星等的测量数据。根据经验，此类模型对未来一周的天气预测结果相当可靠。如果预报波士顿地区明天下午有雪，我们可以信任这一预测并相应地调整出行计划。再分析技术采用的计算机模型与天气预报采用的模型类似。此方法的优势在于，其预测结果可以通过历史记录进行验证，并可以据此改进输入到模拟程序的数据。再分析模拟程序的目的不是预测天气，也不会被用于推测未来 10 天的天气状况；操作者需要做的是每隔 6 小时就向其中录入历史数据，进行更新。理论上，再分析方法能够提供过去大气性质变化情况的最好记录。

② 容量系数（CF）是指某一特定发电设备在具有代表性的运营年中，能达到的实际发电功率占其额定功率的比例。基于经济性方面的考量，应在分析时将容量系数限定在 20%以上：在风力条件难以达到此要求的地区，布设昂贵的风力涡轮机不具备经济效益。

③ PWh 是一种能量单位，相当于在 1 小时内持续以 10^{15} W ［P（peta）相当于 10^{15} 或 1000 万亿］的功率输出的总电能。1 PWh 的能量输出相当于 3.4095 库德的能量含量。第 2 章我们提到，库德（相当于 10^{15}BTU）是报告国家能源消费数据时最常用的能源单位。2010 年全球各种形式的能源消费总量为 524 库德，其中 69 库德以电能形式供应。

④ 此处对原版基于 2005 年排放数据的表格进行了更新，使用 2012 年排放量数据对国家进行排序，也将全国用电量的数据更新为 2011 年。2005 年，美国 CO_2 排放量排全球第一位，之后被中国超越。直到最近，美国的用电需求一直最高，但与此同时中美两国的差距明显在缩小；到 2011 年，中国的电力消费量超过美国，

多达 325 TWh。

参 考 文 献

Archer, C. L., and M. Z. Jacobson. 2007. Supplying baseload power and reducing transmission requirements by interconnecting wind farms. *Journal of Applied Meteorology and Climatology* 46: 1701–1717.

Chen, X., X. Lu, M. B. McElroy, C. P. Nielsen, and C. Kang. 2014. Synergies of wind power and electrified space heating: Case study for Beijing. *Environmental Science and Technology* 48, no. 3: 2016–2024.

GE. 2006. *2.5 MW series wind turbine*. Fairfield, CT: General Electric Energy.

GWEC. 2013. *Global wind report: Annual market update 2012*. Brussels, Belgium: Global Wind Energy Council.

Huang, J., X. Lu, and M. B. McElroy. 2014. Meteorologically defined limits to reduction in the variability of outputs from a coupled wind farm system in the Central US. *Renewable Energy* 62: 331–340.

Huskinson, B., M. P. Marshak, C. Suh, S. Er, M. R. Gerhardt, C. J. Galvin, X. Chen, A. Aspuru-Guzik, R. G. Gordon, and M. J. Aziz. 2014. A metal-free organic-inorganic aqueous flow battery. *Nature* 505: 195–198.

Katzenstein, W., E. Fertig, and J. Apt. 2010. The variability of interconnected wind plants. *Energy Policy* 38: 4400–4410.

Kempton, W., F. M. Pimenta, D. E. Veron, and B. A. Colle. 2010. Electric power from offshore wind via synoptic-scale interconnection. *Proceedings of the National Academy of Sciences USA* 107: 7240–7245.

Lu, X., M. B. McElroy, and J. Kiviluoma. 2009. Global potential for wind-generated electricity. *Proceedings of the National Academy of Sciences USA* 106: 10933–10938.

Lu, X., M. B. McElroy, C. P. Nielsen, X. Chen, and J. Huang. 2013. Optimal integration of offshore wind power for a steadier, environmentally friendlier supply of electricity in China. *Energy Policy* 62: 131–138.

Masters, G. M. 2004. *Renewable and efficient electric power systems*. Hoboken, NJ: John Wiley & Sons, Inc.

Paris, J. A. 2009. The cost of wind, the price of wind, the value of wind. *European Tribune*, May 6, 2009.

11 太阳能：丰富但昂贵

正如第 10 章所讨论的，除去森林、城市等不能发展风电的区域，美国陆上可利用的风能资源足够满足美国当前和未来预期的电力需求。在美国之外的其他国家，风力资源也很充足。如表 10.2 所示，综合考虑陆上与海上风力资源，风力发电能够满足 CO_2 排放量最高的十个国家未来的电力需求。

辐射到地表的太阳能平均值约为 200 W/m^2（图 4.1）。如果这一能源以 20% 的效率转换为电能，那么仅需要利用美国 0.1% 的陆地面积（相当于美国亚利桑那州面积的 3%）进行太阳能发电，就可以满足美国大部分电力需求。随后本章将会介绍，即使对于像德国这种光照条件不是最优的国家，太阳能发电潜力仍然巨大。

风能与太阳能发电可以相互补充；在其中一种能源发电水平较低时，可以通过提高另一种能源的发电量来补偿。一般情况下，在夜间和冬季风力最强。与之相反，太阳能的潜在供给量则是在白天和夏季最高。因此至少在美国，太阳能发电比风能发电更能匹配电力需求量的季节变化（如图 10.4 所示）。

目前有两种方法可以将太阳能转化为电能。第一种方法是使用光伏（PV）电池，其可以将吸收的太阳辐射直接转化为电能。第二种方法则采用间接发电的形式，首先捕获太阳能并将其转化为热能，随后利用热能生产蒸汽，驱动涡轮机发电。第二种方法的发电步骤与利用煤、石油、天然气、核能等传统能源发电的过程类似；区别在于该方法使用的能源为太阳光能，而不是含碳化石能源或可裂变的铀。为提高效率，一般需要将太阳能集中后加以利用，该技术称为聚光太阳能发电（CSP）。

本章首先介绍了光伏发电的物理学原理以及具体的生产、安装步骤，包括精炼提纯硅酸盐矿物以制备光伏发电材料、将发电材料制成光伏发电板以及最终的应用过程，比如布设在屋顶、地面的装配系统或作为电力公司规模的太阳能发电设备组件使用。随后本章介绍了太阳能发电的经济性。生产并安装光伏发电设备需要多少成本？这些成本是如何随时间变化的？未来的成本预期又是怎样的？如第 9 章以及第 9 章结尾的注释④讨论过的，决定发电投资项目的经济可行性的关键因素是平准化成本。那么不同光伏发电系统（家庭用途、商业用途、公共用途）的平准化成本是多少呢？最后本章将介绍不同形式的聚光太阳能热发电系统的现状及应用前景，并在结尾总结本章要点。

光伏发电系统如何将光能转化为电能

典型光伏发电系统的基本组件是由晶体硅构成的发电板。在电中性的状态下，硅原子由 14 个带负电的电子和包含 14 个带正电质子的原子核构成，且电子绕原子核高速旋转。其中 10 个电子被紧密地束缚在原子核周围；其余 4 个电子所受束缚力较小，被称为价电子。价电子可以与其他原子的价电子结合，为原子与相邻原子之间的连接提供作用力，从而形成更复杂的结构。在这种情况下，原子间的共享电子对形成共价键[①]，硅原子正是通过这种共价键彼此连接。此种相互作用会形成一定的晶体结构，其中每个硅原子都通过共价键与其余四个硅原子连接。

晶体硅属于半导体。也就是说，晶体硅能够导电但导电能力不强。决定物质导电性能的主要因素为自由电子的密度，即固体结构内被称为"导带"区域内的电子数量。铜等金属中含有较多自由电子。而硅等物质包含的自由电子数量则很少，高温加热的条件会使自由电子数目增多。为增强硅的导电性，需传递给电子能量，激发电子跃迁到高能态，并进入导带，使导带中电子数目增多。在光伏发电板中，主要通过吸收在电磁波谱中位于近红外区和可见光区的太阳辐射来激发电子使其跃迁至导带。电子跃迁至导带需要的能量称为带隙能量。硅原子的带隙能量为 1.12 电子伏（eV），对应的光波长阈值为 1.11 微米（μm）[②]。如果辐射光能强度大于 1.12 eV（光波长小于 1.11 μm），则过量的能量将以热能的形式传递给半导体材料。

原子中的电子跃迁至导带后，会产生带正电的空穴。在没有电场分离电子与空穴时，此过程很容易反转；电子可以重新回到空穴中，恢复电中性的状态。在这种情况下会有一定波长的光向外辐射，其具有的能量等于带隙能量。这一反应是发光二极管（LEDs）运行的原理；在现代社会中，发光二极管应用广泛，包括节能灯、长寿命灯泡等。在晶体硅被用于光伏发电系统之前，需要在其中掺杂少量不同种类的杂质，并据此将晶体硅分成不同的种类，分别称为 N 型和 P 型材料。这两种材料接触时，在结合处会导致正负电荷的分离，从而产生光伏发电所需的特定电场。

添加浓度低至千分之一的磷就可以使晶体硅材料产生自由电子的能力大幅提高。磷原子有 5 个价电子，比硅原子多 1 个。在改性晶体中，当磷原子和硅原子成键时，多余电子会被释放并可以自由移动。这是 N 型半导体十分重要的一个特性。

P 型半导体的情况则恰恰相反。掺杂到 P 型半导体中的元素原子比硅原子少一个价电子。常用的含有 3 个价电子的元素是硼。在改性晶体中，当硼原子与 4 个硅原子成键时，需要从其他硅原子中借用 1 个电子以完成结合过程。这将形成以硼原子为中心的负电单元，同时在为稳定硼原子而提供电子的硅原子处，将形成带正电的电子空穴，二者的电荷量相互抵消。带正电的硅原子可以吸引相邻硅原子的电子，这种由正负电荷吸引造成的电子传递过程可以重复多次，因此空穴可以在整个晶体中自由移动。这是 P 型半导体的本质特征。

N 型半导体材料有多余的电子，P 型半导体材料有多余的空穴，因此当 N 型和 P 型半导体结合时，电子可以在接触面上转移，填补 P 型半导体材料中的空穴，同时在 N 型半导体材料中留下空穴。这一过程会导致正负电荷分离并产生电场，我们称之为势垒区。N 型和 P 型半导体材料之间会产生大约 0.5 V 的电势差（N 型材料一侧电势高）。势垒区非常薄，仅 1 μm。然而，势垒区的形成及存在对于 N-P 复合材料在光伏发电系统中的正常运作十分关键。

如果将 N-P 复合材料暴露于日光中，同时用导线将 N 型材料和 P 型材料连接起来，就构成了简单的光伏电池，该电池能够提供低压电能。图 11.1 介绍了 N-P 电池的基本结构。将一系列的电池按照一定方式连接起来就构成了太阳能电池组件，从而可以增大电压，图 11.2 即是一个典型例子。

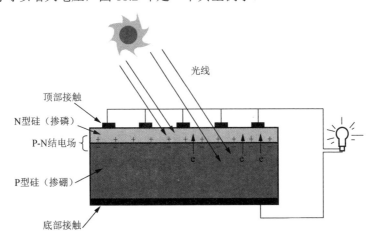

图 11.1 N-P 电池的基本结构

资料来源：http://www.lrc.rpi.edu/programs/nlpip/lightingAnswers/photovoltaic/04-photovoltaic-panels-work.asp

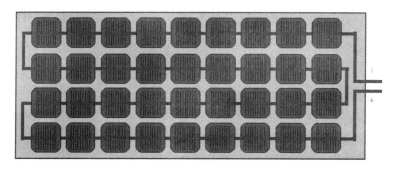

图 11.2　具有 36 个串联电池的 PV 模块示意图

资料来源：http://pvcdrom.pveducation.org/MODULE/Design.htm

基于硅晶体光伏发电系统的生产步骤

硅元素是地壳中丰度排名第二的元素，主要以二氧化硅的形式存在。正如 Masters（2004）所介绍的，将天然的硅原材料转化为构成光伏发电系统的组件所使用的硅晶体需要进行一系列复杂的转化过程。

第一个高能耗的转化步骤是对原始硅材料进行纯化和处理，生成液态三氯硅烷（$SiHCl_3$）。随后三氯硅烷在高温容器中与氢气反应形成纯硅。从化学角度来看，整个过程涉及硅元素的还原，即将其从以 SiO_2 的形式存在的氧化态转化为以单质硅形式存在的还原态[③]。随后将这一过程得到的岩石版块状纯硅在超过 1400℃的高温下进行加热处理（Masters，2004），并在这个阶段加入少量杂质，以便于最后得到 N 型或 P 型材料。将小块固体硅晶核（据 Masters 所述，其尺寸和铅笔类似）加入到高温熔炉中，可以为熔化态硅冷凝成固态晶体硅提供生长基质（添加或者不添加杂质均可）。晶核在熔炉中旋转变大，当从熔炉中取出时其最终形成纯度较高的固态多晶硅块，长度约为 1 米，直径约为 20 厘米。随后多晶硅块会被切割成较薄的矩形单元，我们称之为晶片。将晶片设计成这种形状可以使其在装配到光伏发电组件中时实现更高的组装密度。这一切割过程会损失掉接近50%的硅，正如在切割木材时会产生大量锯屑从而损失木材一样。

如图 11.1 所示，在实际操作中，P 型材料占典型的光伏电池体积的绝大部分。将 P 型材料的顶部暴露在浓度足够高的磷中，磷元素可以取代 P 型材料表层的硼元素，从而形成 N-P 材料的接合层。这一过程会形成以 P 型半导体材料为基础的、其上覆盖有 N 型材料薄层的复合材料，并且产生实现光伏发电功能所需的接合层。

将 36 个电池组合在一起，可以提供 12 V 的电压（如果需要的话还可以更高一些）。也可以将 72 个电池组合起来构成光伏电池组件，此时可以提供 24 V 或更高的电压。典型的电池厚度小于 500 μm（0.02 英寸），截面尺寸约为 15 cm×15 cm。由这些电池构成的组件通常以铝作为框架，在框架上安装塑料基板，并将单个的电池连接到基板上，每个组件的质量在 34～62 磅之间。组件顶部采用抗反射材料，不仅可以保护组件免受外部环境的损害，同时也可以增加照射到光伏发电材料的太阳光通量。常用的抗反射材料为含有二氧化锡的玻璃，其能够有效地透射红、绿、黄光，反射蓝光，这也是常用的发电组件大多呈现蓝色的原因。

组件按照一定模式相互连接，构成方阵，方阵可以根据需求提供特定的电压和电流。将组件串联可以提高电压，并联可以提高电流。电压和电流的乘积决定了发电系统的净输出功率，其在根本上受到光伏方阵拦截的太阳光通量的限制[①]。

光伏发电现状

过去十年间，光伏发电在全球范围内得到显著发展，装机容量从 2002 年的 2.2 GW 增长到 2012 年的约 100 GW，仅 2012 年一年装机容量就增长了 30.5 GW。尽管发展迅速，光伏发电装机容量占全球总发电容量的比例仍旧很低，2012 年约为 2%。相比较而言，2012 年陆上与海上风力发电占全球总发电容量的 5%。德国光伏发电装机容量位居全球第一，2012 年占全球装机容量的 32%；排名其后的国家分别是意大利（占比 16%）、美国（占比 7.2%）、中国（占比 7%）和日本（占比 6.6%）。欧盟（EU）的光伏发电产业发展尤其迅速，包括德国在内，欧盟 2012 年的光伏装机容量占全球装机容量的 53.2%。

彭博新能源财经（Bloomberg New Energy Finance，2013）预测到 2030 年，光伏发电装机容量将增长至全球总装机容量的 16%，与风能接近（预计风能将达到 17%）。近年政府的激励政策在推动该产业的增长中扮演重要角色，尤其是欧洲推行的上网电价补贴制度，美国、中国、日本等国家也实行了类似的政策。问题是在未来的激励政策可能减少的情况下，光伏发电产业是否仍能保持过去的发展势头。如果不能，彭博新能源财经的预测则显得过于乐观。

如图 11.3 所示，美国小型户用和商用光伏发电系统（容量小于 10 kW）的安装价格从 1998 年的 12 美元/瓦下降至 2012 年的 5.3 美元/瓦。2008～2012 年下降趋势尤其明显，主要原因在于近几年光伏组件价格急剧下降。2007 年光伏组件价格平均约为 2 美元/瓦，到 2012 年已经下降到不足 0.8 美元/瓦。价格下降的主要原因为中国光伏组件的产量大幅提升。2012 年中国企业占据全球生产份额的 30.6%，且其中很大一部分产品投向海外市场。

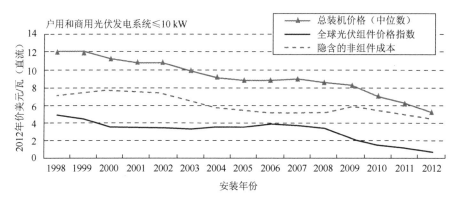

图 11.3　美国小型户用和商用光伏发电系统安装价格（Barbose et al.，2013）

中国在光伏发电系统市场（包括电池和组件市场）中占据主导地位，此举引发了美国和欧盟的一系列控诉：他们认为中国以低于成本的价格向美国和欧盟市场倾销光伏产品，违背了国际贸易准则。而中国则指控美国和欧盟对多晶硅的出口进行补贴（多晶硅是生产光伏发电系统的原料），此行为同样违背了国际贸易准则。直到 2014 年 4 月，争议仍没有解决。与此同时，光伏电池和光伏组件的价格仍在下降。

在德国，安装功率为 2～5 kW 的光伏发电系统的成本（基于单位功率）大约是美国的一半：德国成本为 2.60 美元/瓦，美国为 5.20 美元/瓦。只有日本的安装成本（5.90 美元/瓦）比美国高（Barbose et al., 2013）。非组件成本主要包括在消费者的屋顶安装光伏发电板需要的五金硬件成本、逆变器（将光伏发电板输出的直流电转变为电网和用户需要的交流电）等辅助设备的成本、劳工成本，还有一系列总计为 3.30 美元/瓦的软成本。图 11.4 展示了美国非组件成本的构成（Friedman et al., 2013）。

美国能源局的"太阳计划"（http://energy.gov/eere/sunshot/about）的目标是在 2020 年前将美国户用光伏系统的软性成本降至 0.65 美元/瓦，商用系统的软性成本降至 0.44 美元/瓦。总体目标是将户用系统的总安装成本降至 1.50 美元/瓦，商用系统降至 1.25 美元/瓦。

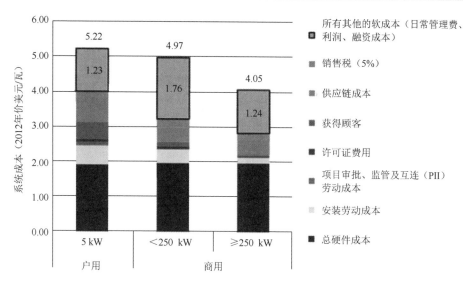

图 11.4 2012 上半年美国光伏组件成本构成（Friedman et al.，2013）

Seel 等（2013）讨论了美国和德国光伏发电系统软成本差异较大的原因。他们认为一部分原因在于德国光伏发电产业更加发达，因此有着更激烈的竞争环境。另一部分原因为与德国的光伏系统安装公司相比，美国的公司不得不花费更多资金做促销或广告以吸引顾客。此外，美国安装光伏系统的劳动力成本更高。最后一个原因是，在美国安装光伏发电系统所需的申请、许可以及监管程序更为复杂。"太阳计划"希望随着美国光伏发电产业在发展中不断积累经验，两国安装光伏系统的成本能够逐渐趋同。美国光伏市场的扩展有望让更多消费者认识到光伏发电带来的机遇和益处，同时促进发展更为充足、质量更高且竞争力更强的劳动力储备。但是与德国精简、顺畅的光伏产业政府监管系统不同，美国多个层级的政府（包括地方政府、区域政府、州政府以及联邦政府）均有监管责任，这就使得美国很难简化光伏系统的安装审批流程并发展快速审批程序。

假定美国户用光伏发电系统的现行安装价格为 5.20 美元/瓦，系统运行时容量因数为 20%（实际发电功率占额定最大功率的比例），运营周期为 20 年，贴现率为 7%（对资本成本的估计），则美国当下户用型光伏系统的发电平准化成本估计值为 26.2 美分/千瓦时（现价美元）。从表 9.2 可以看出，户用型光伏发电系统与其他发电方式相比，在平准化价格方面没有优势：以陆上风电为例，其平准化成本仅为 8.7 美分/千瓦时，不到光伏发电的 1/3。德国光伏系统的安装费用较低，其户用光伏发电系统的平准化价格为 13.1 美分/千瓦时。如果我们假定美国"太阳计划"理想化的价格目标能够实现，即到 2020 年，户用系统安装价格为 1.50 美元/瓦，商用系统为 1.25 美元/瓦，那么这种情况下估算出的平准化价格将分别下降至 7.6 美分/千瓦时和 6.3 美分/千瓦时。从经济性角度考虑，光伏发电系统投资将具备与陆上风电进行竞争的能力。大规模发电设备（大于户用系统的容量）可以通过规模效应实现平准化成本的降低，图 11.4 中的数据就是一个例子。

和风能等其他替代能源相比，光伏发电系统平准化价格相对较高，因而似乎很难理解光伏发电产业为什么近几年在全球范围内取得成功。很显然光伏组件价格的下降是一个因素；另一个重要的原因则是政府大力推行电价补贴制度。除此之外，还有一个关键因素是第三方经纪公司的出现，这一点至少可以部分解释美国太阳能发电产业的成功。一些住户对光伏发电系统很感兴趣，但是不愿意支付较高的前期成本；电力公司则希望获得至少一部分光伏系统生产的电力。在这种情况下，第三方经纪公司作为中介人为二者提供服务。我将用自己的亲身经历解释这一机制是如何起作用的。

我在科德角有一栋避暑别墅。别墅装有空调，我们主要是在夏天入住。其每年消费的电量平均为 5064 kWh。科德角的零售电价很贵，为 26.0 美分/千瓦时，其中超过一半是运输费用而非生产费用。我们大约在 1 年前决定尝试在别墅上安装太阳能电池板，于是联系了一家名为"太阳城市"的光伏发电公司探讨具体计划。该公司得出的结论是我们可以考虑安装一个 5.15 kW 的直流光伏发电系统，其在一年内的发电总量等于我们目前的电力年消费量。其中约有半年的时间系统发电量会超过家庭用电需求，而在余下的时间内用电需求则会超过发电量，二者刚好可以相互弥补。但前提是我们的房子需要接入电网，当电量供过于求时会向电网输电，供不应求时则由电网补充供电。

该系统的安装费用约为 25 725 美元，前期退税 2000 美元，则需要一次性支付的净额为 23 725 美元。在之后 20 年时间内，如果我们拥有该发电系统，我们可以充分利用联邦政府和州政府的各种税收减免政策，并在马萨诸塞州的太阳能可再生能源指标项目（SREC）下向电网售电，以此减少净成本。此计划的前提是我们需要购买这一系统，并由该公司负责安装和管理，在十年后这一投资项目会带来净收益。

我们并没有接受这一提议，而是选择了第二种方案。该方案中"太阳城市"公司将会承担在屋顶建造光伏发电系统的费用。他们拥有该系统的所有权，并全权负责其维护和运行状况监测。我们则需要支付 2000 美元的前期费用。作为回报，在未来 20 年内，我们将仅需支付 13.1 美分/千瓦时的固定电价，这是我们之前支付电价的一半。我们的房屋会继续接入电网；为享受此项便利，我们每月需要向电网公司支付 6.5 美元的费用。那么"太阳城市"公司是如何能够承担得起这一方案呢？很明显，该公司能够比我们更好地利用各种退税和税收优惠政策。他们可以汇总来自许多发电设备的电力，并在太阳能可再生能源指标项目下以期货交易的方式出售电力。他们以一般零售价（目前为 26.0 美分/千瓦时）向电网售电，并通过反向使用我们的电表来确定电力的交易数量。这种安排对于"太阳城市"公司明显是有利可图的，同时对我们这些消费者也很有吸引力。这是美国光伏发电产业中第三方机构扮演关键角色的一个例子。在此情形下，2012 年第三方机构促成了美国约 60% 的光伏发电装机量，这也就不足为奇了。

一个关键问题是现有的融资模式是否可持续。现阶段其效果很好，一部分原因是在目前的整个发电系统中，户用光伏发电造成的环境影响较小；另一个重要原因是第三方机构能够以一般零售价向电网出售电力。如果要求第三方机构以批发价而非零售价售电，考虑到光伏发电系统的高平准化成本，情况将大不相同。未来电网公司可能会宣称，既然他们提供并维护了相关的电力基础设施，同时将户用发电系统接入电网，他们应该得到相应的补偿。目前亚利桑那州已经出现了此类问题，该州的户用光伏系统的装机容量显著多于马萨诸塞州。更深层次的问题则涉及额外的激励手段是否能长期保持。尽管存在以上不确定性，"太阳城市"等公司仍旧可以清晰地认识到光伏发电的发展潜力，华尔街金融市场的股票交易情况也体现了这一趋势。自从 2012 年 12 月"太阳城市"以每股 10 美元的初始发行价上市，其股价大幅上涨，在 2014 年 4 月上旬达到了每股 83 美元的高价，2014 年后期回落至每股 50 美元，到 2016 年初约为每股 30 美元。

如前所述，上网电价制度对于德国光伏发电产业的成功起到了重要作用。该方法对中国而言也意义重大。2011 年 7 月，中国实行了全国统一的 1.15 元（18.4 美分）/千瓦时的上网电价补贴，适用于在 2011 年 12 月 31 日之前开始运营的项目。这一政策带来的问题是随后进行的大量投资集中于太阳能资源最丰富的地区，主要是西部地区，而非需求量最大的东部地区。随后相关机构对该政策进行了修订，根据各地区太阳能资源质量的差异实行不同的上网电价，共分为三个级别：在太阳能资源最丰富的地区，上网电价补贴为 0.90 元（14.4 美分）/千瓦时；在太阳能资源适中地区，上网电价补贴为 0.95 元（15.2 美分）/千瓦时；在太阳能资源不太理想的地区，上网电价补贴为 1.00 元（16 美分）/千瓦时。中国光伏发电系统装机容量从 2012 年的 8.3 GW（占全球总容量的 27.2%）增长到了 2013 年的 20.3 GW（占全球总容量的 47.5%），这充分证明了上网电价制度的重大意义。

电力公司规模的光伏发电

就此处的讨论而言，我们将电力公司规模的光伏发电设备定义为容量大于 10 MW 的发电设备。到 2012 年年底，全世界电力公司规模的光伏发电装机容量达到 9.38 GW，约占全球光伏发电设备总装机容量的 9%。德国占全球电力公司规模光伏发电总装机容量的 30%；其次是美国，占 21%。目前，针对电力公司规模光伏发电产业的投资迅速增长，2012 年新增的电力公司规模光伏发电装机容量就使全球的总容量增加了 60%。尽管如此，对户用和商用小规模发电系统的投资在光伏发电市场中仍占主导地位。

表 11.1 总结了截至 2012 年 4 月美国 12 家规模最大的光伏发电厂（装机容量大于或等于 20 MW）的情况。该表包括了发电厂开发商、投入运营的起始时间、具体应用的光伏发电技术、地理位置、支持其发展的电力购买协议（PAAs）等具体信息[⑤]。其中有三家发电厂位于加利福尼亚州，新墨西哥州和亚利桑那州各有两家，内华达州、得克萨斯州、佛罗里达州、科罗拉多州和纽约州各有一家。除纽约发电厂外，这些发电厂均位于太阳能资源十分理想的地区。五个发电厂的光伏发电设备应用了第一太阳能公司提供的薄膜碲化镉（CdTe）技术。其余七个发电厂中，六个选择了晶型硅（c-Si）技术，另外一个应用了无定形硅（a-Si）技术。

表11.1　截至2012年4月美国最大的12家正在运营的光伏发电厂

发电厂	装机容量（MW）	开发商	投入运营年份	太阳能发电技术	地点	购买协议合同方
铜山发电厂	48	森普拉电力公司	2010	CdTe	内华达州博尔德	太平洋天然气与电力公司
阿维尼尔太阳能发电公司	45	NGR 能源公司	2011	a-Si	加利福尼亚州阿维纳尔	太平洋天然气与电力公司
Mesquite 太阳能 1 期	42	森普拉电力公司	2011	c-Si	亚利桑那州阿林顿	太平洋天然气与电力公司
长岛光伏农场有限责任公司	32	BP 太阳能公司	2011	c-Si	纽约州厄普顿	长岛电力局
西马仑 1 期	30	第一太阳能公司	2010	CdTe	新墨西哥州西马仑	三州发电公司
FRV Webberville 太阳能发电厂	30	Fotowatio 新能源企业	2011	c-Si	得克萨斯州韦布维尔	奥斯汀能源公司

续表

发电厂	装机容量（MW）	开发商	投入运营年份	太阳能发电技术	地点	购买协议合同方
圣路易斯谷太阳能场	30	伊维尔德罗拉公司	2011	c-Si	科罗拉多州阿拉莫萨郡	埃克西尔能源公司
Agua Caliente 电厂（部分输出）	30	第一太阳能公司	2012	CdTe	亚利桑那州尤马郡	中美能源控股公司（巴菲特）
德索托太阳能	25	太阳电力	2009	c-Si	佛罗里达州阿卡迪亚	FPL
布莱斯发电厂	21	第一太阳能/NRG	2009	CdTe	加利福尼亚州布莱斯	SCE
Road Runner 太阳能电力公司	20	NRG 能源公司	2011	CdTe	新墨西哥州圣特雷莎	厄尔巴索电力集团
斯特劳德太阳能站	20	库比蒂诺电力公司	2011	c-Si	加利福尼亚州赫尔姆	太平洋天然气与电力公司

资料来源：Mendelson et al.，2012

到 2012 年 4 月，美国在建的电力公司规模光伏发电厂总装机容量达到 1329.5 MW，每个电厂装机容量在 20～49 MW 范围内（Mendelson et al.，2012）。购电公司和装机容量在 50 MW 以上的发电厂签署了更多的电力购买协议，协议涵盖的新装机容量达 9425 MW。在本书写作之时（2014 年年末），位于加利福尼亚州圣路易斯奥比斯波，隶属于沃伦·巴菲特的中美能源控股公司的托帕斯太阳能发电厂正以 300 MW 的容量运营，预计到 2015 年将增长到 550 MW。另一个规模相当的沙漠阳光发电项目正在建设中，其装机容量也是 550 MW，位于加利福尼亚州里弗赛德县。托帕斯发电厂和太平洋天然气与电力公司（PG&E）的加利福尼亚州分公司签署了为期 25 年的电力购买协议。沙漠阳光发电厂与两个公司签订了电力购买协议，其中一个是太平洋天然气电力公司，另外一个是南加州爱迪生电力公司。

加利福尼亚州成为近年美国太阳能发展的核心地区并不奇怪。该州立法规定，到 2020 年 33%的电能消费将必须由新能源供给。2012 年新能源占电力消费量的 15.4%，其中包括 6.3%的风力发电、4.4%的地热能发电、2.3%的生物质能发电、1.5%的小型水力发电，以及仅仅 0.9%的太阳能发电。未来太阳能发电有巨大的发展空间。

电力公司规模的聚光太阳能发电

聚光太阳能发电（CSP）是指通过镜子聚焦太阳光，聚焦的太阳光用来加热流体，随后利用流体蒸汽驱动传统蒸汽机发电。一种设计方式是将接收光能的传感器布设于镜阵中央的塔顶，镜子将阳光聚焦到传感器处。另一种设计方式是将镜子制成抛物线形状且呈条状的阵列，镜子反射的阳光经过聚焦后用来加热流体（石油或者熔融盐），并通过管道将流体输送至中心电站，其携带的能量将转换成蒸汽用以驱动传统的涡轮机，这一发电过程与第一种中心塔的布设方式类似。

2014 年年初，全球聚光太阳能发电的装机容量已达 3.65 GW，其中 1.17 GW 位于美国。无论从全球来看还是美国来看，CSP 的装机容量都远远少于电力公司规模的光伏发电装机容量。目前美国有 0.64 GW 的聚光太阳能发电设备正在建设中。表 11.2 展示了截至 2014 年全球主要的聚光太阳能发电厂的信息。

表11.2　截至2014年全球主要的聚光太阳能发电厂

容量（MW）	名称	国家	地点	技术类型	其他参考信息
392	艾文帕太阳能发电厂	美国	加利福尼亚州圣贝纳迪诺县	塔式太阳能热发电	2014 年 2 月 13 日竣工
354	太阳能发电系统	美国	加利福尼亚州莫哈维沙漠	抛物线集热槽	包含 9 个单元
280	索拉纳发电站	美国	亚利桑那州基拉班德	抛物线集热槽	2013 年 10 月竣工，6 小时热存储
200	Solaben 太阳能发电站	西班牙	Logrosan	抛物线集热槽	2012 年 6 月 Solaben 3 竣工，2012 年 10 月 Solaben 2 竣工，2013 年 9 月 Solaben 1 和 6 竣工
150	Solnova 太阳能发电站	西班牙	Sanlúcar la Mayor	抛物线集热槽	2010 年 5 月 Solnova 1 竣工，2010 年 5 月 Solnova 3 竣工，2010 年 8 月 Solnova 4 竣工
150	Andasol 太阳能发电站	西班牙	Guadix	抛物线集热槽	Andasol 1 于 2008 年竣工，7.5 小时热储存；Andasol 2 于 2009 年竣工，7.5 小时热储存；Andasol 3 于 2011 年竣工，7.5 小时热储存

容量（MW）	名称	国家	地点	技术类型	其他参考信息
150	Extresol 太阳能发电站	西班牙	Torre de Miguel Sesmero	抛物线集热槽	Extresol 1 于 2010 年 2 月竣工，7.5 小时热储存；Extresol 2 于 2010 年 12 月竣工，7.5 小时热储存；Extesol 3 于 2012 年 8 月竣工，7.5 小时热储存
100	Palma delRio 太阳能发电站	西班牙	Palma del Río	抛物线集热槽	Palma del Rio 2 于 2010 年 12 月竣工，Palma del Rio 1 于 2011 年 7 月竣工
100	Manchasol 电站	西班牙	Alcázar de San Juan	抛物线集热槽	Manchasol-1 于 2011 年 1 月竣工，7.5 小时热储存；Manchasol-2 于 2011 年 4 月竣工，7.5 小时热储存
100	Valle 太阳能发电站	西班牙	San José del Valle	抛物线集热槽	2011 年 12 月竣工，7.5 小时热储存
100	Helioenergy 太阳能发电站	西班牙	Écija	抛物线集热槽	Helioenergy1 于 2011 年 9 月竣工；Helioenergy 2 于 2012 年 1 月竣工
100	Aste 太阳能发电站	西班牙	Alcázar de San Juan	抛物线集热槽	Aste 1A 于 2012 年 1 月竣工，8 小时热储存；Aste 1B 于 2012 年 1 月完成，8 小时热储存
100	Solacor 太阳能发电站	西班牙	El Carpio	抛物线集热槽	Solacor 1 于 2012 年 2 月竣工，Solacor2 于 2012 年 3 月竣工
100	Helios 太阳能发电站	西班牙	Puerto Lapice	抛物线集热槽	Helios 1 于 2012 年 5 月竣工，Helios 2 于 2012 年 8 月竣工
100	Shams 太阳能发电站	阿拉伯联合酋长国	Abu Dhabi Madinat Zayad	抛物线集热槽	Shams 1 于 2013 年 3 月竣工
100	Termosol 太阳能发电站	西班牙	Navalvillar de Pela	抛物线集热槽	Termosol 1 和 2 均于 2013 年竣工

资料来源：http://en.wikipedia.org/wiki/List_of_solar_thermal_power_stations

艾文帕太阳能发电系统（ISEGS）是目前全球最大的聚光太阳能发电系统，2013年在美国加利福尼亚州英哈韦沙漠投入运营，其额定容量为 377 MW。图 11.5 展示了该发电厂的外观，可以看出其采用的是中心塔式设计。该中心塔的高度为 459 英尺。图 11.6 展示了位于阿布扎比市的萨姆斯 1 号发电厂，该发电厂应用的是抛物线集热槽设计。这两幅图片都很好地展现了这些发电项目的巨大规模。每实现

1 MW 的聚光太阳能发电容量，都需要布置 3～8 英亩的反射镜阵列（Mendelson et al., 2012）。仅艾文帕太阳能发电系统的占地面积就超过了 3500 英亩，接近 5.5 平方英里。电力公司规模的太阳能发电设备往往需要很大的占地面积，远远高于风力发电的占地面积。因而，这些太阳能发电设备可能往往布设在沙漠等土地经济价值有限的地区。布设太阳能发电系统对环境会产生复杂的影响，在选择厂址时要充分考虑这些影响。

图 11.5　由艾文帕太阳能发电系统（ISEGS）构成的发电厂

资料来源：http://www.technocrazed.com/ivanpah-solar-power-plant-can-provide- electricity-to-140000-homes-and-roast-birds

图 11.6　阿布扎比市的萨姆斯 1 号聚光太阳能发电厂拥有超过 258 000 个反射镜，安装在 768 个跟踪抛物线槽集热器上，占地面积 2.5 平方千米

资料来源：http://humansarefree.com/2013/07/worlds-largest-solar-power-plant-opens.html

　　如表 9.2 所示，预计于 2018 年投入运营的聚光太阳能发电厂的平准化成本明显高于相应的光伏发电成本：聚光太阳能发电成本为 26.2 美分/千瓦时，光伏发电为 14.4 美分/千瓦时（2011 年价美元）。然而聚光太阳能发电也有很重要的优势。

首先，白天获得的太阳能可以通过聚光太阳能发电系统以熔融盐等形式存储起来，在某些情况下可以储存一整晚，这为电厂 24 小时发电提供了可能。其次，在最初设计聚光太阳能发电厂时，就可以令其包含传统的燃气蒸汽机来补充太阳能发电，以使发电厂在应对用电需求变化时更具有灵活性。相比之下，光伏发电由于没有储电设备（如电池），必须将生产的电力即时输送，明显降低了应对电力需求变化的能力。

要　　点

（1）近几年光伏发电系统光电转换的成本急剧下降，主要原因是中国的过量生产。

（2）尽管购买光伏发电板的成本在全球范围内下降至小于 1 美元/瓦，但是安装光伏发电系统的整体成本，也就是所谓的软性成本依然很高，尤其是在美国：其总安装成本平均为 5.20 美元/瓦，几乎是德国现行成本的 2 倍。

（3）相比用电个体，第三方机构能更好地利用支持太阳能投资的经济激励政策，其在推动近几年美国户用光伏发电系统的增长中发挥了重要作用。

（4）近几年光伏发电系统的安装容量增长迅速，主要原因有两个：一方面电力公司得益于光伏组件价格的降低；另一方面则是电力公司大规模安装光伏组件，实现了规模经济效益。

（5）使用大型反射镜阵列聚焦太阳光可以获得热能，用以产生蒸汽驱动传统蒸汽涡轮机发电。此发电方法被称为聚光太阳能发电或者简称为光热发电，与光伏发电相比成本更高。光热发电的优势是可以将太阳能以热能形式存储起来，使电厂运营商可以延迟发电时间并提高灵活性，从而更加有效地响应顾客需求的变化。

【注释】

① 电子对的共享使得原子相互结合，形成更复杂的结构即分子。如果硅原子失去一个电子，将转变为带正电的阳离子。如果带正电的阳离子和邻近的阳离子连接，其中间必须有一个负电中心，以防止两个阳离子互斥分离。原子之间的电子对提供了连接两个原子的结合力。

② 在原子尺度上的能量通常使用电子伏（eV）单位来表达。1 eV 是指将 1 个电子置于 1 伏特（V）的静电势差中所获得的能量：1 eV 相当于 1.602×10^{-19} 焦耳（J）（关于焦耳的定义见第 2 章）。光的波长越短，其能量越大。

③ 如果在形成化合物时某元素原子失去电子，我们称之为氧化态；如果获得电子，称之为还原态。CO_2 分子中的 C 原子呈现氧化态，其在与 O 原子形成稳定化学键时提供电子。CH_4 分子与之相反，其中的 C 原子呈还原态，其在与 H 原子形成稳定化学键时得到电子。SiO_2 分子中硅原子呈现氧化态，纯硅结构中硅原子呈还原态。

④ 起重机吊起的重物拥有重力势能。如果释放重物，重物在落地过程中会增加速度获得动能。在下降过程中重力对重物做功，故物体获得动能。与之类似，电压在静电场中表征势能的高低。导线中两个位置之间电势差越高，则通过导线输送的带电粒子产生的能量也越多。电势是电荷获取能量大小的度量，其单位是焦耳每库仑（J/C），焦耳（J）是国际单位制中能量的基本单位（见第 2 章），库仑（C）是国际单位制中电荷量的基本单位。国际单位制中电压单位为伏特，符号是 V。单位时间通过导线中特定位置的电荷量称为电流（C/s）。电流的单位是安培，符号为 A。电流和电压的乘积代表了功率，即单位时间输送的电能。能量单位使用焦耳（J），时间单位使用秒（s），功率单位为瓦特（W）。

⑤ 电力购买协议（PPAs）是新能源电力供应商与电网公司签署的协议。根据政府要求，电网公司必须在其输送的电力中包含一定比例的新能源电力。这些协议可延续很多年，因此能够保证开发商获得稳定可靠的收入，从而减少了投资风险。近几年，美国实行的诸如电力购买协议的激励政策有效推动了太阳能等新能源的发展；若无电价购买协议，开发商可能会认为新能源领域的投资存在过高的风险。

参 考 文 献

Barbose, G., N. Darghouth, S. Weaver, and R. Wiser. 2013. *Tracking the sun VI: An historical summary of the installed price of photovoltaics in the United States from 1998 to 2012*. Berkeley, CA: Lawrence Berkeley National Laboratory.

Bloomberg New Energy Finance. 2013. Solar to add more megawatts than wind in 2013, for first time. http://about.bnef.com/ press-releases/ solar-to-add-more-megawatts-than-wind-in-2013-for-first-time/.

Friedman, B., K. Ardani, D. Feldman, R. Citron, R. Margolis, and J. Zuboy. 2013. *Benchmarking non-hardware balance-of-system (soft) costs for U.S. photovoltaic systems, using a bottom-up approach and installer survey*. Golden, CO: National Renewable Energy Laboratory.

Masters, G. M. 2004. *Renewable and efficient electric power systems*. Hoboken, NJ: John Wiley & Sons, Inc.

McGinn, D., E. Macías Galán, D. Green, L. Junfeng, R. Hinrichs-Rahlwes, S. Sawyer, M. Sander et al. 2013. *Renewables 2013 global status report*. Paris: REN21.

Mendelson, M., T. Lowder, and B. Canavan. 2012. *Utility-scale concentrating solar power and photovoltaics projects: A technology and market overview*. Golden, CO: National Renewable Energy Laboratory.

Seel, J., G. Barbose, and R. Wiser. 2013. *Why are residential pv prices in Germany so much lower than in the United States? A scoping analysis*. Berkeley, CA: Lawrence Berkeley National Laboratory.

12 水能：来自流水的能量

如第 4 章的内容及图 4.1 所示，地球所截获的太阳能中，有大约 50% 被地表吸收。其中约有一半的能量（78 W/m²）用于水的蒸发过程，主要是海水蒸发。也就是说，水的蒸发过程吸收的能量占地球（包括大气和地表）吸收太阳能总量的三分之一。大气层保留水蒸气的能力有限，通常情况下蒸发量与降水量会达到实时平衡。一部分降水会落到海拔高于海平面的地区，比如山区；这种情况下，水就被赋予了所谓的势能（详见第 4 章）。这种势能可以被储存起来（如在湖泊或者大坝中），也可以在水向下流动回到海洋的过程中被释放并转化为动能（定向运动）。在水的流动路径上，人们可以捕获并引导这一能量来做有用功。

早期应用水能的主要方式是利用这一能量来碾磨谷物；碾磨谷物的装置是用两块扁平的石头组成的，其中一块在水流的作用下转动碾碎谷物，另一块在研磨过程中保持静止。据英国国王 1086 年颁布的《土地志》记载，到 1086 年英国特伦托河南部有多达 5624 个水磨投入使用，除了用于碾磨谷物，还被用于锯木材、破碎矿石、拉工业炉的风箱等多种工作（Derry and Williams, 1960）。后来流水开始为纺织业提供动力，这标志着北美工业时代的开始，尤其是在新英格兰地区（Steinberg, 1991; McElroy, 2010）。当代水能最重要的应用为水力发电，大部分电力是由存储在高海拔大坝中水的势能转化而来，小部分电力是由地表径流的动能转化而来（被称为径流式水能）的。

图 12.1 展示了典型坝式水电站的操作元件。大坝拦截水流，水在大坝后面聚集，通常会淹没部分上游区域并形成一个人工湖。大坝存储的势能取决于被拦截的水距离压力管道出口的高度。上层水体高度决定了管道口处压力的大小，这个压力又控制了流入管道水流的动能，压力管道内水的动能驱动涡轮机的叶片转动，从而产生电力。

图 12.2 展示了位于科罗拉多河上的胡佛大坝。1936 年竣工时，胡佛大坝是世界上最大的发电系统，也是世界上最大的混凝土建筑物。作为随后发展历程的见证，胡佛大坝目前在世界大型水力发电站名录中仅仅排名第 50（参见后文表 12.1）。这幅图很形象地为我们展示了大坝的规模。值得注意的是，大坝后面的水位高度和排水口处的水位高度之间存在很大的差异。蓄满水时，大坝拦截河流形成的米

德湖的占地面积可达 158 000 英亩或 248 平方英里。在最深的地方水深超过 500 英尺，其海岸线超过 750 英里。过去 12 年间，湖中水位下降了 100 多英尺，此现象主要由两方面的原因导致：一方面，气候变化导致河流源头处积雪融化，由此产生的河水供给量下降；另一方面，为满足亚利桑那州、加利福尼亚州和内华达州等邻近州不断增长的水需求量，从湖中取水的量也增加了。

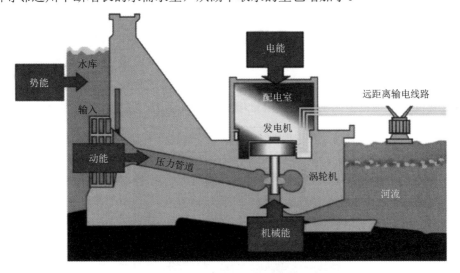

图 12.1　典型坝式水电站的操作元件

资料来源：http://www.alternative-energy-news.info/technology/hydro

图 12.2　位于科罗拉多河上的胡佛大坝

资料来源：http://commons.wikimedia.org/wiki/File:Hoovernewbridge.jpg

本章将首先介绍全球范围内水力发电的现状，然后着重讨论美国和中国水力发电的现状和发展前景，最后总结本章要点。

全 球 视 角

2011 年，水力发电量占全球总发电量的 16.5%，占可再生能源总发电量的 79%（风能占 10.1%，生物质能占 8.1%，地热能占 1.5%，太阳能和潮汐能占 1.3%）。就各个国家的水力发电量而言，中国处于领先地位，发电量占全球总量的 19.8%，其次是巴西（12.2%）、加拿大（10.7%）和美国（9.2%）。如图 12.3 所示，在 1990～2008 年间，全球范围内的水力发电量增加了 50% 以上，其中中国占主要部分。

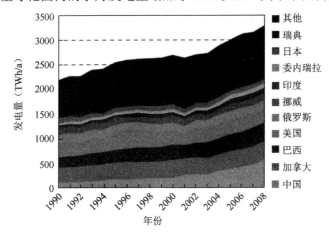

图 12.3　1990～2008 年全球水力发电量

资料来源：http://www.iea.org/publications/freepublications/publication/Hydropower_Essentials.pdf

表 12.1 列举了世界上规模最大的 50 座水电设施（http://en.wikipedia.org/wiki/List_of_largest_hydroelectric_power_stations）。中国的长江三峡水电站在装机容量（22.5 GW）和年均发电量（98.5 TWh）方面均排名第一。美国的水电站则规模相对较小，只有华盛顿州哥伦比亚河上的大古力大坝在装机容量方面排名前十。作为罗斯福新政的一部分，大古力大坝于 1935 年 12 月 6 日开始建造，用时 7 年建成；其包括 4 座配电室，连接了 33 个发电机。大坝最初的装机容量为 1.974 GW，随后扩建至 6.809 GW。在发电量方面，大古力大坝年均发电量是 20 TWh，在表 12.1 所示的全球主要水电设施排名中位于第 11 位。位于巴西与巴拉圭两国交界处的伊泰普大坝排名第二，年均电力输出量为 98.3 TWh，仅次于三峡水电站。

电力生产只是河流大坝具备的众多功能之一。在美国国会批准修建古力和帕克大坝的立法决议中（批准时间为 1938 年 8 月 20 日），也体现出大坝的这种多功能性是决定修建大坝的一个重要动机。帕克大坝同样位于科罗拉多河上，位于胡佛大坝（HR 625）下游 155 英里处。决议措辞如下：

> "为控制洪水、改善航运、调节美国河流流量、存储和输送水源、复垦公共土地和印第安保留区以及其他的有益用途，并且将发电作为在资金方面协助、推动大坝修建项目实施的方式，在此授权批准在科罗拉多河上修建'帕克大坝'和在哥伦比亚河上修建'大古力大坝'的建议。"

至少在当时，人们就已经认识到发电是大坝的一项辅助功能，相关收益可以用于补偿修建大坝的部分费用。

表12.1　世界50强水电设施

排名	名称和竣工年份	国家和河流	装机容量（MW）	年发电量（TWh）	淹没面积（km²）
1	三峡大坝 2003/2012	中国 长江	22 500	98.5	632
2	伊泰普大坝 1984/1991，2003	巴西与巴拉圭 巴拉那河	14 000	98.3	1350
3	古里大坝 1978，1986	委内瑞拉 卡罗尼河	8850	53.41	4250
4	图库鲁伊大坝，1984	巴西 托坎廷斯河	8370	41.43	3014
5	大古力大坝，1942/1950，1973，1975/1980，1984/1985	美国 哥伦比亚河	6809	20	324
6	龙滩大坝 2007/2009	中国 红水河	6426	18.7	—
7	克拉斯诺亚尔斯克大坝 1972	俄罗斯 叶尼塞河	6000	20.4	2000
8	罗伯特-布拉萨大坝 1979/1981	加拿大 格朗德河	5616	26.5	2835
9	丘吉尔瀑布水坝 1971/1974	加拿大 丘吉尔河	5428	35	6988
10	布拉茨克水库 1967	俄罗斯 安加拉河	4500	22.6	5470
11	拉西瓦大坝 2010	中国 黄河	4200	10.2	—

续表

排名	名称和竣工年份	国家和河流	装机容量（MW）	年发电量（TWh）	淹没面积（km²）
12	小湾大坝 2010	中国 湄公河	4200	19	190
13	萨扬-舒申斯克水电站 1985/1989	俄罗斯 叶尼塞河	3840	26.8	621
14	乌斯季-伊利姆斯克大坝 1980	俄罗斯 安加拉河	3840	21.7	—
15	塔贝拉大坝 1976	巴基斯坦 印度河	3478	13	250
16	单岛水电站 1973	巴西 巴拉那河	3444	17.9	—
17	二滩大坝 1999	中国 雅砻江	3300	17	—
17	瀑布沟大坝 2009/2010	中国 大渡河	3300	14.6	—
19	马卡瓜大坝 1961，1996	委内瑞拉 卡罗尼河	3167.5	15.2	47
20	辛戈大坝 1994/1997	巴西 圣弗朗西斯科河	3162	18.7	—
21	亚西雷塔水坝 1994/1998，2011	阿根廷与巴拉圭 巴拉那河	3100	20.09	1600
22	努列克大坝 1972/1979，1988	塔吉克斯坦 瓦赫什河	3015	11.2	98
23	巴斯县抽水蓄能大坝 1985，2004	美国 —	3003	3.32	—
24	构皮滩大坝 2009/2011	中国 乌江	3000	9.67	94
25	W.A.C 本尼特坝 1968，2012	加拿大 皮斯河	2876	13.1	—
26	拉格朗德-4 1986	加拿大 格朗德河	2779	—	765
27	葛洲坝 1988	中国 长江	2715	17.01	—
28	马尼克五级坝 1970/1971，1989/1990	加拿大 马尼夸根河	2656	—	1950
29	约瑟夫酋长大坝 1958/73/79	美国 哥伦比亚河	2620	12.5	34

排名	名称和竣工年份	国家和河流	装机容量（MW）	年发电量（TWh）	淹没面积（km²）
30	伏尔加格勒大坝 1961	俄罗斯 伏尔加河	2582.5	10.43	—
31	尼亚加拉瀑布大坝 1961	美国 尼亚加拉瀑布	2525	—	—
32	里维斯度克大坝 1984，2011	加拿大 哥伦比亚河	2480	—	115
33	保罗阿方索Ⅳ大坝 1979/1983	巴西 圣弗朗西斯科河	2462.4	—	—
34	曼努埃尔·莫雷诺·托雷斯水电站 1980，2005	墨西哥 格里哈尔瓦河	2430	—	—
35	拉格朗德-3 1984	加拿大 拉格朗德河	2418	—	—
36	阿塔图克大坝 1990	土耳其 幼发拉底河	2400	8.9	—
36	金安桥大坝 2010	中国 金沙江	2400	—	—
36	山罗大坝 2010/2012	越南 黑河	2400	10.25	—
36	巴贡大坝 2011	马来西亚 巴鲁伊河	2400	—	—
36	梨园大坝 2012	中国 金沙江	2400	—	—
36	官地大坝 2013	中国 雅砻江	2400	—	—
42	日古利大坝 1957	俄罗斯 伏尔加河	2335	8.8	—
44	卡鲁恩大坝 2005	伊朗 卡鲁恩河	2280	4.17	—
44	铁门一级水站 1970	罗马尼亚与塞尔维亚 多瑙河	2192	11.3	—
45	卡努阿奇大坝 2006	委内瑞拉 卡罗尼河	2160	12.95	—
45	约翰戴大坝 1949	美国 哥伦比亚河	2160	—	—
47	拉格朗德-2-A 1992	加拿大 格朗德河	2106	—	—

续表

排名	名称和竣工年份	国家和河流	装机容量（MW）	年发电量（TWh）	淹没面积（km²）
48	阿斯旺大坝 1970	埃及 尼罗河	2100	11	—
49	伊通比亚拉 1980	巴西 巴拉那伊巴河	2082	—	—
50	胡佛大坝 1936/1939，1961	美国 科罗拉多河	2080	4	—

资料来源：http://en.wikipedia.org/wiki/List_of_largest_hydroelectric_power_stations

美国水力发电的现状与前景

当前美国的河流上共有约 80 000 座大坝，然而只有一小部分（约 3%）被用于发电。当前美国水电设施的总装机容量为 78 GW，另外还有以抽水蓄能水力发电的形式提供的 22 GW。水力发电量约占美国用电总量的 7%。水力发电的电力生产量存在季节和年际变化，主要原因在于气候、天气的变化会导致径流量发生变化。

表 12.2 列举了美国十大水电设施（http://ussdams.org/uscold_s.html，2014 年 5 月 30 日）。美国水电总产能的一半以上集中在西部三个州——华盛顿州、加利福尼亚州和俄勒冈州，仅华盛顿州的产能就占全国总量的 26% 左右。20 世纪 60 年代，美国大型水坝的建设达到顶峰，随后热度下降，主要原因为公众逐渐认识到了这些项目潜在的负面环境影响。格兰峡谷大坝就是其中一个例子，其位于大峡谷区域科罗拉多河的上游，是最近完成的项目之一（1964 年）；该项目的建设在当时就遭到了人们的反对。

表12.2　美国十大水电设施

大坝名称	河流	地点	装机容量（MW）
大古力大坝	哥伦比亚河	华盛顿州	6809
约瑟夫酋长大坝	哥伦比亚河	华盛顿州	2620
约翰戴大坝	哥伦比亚河	俄勒冈州	2160
巴斯县抽水蓄能大坝	小巴克溪	弗吉尼亚州	3003
罗伯特·摩西-尼亚加拉大坝	尼亚加拉河	纽约州	2515
达尔斯大坝	哥伦比亚河	俄勒冈州	2038
拉丁顿大坝	密歇根湖	密歇根州	1872

续表

大坝名称	河流	地点	装机容量（MW）
拉昆山抽水蓄能电站	田纳西河	田纳西州	1530
胡佛大坝	科罗拉多河	内华达州	2080
金字塔大坝	加利福尼亚渠	加利福尼亚州	1250

资料来源：http://en.wikipedia.org/wiki/Hydroelectric_power_in_the_United_States

反对意见主要集中于大坝对下游地区生态的影响。在自然条件下，大坝下游的水流量会发生季节性变化，也会偶尔发生大洪水。随着大坝的建设以及在大坝后的人工湖（鲍威尔湖）进行蓄水，下游的这些洪水基本被消除了。为了消除大坝引起的生态干扰，环保组织呼吁拆除某些大坝，在其他情况下则要求管理系统调节从大坝释放的水流，并尽可能模仿在大坝修建之前（即自然条件下）下游的河流状态。在一些地方已经有人呼吁拆除华盛顿州斯内克河上的四个水坝，主要原因在于这些大坝对鱼类——尤其鲑鱼的迁徙造成了负面影响。因此鉴于当前的政治环境，美国建设与大坝相关的新水力发电设施的可能性较小。

Kao 等（2014）在美国能源部委托所作的水电计划报告中提到，美国未开发的水电产能估计值为 84.7 GW，年均供电量可达 460 TWh。除去受联邦法律保护的地区（如国家公园和规定的自然保护区），他们估算的美国水电潜在的额外产能降至 65.5 GW，略低于当前 79.5 GW 的装机容量；这些额外的产能可能使美国当前的水力发电量翻倍（每年 347 TWh，对比当前的每年 272 TWh）。正如作者所指出的，这项研究的结论主要基于美国约 300 万条河流理论上的物理发电潜能，并不能确定建设项目的经济可行性，也不能确定公众对某一具体大坝建设项目的接受程度。能源部总结道（http://energy.gov/articles/energy-department-report-finds-major-potential-increase-cleanhydroelectric-power，2014 年 5 月 31 日)，在目前缺乏发电能力的一部分水坝中增加发电设施可以将美国的水力发电能力提高近 15%，这是值得进一步考虑的一个构想。

中国水力发电的现状和前景

如前所述，当前中国水力发电装机容量和未来的扩展规划均处于世界领先水平。中国计划到 2020 年使可再生能源占一次能源需求量的比例达到 15%，发展水电则是其中一项关键措施。随着 2012 年三峡大坝建造完成，中国水电装机容量达到了历史最高值 249 GW。"十二五"规划（2011—2015）提出，到 2015 年年末水电装机容量增加到 325 GW，到 2020 年增加到 348 GW。理论上中国最大水电潜力可达 694 GW，其中有 402 GW 被认为在技术和经济上可行且每年可发电 1750 TWh（Huang and Yan，2009）。结合实际情况进行考虑，2012 年中国消费的各种来源的电能总量为 4819 TWh。EIA（2013）预测到 2020 年，中国的电力需求量将增至 7295.5 TWh；为满足这一用电需求，与 2012 年 1144 GW 的装机容量相比，到 2020 年中国的总装机容量需要增加至 1588.6 GW，预计其中大部分将由传统的热源提供。

2013 年，三峡大坝的电力生产量约占中国水力发电总量的 8%。三峡大坝高近 600 英尺，宽 1.3 英里。在大坝建造过程中，使用了约 2720 万立方米的混凝土和 46.3 万吨的钢材。坝后水库面积超过 403 平方英里，且水位高度大幅度增加，甚至达到了长江上游距大坝 360 英里的重庆地区的海拔。在大坝建造过程中，约 130 万人进行了转移，100 多个城镇被淹没。三峡大坝的建造在国内外都备受争议，反对意见主要集中在大坝建设和随后运行的过程中对环境和社会造成的干扰和破坏。还有人担心，恐怖分子的破坏、未来中国的敌对势力的攻击或意外的自然灾害（比如在下游或上游地区发生地震，导致上游大坝破裂）出现时，大坝可能会对下游社区的安全构成威胁。1992 年的全国人民代表大会上，明确提出和强调了这些反对意见，会议上具有表决权的 2633 名代表中，只有 1767 名代表投了赞成票，然而该项目最终被批准实施。

三峡大坝在设计阶段就被赋予了多种功能和目标。包含 34 个发电机，总装机容量高达 22.5 GW。在实际运行中，发电量随河水流量的季节性变化而波动——夏季达到最大值，冬季为最小值。大坝设置了一系列闸门，使大型船舶更容易从上海航行至重庆。位于大坝后方面积广阔的水库使船舶能更安全地通过三峡地区，而在建造大坝之前三峡航道的危险性较高。另外，大坝能显著降低下游地区发生洪水的风险，同时可以有效缓解干旱。

中国的水电项目发展规划提出将在金沙江（长江的一个上游支流）建设一系列水坝，预计将在中国现有水电装机容量的基础上再提高 75 GW 的容量。正在筹备的规划还提出，将在湄公河（流经中国、缅甸、老挝、泰国、柬埔寨和越南）、怒江（在缅甸被称为萨尔温河，发源于中国并流经缅甸，其中一段是缅甸和泰国的边界）和雅鲁藏布江（发源于中国，流经印度和孟加拉国，并在孟加拉国汇入恒河）上建设更多的水电项目以开发利用这些河流的潜在资源。上述河流均发源于青藏高原，对水利资源的开发利用可以使中国的水电装机容量进一步增加 50～75 GW。河流的径流量存在季节性的变化，因而发电量也相应地发生波动，中国现有水电基础设施的发电量也体现了这一规律，如图 12.4 所示。

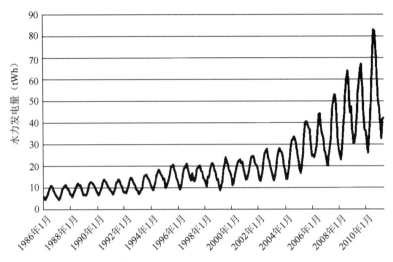

图 12.4　中国水力发电总量的时间趋势和季节变化（1986～2010 年）
（Deutsche Bank Group，2011）

中国水力发电量通常在夏季最高，在冬季最干燥的月份最低。如图 12.4 所示，过去 25 年中，水力发电量的季节性变化幅度显著增加，年均波动幅度从 20 世纪 80 年代初的约±30%增加到最近几十年的±50%。这一趋势主要反映了气候原因导致的中国水电设施供水量的波动。如图 12.5 所示，这个问题在 2011 年夏季尤其严峻，中国经历了自 20 世纪 50 年代以来最严重的一次干旱。水力发电量相比正常年份下降了 16%～25%，导致中国的发电总量下降了 4%～5%，这一缺口只能通过增加容量为 39 GW、平均容量因子 50%的传统发电设备（主要是热源发电）来弥补（Deutsche Bank Group，2011）。

2011 年的事件凸显了气候（尤其是为相关的主要河流提供大部分水源的青藏高原的气候波动）与水力发电满足中国未来电力需求方面的密切联系。负责设计和规划未来水坝建设的工程师只能依赖历史数据来估计相关河流的径流量。但是，面对未来可能发生的气候变化，这些历史信息可能会造成误导。根据这些历史数据建造的水坝可能太小或太大，无法充分利用未来的河流供水量。若建造的水坝太小，意料之外的大规模洪水将可能破坏水坝的结构完整性；而建造的水坝太大时，投资回报则会降低，可能入不敷出。

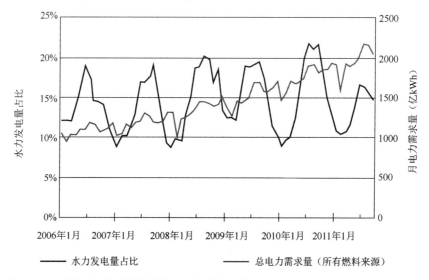

图 12.5　中国电力需求量的增长和水力发电量占比（Deutsche Bank Group，2011）

要　点

（1）中国的水电发电量处于世界领先地位，其次是巴西和加拿大，美国位居第四。

（2）美国约 7% 的电力消费量来自水力发电，而中国为 17%。

（3）美国水力发电的发展前景有限。由于更关注环境影响，支持建设新大坝的人较少。

（4）美国的河流上大约有 80 000 个小型坝，但是只有很少的一部分（约 3%）被用于发电。据估计，为其中一小部分大坝补充相关发电设备即可使美国的水力发电量提高 15%。

（5）中国已经制定规划大力推动水电的发展：到 2015 年，在目前 250 GW 装机容量的基础上再增加 75 GW，到 2020 年增加 100 GW。通过发展水电资源，中国可以减少以化石燃料为基础的电力需求，从而减少引起气候变化的 CO_2 排放量。为实现中国在 2020 年之前将可再生能源占一次能源需求量的比例提高到 15% 的目标，发展水电也是其中一项重要举措。

（6）中国和美国的水力发电量均存在季节性变化。不管是现在还是将来，气候变化都会对河流的径流量造成影响，进而影响水电系统的运行。

（7）除了作为电力来源，大坝还提供了各种辅助功能，包括向邻近社区供水、调控洪水、改善航运等，还可以作为休闲设施使用。

（8）除了上述优点，大坝等水电设施也会带来负面影响，比如大坝建造期间的土地流失、大量人口的迁移和重新定居、对鱼类和野生动物的影响以及由于河流季节性规律的改变对下游生态群落的影响。

参 考 文 献

Derry, T. K., and Williams, T. I. 1960. *A short history of technology: From the earliest times to A.D. 1900*. Oxford: Oxford University Press.

Deutsche Bank Group. 2011. *Hydropower in China: Opportunities and risks*. New York: Deutsche Bank Group.

Kao, S.- C., R. A. McManamay, K. M. Stewart, N. M. Samu, B. Hadjerioua, S. T. DeNeale, D. Yeasmin, M. Fayzul, K. Pasha, A. A. Oubeidillah, and B. T. Smith. 2014. *New stream- reach development: A comprehensive assessment of hydropower energy potential in the United States*. Oak Ridge, TN: Oak Ridge National Laboratory.

McElroy, M. B. 2010. *Energy perspectives, problems, and prospects*. New York: Oxford University Press.

Steinberg, T. 1991. *Nature incorporated: Industrialization and the waters of New England*. Cambridge: Cambridge University Press.

13 地球热量和月球引力：地热和潮汐能

截至本章，我们讨论了煤、石油、天然气、核能、风能、太阳能和水能等能源的现状及未来的前景。除了核能之外，所有这些能源最终都来自于太阳辐射：化石燃料（煤、石油和天然气）是数百万年前通过光合作用获取的能量；风能和太阳能来自于当代的太阳辐射。现在我们对地热能和潮汐能的供电潜力进行探讨，地球内部放射性元素的衰变是前者的主要来源；地月引力所带来的能量是后者的主要来源。

从地球内部到达地表的能量主要由两部分构成：一部分来自地幔和地核的热对流和热传导；另一部分来自地壳中元素的衰变，尤其是铀、钍和钾。地球上的平均复合地热源约为 8×10^{-2} W/m^2，约是从太阳吸收的能量的三千分之一。由于内部热源的存在，地表向下温度以约 25℃/km 的平均速率上升。在构造活跃的地区，尤其是在美国西部和太平洋周边地区（即所谓的火山带），上升的速率更高，而在其他地区则相对更低。利用地下热储层的能量发电引起了人们极大的兴趣。热储层是一种以高温水为特征的地下环境，这种高温水是由于暴露于熔岩或通过与超高温的地壳物质接触而形成的。

热储层中的水大部分是由覆盖的多孔岩的表层渗透所提供的。这些水热系统只能在特定条件下形成。岩石的孔隙率必须能够允许水渗透到足够与高温岩石或熔岩接触的深度，这仅可能在当前或最近的构造活动区域中发生。如果岩石的状况比较好，过热水就会以温泉、间歇泉和喷气孔的形式返回到地表，前两种情况下过热水的表现形式主要是液体，第三种情况下液体在到达地表前转化为了蒸汽。此外，过热水也可能在首先产生热水的不透水岩层覆盖区域中被拦截。

温泉沐浴的历史由来已久，可追溯到公元前 3 世纪的中国秦朝。在公元 1 世纪，罗马人在英国的巴斯利用温泉向公共浴室供应热水，并将其作为建筑地下供暖的热水源。在法国绍德艾格（Chaudes-Aigues），地热能是一种集中供热资源，人们利用它已有超过 700 年的历史了。1892 年，在美国爱达荷州的博伊西，人们以同样的目的对地热能进行了开发。1911 年在意大利的拉德瑞罗，地热能第一次用于发电，热源为区域性火山喷气孔产生的蒸汽。有关地热能使用历史的重要总结，请参见 https://en.wikipedia.org/wiki/Geothermal_energy。

目前有多种利用地热能进行发电的方法。如果水热系统的天然产物是蒸汽，那么蒸汽就可直接用于驱动常规涡轮机，在这种情况下的设备称为干蒸汽设备。如果产物是热水，则可以通过降低水面上方的气压来产生蒸汽，蒸汽就又可以驱动涡轮机。如果水的温度太低以至于不能通过闪蒸过程产生蒸汽，则水可以通过热交换器并且用于加热比水沸点低的液体（例如异丁烷），来自于次级液体的蒸气也可以被用于涡轮驱动，这种方法称为双流系统法。在实践中，根据地热资源的性质，这三种策略被用于不同的装置。如果来自于热储层的蒸汽或者热水被耗尽，则可以将水注入源储层进行补充。

美国最大的地热发电设施位于旧金山以北一个名为"盖沙斯"（The Geysers）的地区。虽然它的名字含义是间歇泉，但它的天然产物却是蒸汽，其热源是位于地表以下4英里、直径超过8英里的岩浆室。当地的第一口地热发电井建于1924年，并在20世纪50年代进行了程度更高的深井钻探。20世纪70年代和80年代，地热发电有了重大进展，以应对1973年阿拉伯的抵制活动引发的石油价格的迅速上涨，以及在之后的十年中由伊朗国王的下台以及随后的人质危机引起的不稳定（如第7章讨论的）。盖沙斯地热区现在的发电容量约为2 GW。为维持持续性的、经济性的蒸汽的生产及供应，来自周围社区经过处理的生活污水被注入热储层中。

由水热源产生的水和蒸汽除了含有诸如硫化氢和二氧化碳等气体之外，还包括溶解的盐和各种有毒元素，如硼、铅和砷。因此必须注意要通过采取措施来限制这些化学物质释放到环境中。在双流系统法中，这一问题较易解决，来到地表的水易被隔离，且在返回到水热源时不会释放污染组分。

正如前文提到的那样，海水涨落与全球潮汐有关，其主要驱动力是地球和月球之间引力的相互作用以及地球与太阳的相互作用。通常，潮汐每天会有两次涨落——两次高潮与两次低潮。其中一次高潮位于地球最接近月球的一侧。这是由于相较于固体状态的地球，水具有更强的移动性，对月球引力也会产生不同的反应，从而导致水的蓄积，因此在靠近月球的区域一般会产生高潮。然而，在地球背月侧会产生第二次高潮，我们难以对这个现象做出合理解释。目前人们将其解释为：月球作用于固体地球上的引力会导致水的滞留，结果产生了背月侧的高潮。高潮由其他地区的低潮进行补偿，从而形成了以（约）12小时周期为特征的海洋潮汐。

水由于受到月球引力的影响而来回摆动，其能量主要通过与海底以及与潮水接触的陆地的摩擦而消耗。这种能量的损耗反映在地球自转的缓慢变化以及地球与月球平均距离增加的过程中。因此，每四万年，一天的长度约增加 1 秒。在 3.5 亿年前的石炭纪时期，昼夜循环需要约 23 小时，而不是现在的 24 小时；一年的时间也相应地更长，是 385 天而不是现在的 365.25 天（地球沿轨道绕太阳旋转时，由于一天的时间更短，那么完成一周公转所需要的天数就会更多）。于人类而言，如果不是要根据地质时间尺度来分析问题，那么这些变化就相对不那么重要了。

受海底结构和与潮水接触的陆地形状的影响，潮汐的幅度因地而异。在通道狭窄的海湾中，潮汐的幅度尤其高。在位于加拿大新斯科舍的芬迪湾，由于受当地环境综合因素的影响，潮汐的幅度可达 16 米，超过 50 英尺（http://www.amusingplanet.com/2012/03/tides-at-bay-of-fundy.html）。

本章首先从全球视角讨论了以发电为目的而开发的地热能，继而更具体地说明美国当前的发展现状，随后介绍了未来地热能发电的重大发展机遇，即利用增强型地热系统（EGS）进行发电，接下来继续讨论潮汐能利用的潜力，最后对本章陈述的要点进行了总结。

地热能：全球视角

美国地热能协会（GEA）对全球地热工业现状进行了全面的总结（http://geo-energy.org/events/2014%20Annual%20US%20&%20Global%20Geothermal%20Power%20Production%20Report%20Final.pdf）。截至 2014 年 1 月，全球地热发电装机容量已增长到 12.013 GW。报告总结道，如果在建项目按计划完成，那么到 2017 年，全球总容量将增至 13.45 GW。据国际能源署（IEA）（http://www.iea.org/files/ann_rep_sec/geo2010.pdf）估计，假设热能转换为电力的效率为 10%，则全球构造活跃区电力生产的技术潜力为 650 GW。其中可以用常规技术开发的资源（水源温度高于 130℃）约为 200 GW（假设转化效率仍为 10%）。而当前全球所有资源（化石能源、核能和可再生能源）的发电容量约为 5.3 TW。

图 13.1 展示了 2000 年以来全球地热工业的发展历史。目前美国的装机容量为 3.44 GW，相当于全球总量的 28.6%，位居全球第一。图 13.2 展示了地热发电装机容量排名前八的国家。菲律宾、印度尼西亚、墨西哥、意大利、新西兰、冰岛和日本的投资规模均位居前列。这些国家对地热能的利用得益于构造活跃区丰富的地热资源。目前，世界其他国家的地热投资增长率明显高于美国。主要的在

建项目国家包括印度尼西亚（425 MW）、肯尼亚（296 MW）、冰岛（260 MW）、美国（178 MW）、新西兰（166 MW）和菲律宾（110 MW）。GEA 报告表明，根据当前的趋势，印度尼西亚（可能也包括菲律宾）的地热发电装机容量在几十年内就可达到与美国相当的水平。

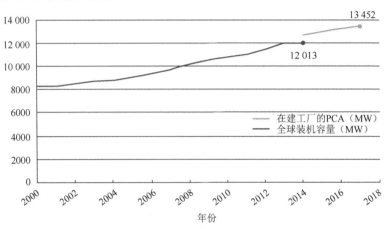

图 13.1 全球地热工业的发展历史（GEA，2014）

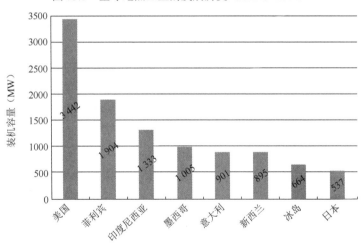

图 13.2 地热发电装机容量排名前八的国家（GEA，2014）

迄今为止，在中国的电力系统开发计划中，地热能源尚未发挥重要作用。然而，电力开发的环境正在发生变化。中央政府已经要求中国北部、中部和西南部地区的地方政府拟定地热资源未来的发展计划，建议 2015 年的装机容量应达 100 MW，到 2017 年将进一步扩大（http://www.bloomberg.com/news/2014-07-10/chinacalls-forlocal-planning-on-geothermal-energy-use.html）。

图 13.3 展示了当前地热发电的技术构成（geo-energy.org/events/2013%20 International%20Report%20Final.pdf）。通过单闪蒸和干蒸汽技术产生的发电量占当前发电总量的一半以上。如上文所述，单闪蒸方法通过降低地热水资源水面上方的气压来产生蒸汽。双闪蒸方法通过处理第一次闪蒸之后剩余的水形成二次蒸汽源。在单闪蒸、干蒸汽和双闪蒸技术实施的同时，双流系统法（即加热二级液体）的重要性日益凸显，反映出较低温度下利用水源产生电力的可能性。

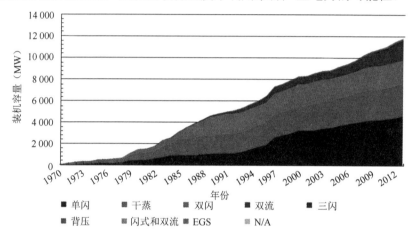

图 13.3 不同技术构成的地热发电量分析（GEA，2013a）

地热能源：美国的现状与前景

美国的地热发电厂主要集中在构造活跃的西部。截至 2013 年 2 月，美国地热能发电总装机容量达 3.386 GW，仅占全国总发电能力的很小一部分——约为三百分之一；但对一些西部州而言，特别是加利福尼亚州和内华达州，则占比较大。各州装机容量的详细情况如图 13.4（GEA，2013b）所示。加利福尼亚州以 2.732 GW 领先，其次是内华达州（517.5 MW）。考虑到在建项目和规划项目，预计未来几年内，加利福尼亚州的地热发电装机容量将增加 1 GW。内华达州的发展甚至会更加迅速，其地热能发电总装机容量预计在未来三年将翻一番（GEA，2013b）。

美国地热发电技术构成情况如图 13.5 所示（GEA，2013b）。首先，干蒸技术发电装机容量为 1585 MW，在地热发电系统中占主导地位；其次，闪蒸技术和双流系统法的装机容量分别为 997.3 MW 和 803.57 MW。正如图中指出的那样，双流系统法的装机容量增速最快，这与全球范围内的情况一致。

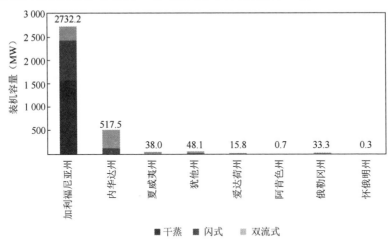

图 13.4　美国各州装机容量分布（GEA，2013b）

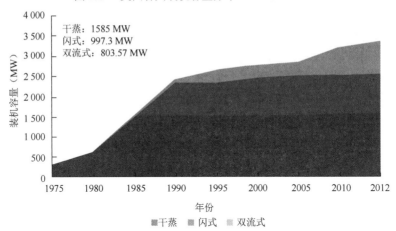

图 13.5　美国地热发电的技术构成情况分析（GEA，2013b）

增强型地热系统（EGS）

当前，大部分地热发电厂通过开采天然热储层来运行。然而，这些系统开采的能量仅占地热能源潜可用总量的一小部分：EGS 技术的应用不限于水热系统。实施 EGS 的第一步是选择合适的开发环境，这里温度应足以提供蒸汽或热水所需的能量（热）源，从而产生具有经济价值的电力，我们通常选择温度高于 150℃

的环境，并优先选择高于 200℃ 的环境。在 EGS 系统中，水由热井注入到地下，通过与高温岩石接触进行加热，随后从另外一条管道返回地面，因此该系统不需要依赖天然的水热条件。增加岩石与水的接触面积是提高传热效率的关键。为了达到这个目的，水必须自由渗流到大面积的裂隙多孔介质岩体中。如果这样的网状结构不是天然存在的，则必须借助人工方法，通过液体压裂岩体来创建合适的开采环境。爱达荷州国家实验室（INL）对未来 EGS 的研究（INL，2006）表明，为了满足电厂 100 MW 的能源需求，要改变的岩层达 5 km^3。

当前的钻探技术可使钻探深度达到 10 km 或更深（INL，2006）。图 13.6 和图 13.7 分别显示了美国大陆深度为 6.5 km 和 10 km 时的岩层温度位置函数分布图。美国西部地区的地热开发条件最为有利，这与大多数人的认知是一致的。INL（2006）提出，美国 EGS 的前期发展应集中在西部地区现有的水热系统上，这样做一方面可以利用有利的自然条件；另一方面便于接入现有的电力传输系统。该研究进一步指出，传统石油和天然气形成过程中产生的热水资源也将为 EGS 发电带来新的契机。他们认为，未来十年内，尽管研究投入相对较少，EGS 依然能够满足美国 2050 年 10% 的电力需求。在这种情况下，将来 EGS 系统生产电力的平准化成本可能会下降到 4～6 美分/千瓦时。因此，与电力生产的潜在替代能源相比，EGS 在成本上是具有竞争力的。

虽然通常情况下，水可能是未来地热应用中的传热介质，但 Brown（2000）以及 Pruess 和 Azaroual（2006）说明了利用 CO_2 来充当传热介质的优势。原理是对 CO_2 进行加压，使其以液体的形式进入流体循环系统中。该液体的温度在与地下高温岩石的接触过程中升高，其 CO_2 组分将转变为性质介于气体和液体之间的超临界状态。当压力大于 72.9 个大气压且温度高于 31.25℃ 时，这种转变将会发生，并且我们有理由相信，超临界状态下 CO_2 的传热性能或许比水更高。当高温 CO_2 沿循环路径返回到地表时，其压力下降，此时 CO_2 将进行第二次转化，变为气相，可用于驱动涡轮机发电。CO_2 高温蒸气中包含的一部分能量被用于发电，随后 CO_2 流将被加压并转化为液态，并且在有效的封闭循环回路中返回到较深的高温岩石处。当水的供应受到限制时，CO_2 可作为有效替代物进行热传输。这里所用到的 CO_2 可从邻近的煤电厂或燃气发电厂的烟囱中捕获。发电产生的 CO_2 在释放到大气中时会对全球气候系统的变化产生影响，而我们通过上述方式能够对 CO_2 进行有效利用。

中国地热能源资源丰富，主要集中于西部和西南部地区，但目前尚未实施国家层面的开发规划。幸运的是，根据美国和其他国家开发利用地热资源所获得的经验，未来这种情况可能会有所改变。

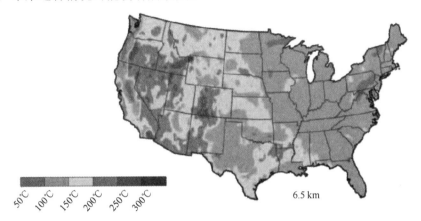

图 13.6　美国大陆深度为 6.5 km 时的温度位置函数分布图（INL，2006）

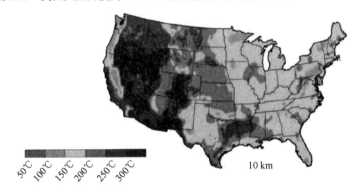

图 13.7　美国大陆深度为 10 km 时的温度位置函数分布图（INL，2006）

　　如果 INL（2006）对地热能前景的乐观预期能够实现，那么 EGS 会为未来美国电力系统的运行做出重要贡献。EGS 能够提供部分基载电力，从而减少对煤的需求。如前文所述，燃煤与核能在提供基载电力方面发挥着重要作用。此外，EGS 发电可以补偿可再生能源（如风能和太阳能）发电自身的可变性，且优势明显。因此 INL（2006）提出的关于 EGS 研究投入的建议具有合理性。

潮　汐　能

　　利用潮汐发电通常有两种方式。一种方式是当潮汐水快速流入通道狭窄的海湾时，会产生动能，直接利用这种动能即可进行电力生产，此时的发电机理与风能发电很类似。第二种方式是在潮汐循环涨潮期的水库中，通过水坝拦截形成水头，在落潮期会流回海洋，此时形成的势能可用来发电，这种方式的发电机理类似于传统的河流水力发电（见第 12 章）。

在北爱尔兰的斯特兰福德海湾口岸建造有 1.2 MW 的潮汐水流发电系统，这是第一种潮汐发电方式的典型例证。海水进入和离开海湾的速度高达 4 米/秒（接近 10 英里/小时）。潮汐运动产生的动能被用于推动水下涡轮机（额定功率为 1.2 MW）的叶片运转。涡轮叶片的旋转方向是可逆的，因此在涨潮期和落潮期都可利用动能进行电力生产。

法国布列塔尼的朗塞河上建造的水电设施是第二种潮汐发电方式的工程实例。该系统于 1966 年投入运行，输出功率峰值远大于斯特兰福德的水电设施，由 24 台涡轮机组成，装机容量达 240 MW。朗塞河水力发电系统每年产生 600 GWh 的电力，与类似规模的燃煤发电厂的产量相当，但是并没有二氧化碳排放。

全球主要的已建成和计划建设的潮汐发电厂如表 13.1 所示（http://en.wikipedia.org/wiki/List_of_tidal_power_stations）。目前确定的可运行潮汐发电总容量仅略高于 500 MW。如表 13.1 所示，由于韩国仁川在建潮汐发电厂的发电容量较高，到 2017 年，全球可用潮汐发电总容量可增至 1.8 GW。结合上述背景，中国每周要增加约 2 GW 的燃煤发电容量，以应对国内日益增长的电力需求。潮汐能目前仅占电力来源的很小一部分。虽然将来潮汐能发电水平可能会进一步提高，特别是在潮汐资源极为丰富的地区（如英国或者韩国），但在可预见的未来，潮汐能发电对实现世界零碳目标及促进可再生能源发展的贡献将十分有限。

表13.1　截至2010年8月运行或在建的潮汐发电厂

发电厂	容量（MW）	国家	运行年份
西化湖	254	韩国	2011
朗塞河	240	法国	1966
芬地湾口安纳波利斯-罗亚尔	20	加拿大	1984
江厦	3.2	中国	1980
基斯罗古布斯卡亚	1.7	俄罗斯	1968
珍岛郡	1.5	韩国	2009
斯特兰福德湾	1.2	爱尔兰	2008
仁川	818～1320	韩国	在建，2017 年开始运行

资料来源：http://en.wikipedia.org/wiki/List_of_tidal_power_stations, 2014 年 8 月 15 日

要　点

（1）地表下的温度随深度的增加平均每千米升高25℃。

（2）在构造活跃的地区温度上升最明显，尤其是美国西部和太平洋沿岸。

（3）温度随深度的增加而升高的原因有两个：一是地壳中的放射性元素在衰变过程中会释放能量；二是来自地幔和地核的热对流和热传导。

（4）在特定区域，地表水下渗与热熔岩接触，并被特定地质隔离，从而形成水热储层。

（5）水热储层钻探可提供用于地面发电的热水或蒸汽源。热水或蒸汽的获取是热储层的本质属性，除此之外，亦可通过将水从地表引入储层来产生同样的热水或蒸汽。

（6）从水热储层获取的地热能大约占美国当前发电容量的 0.33%，其中大多数（96%）位于加利福尼亚州（81%）和内华达州（15%）。

（7）美国能源部爱达荷国家实验室的一项研究表明，如果对增强型地热系统（EGS）的研究进行适度投资，那么 2050 年，地热能将为美国提供具有成本竞争优势的电力，占比将高达电力需求总量的 10%。

（8）EGS 技术通过管道将水输入天然的或由人工压裂的热岩层，使水和热岩石之间充分接触，从而提高水的温度，使之能够产生具有经济竞争力的电力。

（9）EGS 的应用不仅仅局限于水热储层，因此地热能的发电潜力将大幅提升。在美国和全球范围内，地热资源对未来电力需求将做出重要贡献。

（10）未来经济环保地开发潮汐能的发电潜力具有较大局限性。尽管特定地区的发展前景较为乐观，但未来潮汐发电占全球总发电量的比例仍将较低。

参 考 文 献

Geothermal Energy Association (GEA). 2013a. *2013 annual US geothermal power production and development report*. Washington, D.C.: Geothermal Energy Association.

Geothermal Energy Association (GEA). 2013b. *2013 geothermal power: International market overview*. Washington, D.C: Geothermal Energy Association.

Geothermal Energy Association (GEA). 2014. *2014 annual U.S. and global geothermal power production report*. Washington, DC: Geothermal Energy Association.

Idaho National Laboratory (INL). 2006. *The future of geothermal energy impact of enhanced geo-thermal systems (EGS) on the United States in the 21st century*. Idaho Falls, ID: Idaho National Laboratory.

14 生物质：交通运输中石油的替代燃料

如第 3 章所述,美国的交通运输领域排放的 CO_2 约为碳排放总量的三分之一。尽管这一比例在中国相对较低,但中国交通运输业的 CO_2 排放量却呈现显著增长的趋势。不论在中国还是美国,汽油以及柴油等燃料油的燃烧都是交通运输中 CO_2 的主要排放源。因此,关于减少 CO_2 排放总量的政策一定要体现减少交通运输中燃料油的使用。这一目标可通过以下几种途径完成:①减少对交通运输服务的需求;②提高交通运输的能源效率;③构建新的能源系统来降低对高碳能源的依赖。假定中国和美国的经济都保持持续增长,则第一种途径很难实现,尤其是对于经济高速增长的中国。通过采取逐渐严格的企业平均燃油经济性(CAFE)标准,第二种途径在美国取得了显著的成效。鉴于汽车/卡车行业的全球性,CAFE 标准实现的技术进步可能在中国和其他国家得到推广应用。本章主要讨论的是用生物质燃料替代燃油是否有助于显著减少来自中美两国交通运输行业的 CO_2 排放量,甚至是来自全球交通运输的 CO_2 排放量。其中主要问题是以植物为原料制备的生物质乙醇是否可以替代汽油,以及其他动植物生物质燃料是否可以用于减少对柴油的需求。此外,本章还将从整个生命周期角度探讨生物质替代燃料、减少 CO_2 净排放,是否可以达到可接受的社会与经济成本。

使用乙醇作为发动机燃料已经有了很长的历史。Nicolas Otto 为内燃机的发明做出了巨大贡献,他 1860 年左右发明的汽车也选用乙醇作为动力能源。Henry Ford 在 1896 年设计了他的第一辆四轮汽车,并使用纯乙醇作为能源。虽然从 20 世纪 20 年代开始,汽油成为主要的汽车燃料,但是在 20 世纪 30 年代美国中西部仍有超过 2000 个加油站销售混有 6%~12%乙醇的汽油。此后燃料乙醇的使用出现下滑,但在 20 世纪 70 年代的巴西和 80 年代的美国又迎来复苏。巴西与美国鼓励使用燃料乙醇并不是为了减少 CO_2 的排放,而是为了应对 20 世纪 70 年代的石油危机导致的国际原油价格波动。特别是美国,在越来越依赖进口石油以满足其日渐增长的需求时,也开始更加关注石油进口的可靠性。美国制备燃料乙醇的主要原料是玉米,而巴西乙醇生产的主要原料是甘蔗。

本章首先介绍玉米乙醇和纤维素乙醇的现状及未来前景,然后讨论甘蔗乙醇,接着分析生物柴油的前景,最后总结本章要点。

玉 米 乙 醇

2013 年美国利用玉米生产了约 133 亿加仑的乙醇，虽然产量相对于 2011 年的 139.3 亿加仑出现下降，但较 2000 年的产量增长了 800% 以上。2012 年美国玉米乙醇产量下降是由于美国玉米产区遭受了严重的干旱，玉米产量从 2011 年的 109.9 亿蒲式耳减少到 2012 年的 104 亿蒲式耳（1 蒲式耳由 25.4 千克或 56 磅含水量约 15% 的谷粒组成，含有大约 78 800 颗玉米）。表 14.1 总结了美国近年来乙醇生产和消费以及进出口差额的数据记录。

表14.1 美国乙醇生产、消费和进出口差额（单位：十亿加仑）

年份	产量	净进口	库存变化	消费量
1990	0.75	缺失	缺失	0.75
2000	1.62	1.62	-0.03	1.65
2007	6.52	0.44	0.07	6.89
2008	9.31	0.53	0.16	9.68
2009	10.94	0.2	0.1	11.04
2010	13.30	-0.38	0.06	12.86
2011	13.93	-1.02	0.01	12.89
2012	13.30	-0.25	0.10	12.95
2013	13.31	-0.32	-0.18	13.18

资料来源：US EIA.http://www.eia.gov/tools/faqs/faq.cfm?id=90&t=4

2005 年美国通过《能源政策法案》颁布了可再生燃料标准（RFS），并经 2007 年的《能源独立和安全法案》进行了补充和扩展。该标准要求将可再生燃料与常规交通运输燃料混合使用，并计划到 2022 年将可再生燃料年使用量增加至 360 亿加仑，而美国目前每年消耗大约 1300 亿加仑的汽油以及 500 亿加仑的柴油。该计划通过由美国环境保护局（EPA）监督的可再生燃料识别码（RINs）进行管理。RINs 是在可再生燃料生产或进口时注册的，用于度量使用特定可再生燃料带来的温室气体减排量。RINs 可以在任何特定年份进行交易或存储，以应对未来混合可再生能源的短缺。例如，由于 2012 年国内乙醇产量下降，美国的炼油行业未能满足当年的规定要求，但它们能够通过从巴西进口甘蔗乙醇或兑现前几年储存的 RINs 来补偿。

20 世纪 70 年代以来美国乙醇工业的快速发展得到了税收补贴的支持：从起

初每加仑混合乙醇汽油补贴 40 美分，到 1984 年达到每加仑 60 美分，最近降至每加仑 45 美分。据估计，2011 年该补贴政策导致美国国家税收损失高达 60 亿美元。另外，美国也通过对每加仑进口乙醇征收 54 美分的关税支持国内乙醇工业。美国国会在 2011 年年底取消了补贴和关税支持，作为减少联邦赤字措施的一部分。然而令人意外的是，美国国内乙醇工业对这项举措却几乎没有反对意见。纽约时报（http://www.nytimes.com/2012/01/02/business/energy-environment/afterthree-decades-federal-tax-credit-for-ethanol-expires.html）在报道中引用了可再生燃料协会（即美国可再生燃料工业行业贸易协会）发言人 Matthew A. Hartwig 的话："我们可能是美国历史上唯一一个自愿让补贴失效的行业。市场已经发生了巨大变化，和两年前相比，税收补贴已经不再那么必要了。"但如果国会选择同时废除可再生燃料的强制用量法案，Hartwig 的反应可能会截然不同。正是这项法案保证了至少在不久的将来美国国内乙醇工业仍会保持持续繁荣。

乙醇是一种醇类化合物，这类物质分子的特征是烃主链与—OH 基团的键合。例如，乙醇（CH_3CH_2OH）等价于乙烷（CH_3CH_3）的一个氢原子被—OH 取代。如果你饮用啤酒、葡萄酒或烈酒，乙醇就是这些酒精饮品中给人带来冲头感的主要成分。乙醇在室温下为液体，沸点为 78℃。1 加仑乙醇的能量约为 1 加仑汽油的 2/3（分别为 76 000 BTU 和 115 000 BTU）。这意味着在提供相同能量的前提下，替换 1 加仑汽油大约需要 1.5 加仑的乙醇（请注意加仑是体积单位而非能量单位）。

截至 2014 年 9 月 5 日，美国汽油和乙醇每加仑的批发价格分别为 2.87 美元和 2.01 美元。在提供能量相等的基础上，乙醇价格略高于汽油。二者价格波动受不同市场力量的影响：汽油的价格受到原油价格的影响，而乙醇的价格受到玉米价格的影响。过去 31 年中，汽油、乙醇和玉米的价格走势如图 14.1 所示。乙醇和汽油之间的能量成本差距已经逐渐缩小，而这一趋势是否会在未来持续在很大程度上取决于原油和玉米价格的未来走向。由于控制这两种商品价格的基本市场驱动力不同，因此难以预测这一趋势将如何发展。

玉米生产乙醇的第一步是将淀粉与玉米中其他组分分离，淀粉[$(C_6H_{10}O_5)_n$]占玉米粒总质量的 60% 以上。随后淀粉通过水解[每一个淀粉结构单元（$C_6H_{10}O_5$）与一分子水结合]产生葡萄糖（$C_6H_{12}O_6$），葡萄糖通过微生物的发酵作用转化为乙醇，其中一分子葡萄糖发酵后产生两分子的乙醇和两分子的 CO_2。生产过程中初始发酵产物为含有约 8% 乙醇的乙醇/水混合物，随后需要进行三步精馏，将其转化为浓度为 95% 的乙醇，并进一步处理形成纯度为 99.5% 的乙醇。乙醇产品在运输前需加入 5% 的汽油进行变性处理，使其不适于饮用。否则，该产品将被视为酒精饮品，而面临较高税率。在爱荷华州目前的生产条件下，每蒲式耳玉米约可制备 2.8 加仑乙醇（http://www.ams.usda.gov/mnreports/nw_gr212.txt）以及 15～17 磅可作为动物饲料销售的副产品。

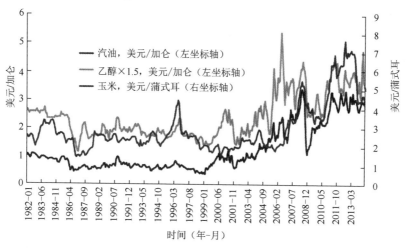

图 14.1　美国玉米、乙醇和汽油的历史批发价格

如图所示，每加仑乙醇价格乘以系数 1.5，以便在提供相等能量的意义下表达汽油和乙醇价格。玉米价格数据来自 http://www.farmdoc.illinois.edu/manage/ uspricehistory/us_price_history.html；乙醇价格和汽油价格数据来自 http://www.neo. ne.gov/statshtml/66.html

　　利用玉米生产乙醇属于能源密集型产业。整个生产过程中大约 30% 的能量用于播种、栽培和收获玉米（本书中不考虑玉米生长过程中直接吸收的太阳辐射能量），以及将玉米转化为乙醇的平衡过程和随后的乙醇燃料配送过程。许多研究人员（Shapouri and McAloon,2004; Pimentel and Patzek,2005; Farrell et al.,2006）试图确定玉米/乙醇生产的总能量平衡，以研究生产乙醇消耗的能量及从原料转移到产品中的能量。Farrell 等（2006）研究认为该平衡为正向的，也就是说乙醇燃料中的能量要比其生产过程中消耗的能量高出 20%～30%。他们通过自己建立的"今日乙醇"（Ethanol Today）模型计算得出，美国在乙醇生产中消耗的化石能源大部分为煤（51%）和天然气（38%），而石油的比例仅为 6%。

　　玉米生产乙醇工艺中化石燃料的消耗会导致 CO_2 的排放，而在玉米种植过程中氮肥的使用会导致另一种温室气体一氧化二氮（N_2O）的排放，每个一氧化二氮分子的温室效应是二氧化碳分子的 296 倍 [Intergovernmental Panel on Climate Change（IPCC），2001]。Farrell 等（2006）认为，如果同时考虑 CO_2 和 N_2O 的排放，在美国目前的玉米种植和乙醇工业生产条件下，利用玉米乙醇代替汽油对减缓全球气候变化的作用十分有限。根据"今日乙醇"（Ethanol Today）模型的计算结果，温室气体排放量仅能减少 13%。

　　美国是目前世界上最大的玉米生产国，每年约 20% 的玉米生产用于出口，并为该国提供近 130 亿美元的贸易顺差。动物饲料和乙醇生产占美国国内的大部分玉米消费，另有少部分供人类使用。美国动物养殖（牛、猪和家禽）谷物饲料的90% 以上为玉米制品；人类使用的玉米产品包括烹饪中使用的玉米油、软饮料工业中使用的各种甜味剂和人造黄油；而大约 40% 的玉米被用来生产乙醇。

　　如图 14.2 所示，在过去 30 年中美国玉米产量增长了 1 倍多，其中大部分增长是由乙醇生产需求驱动的。如图 14.1 所示，美国政府对乙醇燃料的支持不仅极大地促进了玉米生产，而且也在很大程度上推动了玉米价格的上涨。

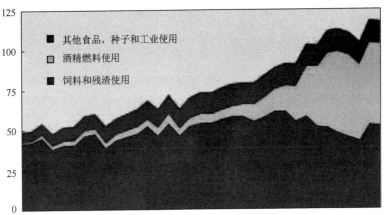

图 14.2　美国农业部关于美国玉米消费趋势的报告

资料来源：http://www.ers.usda.gov/topics/crops/corn/background.aspx#.VBIRcc2Pae

　　玉米价格上涨对美国以及全球范围内的各种粮食储备的可负担性具有广泛影响。例如，如图 14.1 所示，玉米价格在 2007 年从 2 美元/蒲式耳增加到 5 美元/蒲式耳，增长了 1 倍多，然后在 2009 年的后经济衰退时期回落至约 3 美元/蒲式耳，并在 2012 年再次升至超过 7 美元/蒲式耳。在 2012 年 4 月《福布斯》杂志发表的一篇文章中，James Conca 评论了 2007 年由乙醇生产驱动的玉米价格上涨带来的影响。他在《板上钉钉：玉米乙醇毫无用处》这一具有煽动性标题的文章中（http://www.forbes.com/sites/jamesconca/2014/04/20/its-final-corn-ethanol-is-of-nouse/?&_suid=14105561380880682219246403829）写道：

> "2007 年，美国乙醇生产急剧增长，导致全球玉米价格翻了一番。由于玉米是最常见的动物饲料，并在食品工业中有许多其他用途，导致牛奶、奶酪、鸡蛋、肉类、玉米基甜味剂和谷物的价格也随之升高。世界粮食储备减少到不足两个月，达到 30 多年来的最低水平。"

Conca 强调，鉴于 2005 年和 2007 年颁布的法案要求在未来 8 年内将可再生燃料产量增加 1 倍以上，玉米价格上涨带来的影响在未来会越来越严重。

2006～2011 年，美国种植玉米的农田增加了 1300 多万英亩，达到现有接近 1 亿英亩的水平。而同期种植小麦、燕麦和高粱的耕地面积分别减少了 290 万英亩、170 万英亩和 100 万英亩。玉米扩张种植的面积大部分是以牺牲草原为代价的，这些区域显然不太适合玉米生产，因此需要大量的灌溉和更高的施肥量。扩大玉米种植面积的目的是满足可再生燃料生产的要求，该法案旨在解决美国对进口原油日渐依赖的问题。但鉴于油页岩资源开发导致的国内石油和天然气产量增加，以及该法案本身在粮食价格方面产生的不良后果，也许是时候废除这项法案了。2013 年 12 月，民主党参议员 Diane Feinstein 和共和党参议员 Tom Coburn 在 8 位同事的支持下向美国参议院提交的议案本可以实现这一目标，而农业游说团体极力地反对这一议案，这一点并不令人感到意外。

纤维素乙醇

如前所述，玉米乙醇扩大生产中的主要问题是玉米用作燃料原料与用作粮食和动物饲料之间的竞争。然而如果乙醇由植物纤维素生产而不是由玉米生产，则可以消除这一矛盾。

由葡萄糖分子长链组成的纤维素是生物圈中最丰富的组分，它与木质素是组成树和草等植物结构的基本成分，例如树木的躯干和枝叶。纤维素不能被人或大多数动物直接消化。然而，反刍动物（牛、绵羊和山羊）能够以纤维素为食物，并通过存在于胃（瘤胃）中的共生细菌消化纤维素。进入瘤胃的植物纤维素被细菌加工和分解，为动物宿主和细菌自身提供营养。这种双方都会受益的现象正是共生关系的特点。

从可发酵生产乙醇的纤维素中提取糖类需要进行以下几步：首先，纤维素必须与木质素分离，此操作首选的方法是首先将植物原料破碎成较小的单元，即粒径不超过几毫米的颗粒，然后将粒料置于高温（高于230℃）的稀酸或低温（100℃）的浓酸中，这些粒料较大的比表面积能够促进纤维素在酸中的分离。接下来需要对纤维素进一步加工以释放可发酵的糖。当前研究的一个关键问题是找到一种经济可行的手段实现这一目标，McElroy（2010）总结了几种具有可行性的方法。

如果美国选择纤维素作为乙醇制备的主要来源，柳枝稷这种原产于北美大草原的多年生植物可以提供生产所需的纤维素（多年生是指收割后植物可重新生长，而不需要重新种植）。由于柳枝稷是原生植物，因此具有较强的抗虫性。此外，其对肥料（特别是氮肥）的需求量远少于玉米，仅为后者的1/3～1/2（NRDC,2004；Pimentel and Patzek,2005）。因此，种植柳枝稷消耗的化石能源显著少于玉米种植。Farrell 等（2006）报道，以柳枝稷为原料生产纤维素的温室气体排放量相应降低83%左右。考虑到纤维素材料密度较低，因此与运输玉米相比，运输纤维素原料至加工厂需要消耗更多的化石燃料。但由于没有相关加工技术的详细信息，因此难以预测纤维素乙醇生产的复合能量效率和对温室气体排放的总体影响。未来纤维素原料的供给还有可能包括速生的杨树和柳树、剩余废弃物（如废纸和锯屑）以及具有较低经济价值的农作物（Lave et al.,2001；NRDC,2004）。

美国有三家工厂在纤维素生产乙醇技术方面处于领先地位，其中一家在堪萨斯州的雨果顿（Hugoton），另外两家在爱荷华州。雨果顿的工厂由西班牙公司Abengua 拥有和经营；爱荷华州的两家工厂分别由美国 POET-DSM 先进生物燃料有限公司和 DuPont 公司拥有和经营。雨果顿的乙醇工厂得到了美国能源部（DOE）1.324 亿美元担保贷款的支持。爱荷华州 Emmetsburg 的 POET-DSM 工厂于 2014年 9 月 3 日投入生产，也得到了美国能源部 1 亿美元担保贷款的支持，加上爱荷华州（2000 万美元）和美国农业部（260 万美元）的资助，其支持款项共计 1.226亿美元。这些工厂每年能够各自生产超过 2500 万加仑的乙醇，加工约 35 万吨玉米秸秆等生物质。与之比较，2013 年美国 200 多家玉米乙醇工厂生产的乙醇量为133 亿加仑。

2007 年《能源独立和安全法案》（EISA）对可再生燃料标准（RFS）进行规定，要求在 2012 年生产 5 亿加仑的纤维素乙醇，并在 2022 年达到 160 亿加仑。目前该法案中对各年份生物乙醇产量要求的详细情况如图 14.3 所示。2011 年 12月，尽管纤维素乙醇产业发展迅速，但由于其总产量未能达到 EISA 设定的目标，美国环境保护局（EPA）将纤维素乙醇的次年生产目标降低至 1045 万加仑。美国哥伦比亚特区联邦巡回上诉法院于 2013 年 1 月撤销了 EPA 对 2012 年产量的要求。2013 年 2 月 28 日，EPA 取消了 2012 年纤维素乙醇的生产目标。2013 年纤维素乙醇的最初生产目标设定为 10 亿加仑，然而随后 EPA 将这一目标修改为 1400 万加仑。与此同时，EPA 对玉米基乙醇生产设置了 150 亿加仑的上限，并从 2015 年开始生效，但同时要求保持 EISA 制定的总体目标——到 2022 年每年生产 360 亿加仑的可再生燃料。

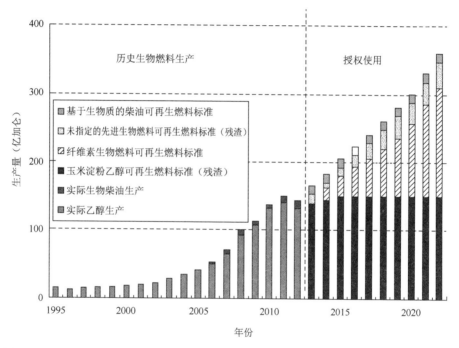

图 14.3　自 1995 年以来可再生燃料标准（RFS2）与美国生物燃料生产对比（Schnepf and Yacobucci, 2013）

纤维素乙醇的发展前景并不乐观。如当前的可再生燃料标准（RFS）规划，到 2022 年，纤维素乙醇年产量应升至约 160 亿加仑，略高于现在玉米乙醇的生产目标。尽管政府提供了足够的补贴，但纤维素乙醇工业仍未能实现 2007 年 EISA 规定的目标，因此 EPA 可能需要进一步降低原法案中要求的生产目标。由 EISA 立法规定的可再生燃料的生产目标不可避免地成为影响各种可再生燃料的成本和生产的一股扭曲的市场力量。另一方面，甲基叔丁基醚（MBTE）被作为汽油抗爆添加剂而广泛使用，但由于其对地下水持续的致癌性污染，正在被逐步淘汰。

而乙醇可以代替 MBTE 作为一种环境友好型汽油抗爆添加剂进行使用，因此有理由认为应鼓励至少一定产量的乙醇生产。然而，目前玉米乙醇的产量水平足以达到这一目标。本书观点如下：纤维素乙醇的发展应该由产品在不考虑补贴的情形下与其他生物质乙醇（包括玉米乙醇和甘蔗乙醇，后者在下文进行讨论）之间的价格竞争能力决定，但应至少在一定程度上重视纤维素乙醇在减少温室气体净排放方面的潜力。

甘 蔗 乙 醇

巴西在乙醇生产方面仅落后于美国，位列世界第二。玉米是美国生产乙醇的主要原料，而巴西制备乙醇的主要原料是甘蔗。中国作为世界第三大乙醇生产国，主要使用木薯、甘薯和高粱等非粮食作物作为乙醇燃料生产的原料。如前所述，2013 年美国生产乙醇 133 亿加仑，巴西排名第二，产量为 74 亿加仑，之后是中国（61 亿加仑）、欧盟（13 亿加仑）、印度（5.45 亿加仑）和加拿大（5.23 亿加仑），世界其他地区共生产 7.27 亿加仑乙醇。

2011～2012 年间巴西的乙醇生产出现停滞，这是由农作物收成不佳和政府人为降低汽油价格的政策导致的。自颁布本国销售的汽油需添加最低 25%（E25）乙醇的政策后，巴西乙醇产量得到恢复。

巴西促进乙醇生产和使用的计划始于 20 世纪 70 年代，该计划在当时军政府的主持下进行。其目的与美国 21 世纪前十年采取的鼓励政策一样，都是为了避免国际市场上原油价格和供应的不稳定性对本国的影响。1970 年，巴西政府要求国内销售的所有汽油应混合 10%乙醇（E10），这一比例随后增加到 20%，最近增加至 25%。混合燃料汽车在 20 世纪 70 年代末被引入巴西，这类汽车是指能够以乙醇或者汽油为动力的汽车以及能够以混合乙醇汽油为动力的汽车。现在，巴西所有非柴油车辆中有 80%以上是混合燃料汽车。

从能量角度计算，蔗糖约占甘蔗光合产物的 30%，这一比例包括了甘蔗叶和蔗渣（即含有蔗糖的纤维组分）。在巴西，甘蔗收获后被分别运输到分布在该国甘蔗产区的数百个生物乙醇厂，其中大部分工厂集中在圣保罗以南和巴西东北部。首先，甘蔗由一系列辊子压碎，并提取水和蔗糖的混合汁液。通过加热甘蔗汁使水蒸发便可得到蔗糖，蔗糖经发酵即可转化为乙醇，这一发酵过程与玉米糖分的处理工艺类似。蔗糖与甘蔗分离后，残留的甘蔗渣进行燃烧可提供甘蔗汁加热蒸发所需的能量，并且为随后蔗糖的发酵和乙醇的浓缩提供燃料。通过燃烧剩余的甘蔗渣用以产生蒸汽驱动常规涡轮发电机，产生的电量不仅可以满足乙醇工厂电力需求，还可以将剩余电量输送到电网。虽然氮肥的制备、甘蔗的收获和运输都需要消耗化石燃料，但在交通运输中用甘蔗乙醇代替汽油所带来的温室气体减排量足以抵消上述所有过程排放的温室气体总和。总而言之，巴西的甘蔗乙醇生产计划在提高能源利用效率方面和温室气体减排方面都起到了积极作用。

生 物 柴 油

植物油脂是当前生物柴油的主要原料，包括大豆、油菜籽、加拿大菜籽、棕榈、棉籽、向日葵和花生，动物脂肪和回收油脂（废弃食用油）也可制成生物柴油。植物油脂和动物脂肪的主要成分是甘油三酯及其衍生物。生产生物柴油的第一步是植物油脂或动物油脂与醇（甲醇或乙醇）的酯交换反应，反应产物为甘油和酯的混合物，除去甘油得到的酯就是生物柴油的主要成分。

生物柴油是一种长链碳氢化合物。它与石油基柴油的主要区别在于其烃链一端存在酯基官能团。酯基的结构如图 14.4 所示，即烃链一端的碳原子与一个氧原子以双键结合，并与第二个氧原子以单键结合。

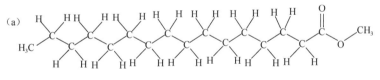

图 14.4　典型的生物柴油（a）和石油基柴油分子的结构（b）

资料来源：http://www.goshen.edu/chemistry/biodiesel/chemistry-of/

如表 14.2 所示，2013 年美国生产生物柴油 13 亿加仑，产量位列世界第一。德国排名第二，产量为 8.2 亿加仑，之后是巴西（7.7 亿加仑）和阿根廷（6.1 亿加仑）。2013 年，美国生物柴油产量占全球产量的 21%。而欧洲的生物柴油产量占全球总量的 32%，这是由于欧洲的柴油汽车比美国更加普及。

表14.2　2013年各个国家生物柴油产量

排名	国家	产量（百万加仑）
1	美国	1268
2	德国	819
3	巴西	766
4	阿根廷	608
5	印度尼西亚	528
6	法国	528
7	泰国	291
8	新加坡	246
9	波兰	238
10	哥伦比亚	159
11	荷兰	106
12	澳大利亚	106
13	比利时	106
14	西班牙	79
15	加拿大	53
16	中国	53

　　2013年，美国生物柴油的产量较2012年增长了35%，部分原因是混合使用生物柴油可享受1.00美元/加仑税费减免的政策将于2013年12月31日到期。另一个原因是RFS对生物柴油的产量要求进行了调整，从2012年的年产量10亿加仑增加到2013年的12.8亿加仑。美国从2012年的生物柴油净出口国转变为2013年的净进口国，其生物柴油进口的一个重要来源是阿根廷，这是由于2013年欧盟对自阿根廷进口的生物柴油征收反倾销税，导致阿根廷不得不减少对欧洲的出口。由于生物柴油税收减免政策被取消、大豆原料产量不足与预期价格上涨、国内生物柴油生产能力有限等原因，美国能源信息署（EIA）表示，美国未来可能会越来越依靠进口生物柴油以满足相关法案的要求（http://www.eia.gov/todayinenergy/detail.cfm?id=16111）。

　　虽然生物柴油的氮氧化物排放略高于石油基柴油，但其在碳氢化合物、一氧化碳（CO）、硫酸盐和颗粒物排放方面均优于后者。此外，每加仑生物柴油所含能量高于乙醇。因此有理由认为应当鼓励至少一定产量的生物柴油生产，特别是那些有助于减少温室气体净排放的生物质柴油。值得注意的是，利用废水处理设施培养的富油藻类是一种潜在的环境友好型生物柴油原料。另一方面，从棕榈植物中提取油脂可能会带来隐患，因为种植棕榈树可能会破坏大量碳储量巨大的热带森林，而热带森林也具有保护地球生物多样性的重要作用。因此对生物柴油的整个生产过程需要进行详细的生命周期分析，包括作物栽培和收获、原料向燃料的转化、产品最终进入市场销售等各个环节。

现在，或许是时候取消美国由 RFS 规定的生物燃料生产目标以及欧洲的类似法案了。目前的首要目标应当是减少交通运输中温室气体排放对气候系统的影响，而这一目标可以通过更好更有效的方法实现。

要　　点

（1）2007 年《能源独立和安全法案》对 2005 年《能源政策法案》进行了补充和扩展，为美国未来可再生燃料的生产和消费制定了较高的标准。该法案要求到 2022 年生产 360 亿加仑生物燃料，相当于当前汽油与柴油消费量总和的 20%。

（2）EPA 负责设定各类生物燃料的年产量要求，并在减少温室气体排放的总体目标下，考虑现有市场的条件，必要时调整要求。

（3）美国主要的可再生燃料是利用玉米生产的乙醇，其在 2013 年的产量为 133 亿加仑。同时，玉米也可以作为人类和动物的食物来源。乙醇燃料的生产需求导致玉米价格上涨，同时影响了其他农产品的供应和价格。为应对这一现象，EPA 规定未来每年玉米乙醇生产上限为 150 亿加仑。

（4）美国的可再生燃料标准（RFS）要求到 2012 年利用不可食用的植物纤维素生产 5 亿加仑的乙醇，到 2022 年产量达到 160 亿加仑。但随后 2013 年的产量要求被降至 1400 万加仑。纤维素乙醇生产的长期目标已经不太可能实现，而且有必要进一步降低未来的生产目标。

（5）2013 年巴西利用甘蔗生产 74 亿加仑的乙醇，其乙醇总产量仅次于主要利用玉米生产乙醇的美国，位居世界第二。巴西的甘蔗乙醇生产极大地减少了温室气体排放。另一方面，巴西的食用糖生产与乙醇制备对共同原料甘蔗的竞争日趋激烈。由于巴西是全球食用糖主要生产国，因此巴西对乙醇生产的重视对于全球食用糖的供应及价格都有较大影响，这进一步表明了粮食作物的燃料属性与食品属性之间的矛盾。中国于 2013 年成为世界第三大乙醇生产国，主要生产原料是木薯、甘薯和高粱等非粮作物。

（6）2013 年，全球利用植物油脂和动物脂肪生产 62 亿加仑生物柴油，其中美国产量占全球生产总量的 21%。欧洲对柴油的需求量较高，其产量占同年全球生物柴油总消费量的 32%。值得关注的是使用棕榈油生产生物柴油可能会使棕榈种植园扩展到热带森林地区，大量释放储存在这些环境中的碳，对气候产生不利影响。

（7）现在或许是时候取消 RFS 在美国规定的生物燃料生产目标和欧洲类似的法案了，因为可能有更好和更有效的方法来减少交通运输中温室气体的排放。

参 考 文 献

Farrell, Alexander E., R. J. Plevin, B. T. Turner, A. D. Jones, M. O'Hare, and D. M. Kammen. 2006. Ethanol can contribute to energy and environmental goals. *Science* 311: 506–508.

IPCC. 2001. The Intergovernmental Panel on Climate Change. *Climate change 2001: The scientific basis*. Contribution of Working Group 1 to the Third Assessment. Cambridge: Cambridge University Press.

Lave, L. B., W. M. Griffin, and H. Maclean. 2001. The ethanol answer to carbon emissions. *Science and Technology*. http:// bob.nap.edu?issues/ 18.2/ lave.html.

McElroy, M. B. 2010. *Energy perspectives, problems, and prospects*. New York: Oxford University Press.

National Resources Defense Council (NRDC). 2004. *Growing energy: How biofuels can help end America's oil dependence*. http:// www.nrdc.org/ air/ energy/ biofuels.pdf.

Pimentel, D., and T. W. Patzek. 2005. Ethanol production using corn, switchgrass, and wood: Biodiesel production using soybean and sunflower. *Natural Resources Research* 14, no.1, 65–76.

Schnepf, R., and B. D. Yacobucci. 2013. *Renewable fuel standard (RFS): Overview and issues*. Washington, D.C.: Congressional Research Service.

Shapouri, H., and A. McAloon. 2004. *The 2001 net energy balance of corn ethanol*. Washington, D.C.: U.S. Department of Agriculture. Also available at www.usda.gov/ oce/ oepnu.

15 限制美国和中国的排放：北京协议

2014 年 11 月 11 日美国总统奥巴马和中国国家主席习近平在北京达成重要协议，宣布中美两国将控制温室气体排放量。奥巴马承诺，到 2025 年美国碳排放量将比 2005 年下降 26%～28%；而在 2009 年，美国宣布的减排目标为到 2020 年碳排放量比 2005 年下降 17%，相比之下新近宣布的这一目标更为严格。为达成 2009 年宣布的目标，美国的排放量在 2005～2020 年间需要以年均 1.2% 的速度下降；而 2014 年达成的北京协议则要求进一步加快减排进程（至少要在最后几年提高减排速度），即在 2020～2025 年间平均每年降低 2.3%～2.8%。美国在 2009 年哥本哈根气候变化峰会上宣布了其长期的气候政策，目标是到 2050 年碳排放量比 2005 年下降 83%。

习近平主席在北京协议中承诺，中国将于 2030 年达到碳排放峰值，并将努力早日达峰；到 2030 年，非化石能源占中国一次能源总消费量的比例将达到 20%。白宫发布的关于北京协议的简报（https://www.whitehouse.gov/the-press-office/2014/11/11/fact-sheet-us-china-joint-announcement-climate-change-and-clean-energy-c，2014 年 11 月 12 日）指出，习近平主席提出的减排承诺意味着"在 2030 年之前中国将新增 800～1000 GW 的核能、风能、太阳能及其他零排放的电力来源——这一数字超过目前中国所有燃煤电厂的总装机容量，并接近美国目前的总发电容量"。

如今的关键问题是中美两国能否实现两国领导人提出的宏伟目标。美国面临的挑战可能更加严峻，因为奥巴马总统影响政策制定的能力很大程度上受限于最高法院的法律裁定，而最高法院则宣称《清洁空气法案》及其相关机构即可管理与气候变化有关的排放行为。奥巴马将于 2017 年 1 月离职；而 2015 年 1 月组建的新一任国会中，共和党在众议院和参议院内均占多数席位，他们对气候变化议题的关注度相对较低，并试图终止奥巴马已经采取或在未来可能采取的限制排放的行动方案。但是他们很难获得成功，因为总统拥有否决权并可以否决任何与政府政策对立的立法，而国会也不能通过投票来推翻这一否决。问题在于奥巴马离职后，新上任的总统及其管理团队和新一届国会很可能在气候议题的重要性方面持不同观点。在这种情况下，奥巴马做出的承诺能否实现？答案不得而知。中国的情况则有所不同，2014 年年末习近平主席正处于第一个五年任期的初期，而且还有可能连任下一个五年任期。另外，与权力较分散的美国政府相比，他领导的中国政府显然具有更强的行政权力。从这方面来说，中国比美国更有可能实现北京协议中提出的承诺。

本章重点介绍了北京协议对于中美两国近期和中期能源政策的影响，最后总结了要点。

北京协议：对美国的挑战

如前文所述（详见第 3 章），2013 年美国交通运输部门和电力部门的 CO_2 排放量占美国 CO_2 总排放量的 72%，占比分别为 34% 和 38%。图 15.1 展示了电力和交通运输部门的历史排放数据，并且展示了到 2025 年需要达到的目标排放量（假定这两个部门的减排趋势能够反映温室气体总量的预期减少趋势）。图 15.2 展示了煤、石油和天然气等化石能源使用带来的 CO_2 排放情况。其中石油和煤导致的 CO_2 排放量均在 2005 年达到峰值，分别为 26.23 亿吨/年和 21.82 亿吨/年，到 2013 年分别下降为 22.40 亿吨/年和 17.22 亿吨/年。天然气导致的 CO_2 排放量在 2005 年为 11.83 亿吨，到 2013 年增加到了 13.99 亿吨。从 2005 年到 2013 年，由于交通运输部门减少了石油使用量，电力部门减少了煤炭使用量，CO_2 排放量减少了 10.5%。

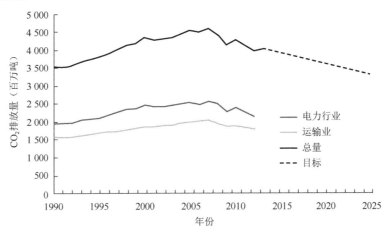

图 15.1　美国电力和交通运输部门排放的历史数据，虚线表示为达到 2025 年排放目标需要实现的减排趋势，假设这些部门的减排趋势反映了以化石燃料为基础的整个经济的预期减排趋势

资料来源：US EIA

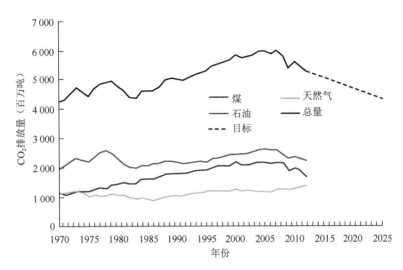

图 15.2 美国 1970～2012 年煤、石油和天然气等化石能源使用带来的 CO_2 排放情况

虚线表示为达到 2025 年排放目标需要实现的减排趋势

一系列因素导致了美国石油使用量的减少，最主要的原因包括行驶里程的下降以及高效节能车数量的增加。由于近年来页岩气产量快速增长，天然气价格显著降低，发电部门用天然气替代煤炭作为燃料来源，使得煤炭使用量大幅度下降（同时这一时期电力需求量相对稳定）。

图 15.3 展示了过去 33 年（即 1980～2012 年）美国轻型载货汽车行驶英里数的变化趋势。图中还展示了这一时期石油价格的变化情况。由图 15.3 可知，行驶英里数与油价之间存在较明确的关联。2004 年美国的平均汽油价格第一次超过了 2 美元/加仑的心理关口，大致在同一年行驶英里数也达到峰值。2008 年早期即经济衰退开始前不久，汽油价格超过了 3 美元/加仑。经过短暂的下降后，油价再次上升并超过 3 美元/加仑，在 2011 年达到了 3.5 美元/加仑。

当然，汽车行驶里程不是决定交通运输部门碳排放量的唯一因素，能源效率也同样重要，即车辆使用一定数量的燃料所能行驶的平均里程。为了应对第一次石油危机，美国国会于 1975 年立法规定了"企业平均燃油经济性标准"（CAFE），以鼓励汽车和卡车制造商提高其出售车辆的燃料效率。图 15.4 展示了近几十年 CAFE 标准的变化趋势以及到 2025 年的预期变化情况。

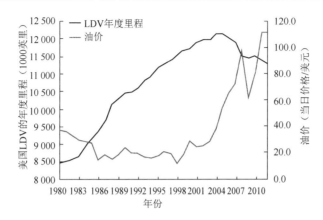

图 15.3 美国轻型载货汽车（LDV）过去 33 年（1980～2012 年）行驶里程变化趋势与油价变化情况（单位：美元/桶）（Davis et al.,2014；BP Statistics,2014）

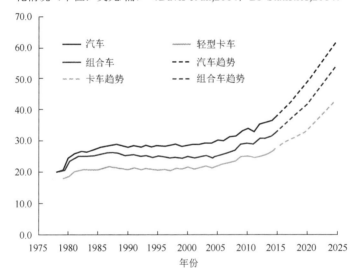

图 15.4 过去几十年 CAFE 标准变化情况（英里/加仑汽油当量）及到 2025 年的预期变化趋势

资料来源：http://www.epa.gov/fueleconomy/fetrends/1975-2013/420r13011.pdf

最初的立法使客运车辆的平均燃料效率有了显著提升，从 1978 年的 18 英里/加仑（mpg）提高到了 1985 年的 27.5 mpg。在随后的 20 多年里燃油经济性标准相对稳定，没有明显变动；直到 2007 年 12 月 19 日，布什总统签署了《能源独立与安全法案》（简称 EISA，参见本书第 14 章关于立法规定的可再生燃料发展目标的部分），要求到 2020 年美国车辆的平均燃料效率应达到 35 mpg。EISA 为不同型号的车辆制定了不同标准——对小型车辆的要求较为严格，而对大型车辆的要求相对宽松，但仍具有挑战性。2011 年 7 月 29 日，奥巴马总统宣布与美国 13 个最大的汽车制造公司达成协议，承诺到 2025 年将平均燃料效率提高到 54.5 mpg。该协议中假定小型车（如本田飞度）的燃料效率能达到 60 mpg，可以弥补燃料效率只能达到 46 mpg 的大型车（如梅赛德斯-奔驰 S 级）的较高能耗。针对小型卡车（如雪佛兰 S10）的目标值为 50 mpg，大型卡车（如福特 F-150）的目标值则为 30 mpg（http://en.wikipedia.org/wiki/Corporate_Average_Fuel_Economy，2014 年12 月 26 日）。奥巴马总统还要求美国环境保护局（EPA）和交通运输部（DOT）在 2015 年 3 月之前提出适用于中型和重型卡车的新规定，并且将对 2018 产品年投入市场的车辆生效。

EPA 已经采取措施限制电力部门的排放：2013 年 9 月 20 日，EPA 发布了针对未来新建发电设施的 CO_2 排放标准（http://www2.epa.gov/sites/production/files/2013-09/documents/20130920factsheet.pdf，2014 年 12 月 31 日）。这些规定将区分燃煤发电系统和天然气发电系统产生的排放，并分别进行管理。针对以煤炭为主要能源的电力设施，例如化石燃料驱动的电厂锅炉、整体煤气化联合循环发电系统（IGCC）等，其需要满足在 12 个月的运营期内平均排放量低于 1100 磅 CO_2/MWh，或在 84 个月的运营期内平均排放量低于 1000 磅 CO_2/MWh。针对天然气发电系统，规模大于 8.5 亿 BTU/h 的设施的排放限值为 1000 磅 CO_2/MWh，规模小于 8.5 亿 BTU/h 的设施的排放限值为 1100 磅 CO_2/MWh。这些规定为燃煤发电系统带来的负担更重。目前，燃煤电厂的平均排放量约为 2100 磅 CO_2/MWh，而天然气发电系统的平均排放约为 1220 磅 CO_2/MWh（http://www.eia.gov/tools/faqs/faq.cfm?id=74&t=11，2014 年 12 月 31 日）。

新建燃煤电厂若要达到排放标准，就必须使用相关设备捕集废气中的 CO_2，这无疑会使燃煤发电系统的生产成本和电力售价显著提高，只有在电厂可以交易被捕集的 CO_2 并获得相关收益时，额外的成本才能够被弥补。虽然未来很有可能实现并推广被捕集 CO_2 的盈利性应用（在随后的章节中将会讨论可以实现这一目标的措施），但是至少在短期内，捕集和处理废气中 CO_2 会显著提高新建燃煤发电设施的运行成本并将其置于不利的市场地位。当前条件下，天然气价格较低且燃煤电厂排放的预期处理费用较高，因此新建燃煤发电系统的发展前景十分有限。

与此同时，EPA 正在尝试采取措施降低现有发电厂的排放，并与各州进行商讨，确定具有成本效益优势的减排方案。目前纳入考虑的备选方案有：①提高各发电厂将热能转化为电能的效率从而降低其碳排放强度；②降低污染严重的发电厂的发电量，并提高低碳电厂的发电水平；③增加对低碳和零碳能源的投资；

④实行针对需求方的激励措施以减少电力需求量。通过与各州政府及利益相关方进行广泛磋商，并考虑当前的条件和形势，EPA 为各州制定了在 2030 年之前需要达到的目标，包括到 2020 年需要实现的中期目标。在全国范围内，这些措施预计会使电力部门 2030 年 CO_2 排放量比 2005 年下降约 30%。在短期内，美国大部分的电力仍将来自化石能源，其中煤和天然气发电量各占全国总发电量的 30% 以上（https://www.federalregister.gov/documents/2014/06/18/2014-13726/carbon-pollution-emission-guidelines-for-existing-stationary-sources-electric-utility-generating，2015 年 1 月 1 日）。假设未来的立法不会约束 EPA 管控碳排放的权力，那么电力部门的 2030 年 CO_2 减排目标将能够实现，并将有助于完成北京协议中承诺的总体减排目标，即到 2025 年温室气体排放总量减少 26%～28%。然而需要强调的是，为了达到这一总体减排目标，交通运输部门同样需要减少相当数量的碳排放。

2014 年 11 月原油价格开始急剧下降，与此同时全国平均汽油价格也相应降低——从 2014 年 7 月 4 日的 3.76 美元/加仑下降到 2014 年 12 月 31 日的 2.30 美元/加仑，这将导致交通运输部门难以实现减排目标。当汽油价格较低时，人们更倾向于驾车出行，消耗更多燃料，从而排放更多 CO_2（图 15.3）。为抵消这一增长，未来汽车和卡车应当具有更高的燃料效率，并响应 CAFE 标准的预期上升（图 15.4）。然而这些政策最终的实际效果如何，仍需要较长时间的判断：美国汽车和卡车的更新速度很慢，每年投入使用的新车仅占汽车和卡车总数的 10%。此外基于过去的经验，如果燃料价格继续下降，人们会倾向于购买更大型的汽车和卡车。既然汽车燃料的价格特别低，政府是否可以通过增加对汽油和柴油的税收来影响人们的行为并增加政府收入呢？政府可以选择在增加汽油税的同时减少其他经济领域的税收，从而保持总财政收入不变；或不改变其他税收，用增加的税收收入减少财政赤字。

如第 2 章所述，美国的汽车燃料价格非常低，不到欧洲燃料价格的一半，并且显著低于日本和其他主要的亚洲国家。理论上，所有国家的汽车燃料基准价格应当是相近的，能够体现出国际原油价格的情况。因此，各国油价的差异主要是由税收差异导致的。自 1993 年以来，美国的汽油联邦税一直固定在 18.4 美分/加仑。如果考虑通货膨胀，那么汽油联邦税应当已经上升到至少 30 美分/加仑。美国的汽油税和柴油税主要用于道路和桥梁的维修，以及其他相关交通基础设施的投资。目前管理这些事务的联邦公路信托基金实际上已经破产；在没有额外收入来源的情况下，其在未来十年将面临高达 1600 亿美元的赤字。

2014 年 6 月在美国参议院的会议上，共和党参议员 Corker 和民主党参议员

Murphy 提出了一项法案，要求在两年内将汽油税提高 12 美分/加仑，使未来的税率与当前的通货膨胀率相符。尽管上述法案合理且调整幅度较小，但仍未能得到有效实施；其背后的原因在于美国政坛普遍反对税收增加，尽管这是非常不合理的。

前文我们已经评论过《纽约时报》记者 Tom Friedman 的建议（见第 2 章），即当汽油价格升高到接近 4 美元/加仑时，就应该考虑以每月 5 美分的速度提高汽油税，直到汽油税达到 1 美元/加仑。他还建议用以这种方式筹集的收入弥补财政赤字。即便是在汽油价格下降的条件下，合理设计的汽油税也能够有效地鼓励人们节约使用汽油。政府可以通过调整税收来使汽油的零售价格保持相对稳定，即在汽油价格下降时增加税收，在汽油价格上升时降低税收。为了使这一政策在目前的情况下起到实际效果（即在价格持续下降的情况下，减少交通运输部门的排放或至少使其保持稳定），应当在 2014 年年初即开始采取相关措施，并在 2014 年年底使税收上升到约 1 美元/加仑。然而现在通过增加税收调整消费者行为、促使汽油销售价格回升到 2014 年年初的水平，并以此来控制排放水平是很困难的。在这种情况下，若要减少交通排放或使其保持稳定，令汽油价格回升到原来的水平已经远远不够（倘若更早采取行动，使价格保持原有水平则可以起到作用），而应当通过调整税收使价格高于过去的水平。鉴于美国当前的政治气候，政府基本不可能引入这种税收。那么现在的问题在于，在交通运输部门的排放量下降缓慢甚至可能增加的情况下，能否通过要求电力部门采取更大的减排力度来实现整体的减排目标？以及能否在对整体经济的影响最小化的情况下以具有成本效益优势的方式实现这样的减排？

2012 年美国煤炭使用导致的 CO_2 排放量为 16.64 亿吨，天然气使用导致 CO_2 排放量为 13.64 亿吨，石油使用导致的 CO_2 排放量为 22.55 亿吨。其中，电力部门 CO_2 排放量为 21.57 亿吨，交通运输部门 CO_2 排放量为 18.19 亿吨。为了达到北京协议提出的减排目标，2025 年美国总排放量应比 2012 年减少 6.3 亿吨。2012 年，美国煤炭发电量为 1514 TWh，天然气发电量为 1225 TWh。天然气联合循环系统（NGCC）是天然气发电的主要形式，其发电量占天然气总发电量的绝大部分（1104 TWh）；在用电高峰期，电厂也会使用燃气涡轮机发电作为补充（发电量为 121 TWh）。2012 年，煤炭发电系统和天然气联合循环系统的平均容量因子分别为 55.7% 和 41.9%。如果在 2025 年以前所减少的碳排放量大部分来自电力部门，则必须大幅度减少煤炭的使用。

做一个保守的假设，认为 2025 年的电力需求与 2012 年相近。通过大幅度减少燃煤发电量、增加天然气发电的占比，并使用零碳能源（如核能、风能和太阳能等）进行发电作为补充，则可以使 CO_2 总排放量减少 6.3 亿吨。如果减少的燃煤发电量仅通过增加现有 NGCC 发电设备的使用来弥补，那么这些装置必须以 90%的容量因子运行，实际上这是无法达到的。假设整个 NGCC 系统能够达到 70% 的容量因子水平（虽然仍旧具有挑战性，但在实际操作中有可能实现），那么在现有 NGCC 发电系统的基础上再额外增加 126 GW 的装机容量，即可以弥补削减的燃煤发电量。对零碳排放的发电系统（如风力发电等）进行投资将会减少对新建燃气电厂的需求，增加 103 GW 的风力发电设施即可以完全消除对新天然气发电系统的需求（假设已安装的发电设施以 30%的容量因子运行）。截至 2013 年年底，美国风电装机容量为 61.1 GW。在未来十年内，美国可以很容易地以每年 6 GW 的速度增加风电的装机容量。2014 年美国对太阳能发电的投资达到历史新高，为 1500 亿美元，比 2013 年增加了 25%。作为一种重要的清洁能源，太阳能发电可以有效地推动零碳排放电力的生产。

天然气非常低廉的价格（2014 年年底约为 3 美元/MMBTU）会促使美国电力部门使用天然气替代煤炭，这也可以帮助延续过去十年排放量下降的趋势。为了实现奥巴马政府提出的长期减排目标（即到 2050 年排放量比 2005 年下降 83%），相比建设新的天然气发电厂，投资低碳或零碳能源可能是更好的选择；尽管短期内天然气低廉的价格将使燃气电厂具备明显的竞争优势，但是从长期来看投资零碳能源发电行业更加明智。典型燃气发电厂的运行寿命至少可以达到 40 年，因此当下对此类发电系统的投资不仅会对现在的排放量产生影响，也会对未来的排放量产生深远影响。

北京协议：对中国的挑战

如本章开篇所述，与奥巴马总统做出的减排承诺相比，习近平主席提出的中国未来的减排目标显然不够具体。中国计划将于 2030 年达到碳排放峰值，并将努力早日达峰，但是却没有给出具体的排放量数值。协议中指出到 2030 年零碳能源将占一次能源消费总量的 20%，剩余 80%为化石能源，但是关于化石能源的具体消费量和构成却没有给出具体说明。

除了对气候变化问题的关切，中国还有其他一系列重要的理由减少化石燃料的使用和由此导致的碳排放。化石燃料尤其是煤的燃烧会产生副产物硫氧化物和氮氧化物，会对空气质量造成严重的负面影响。在大气中这些物质会与农业源排放的氨发生化学反应，生成细颗粒物（气溶胶）。这些细颗粒物的尺寸通常小于或等于 2.5 微米（μm），统称为 $PM_{2.5}$。大气中的这些细颗粒物会导致雾霾的形成，严重影响能见度；在雾霾极其严重的情况下，人们甚至难以看清仅仅几十米远的物体。雾霾不仅影响能见度，更严重的是它还会危害人体健康；人体如果吸入了雾霾（或烟雾）中的有害化学物质，会引起严重的呼吸问题，对于脆弱人群而言甚至会危及生命。与此矛盾的是，正如第 4 章所论述的，大气中这些颗粒的存在会对气候系统产生有益的影响，因为它们在一定程度上可以减缓由 CO_2 和其他温室气体浓度增加引起的气候变暖。但是在任何情况下，这都不应作为推迟采取行动以减少地方和区域大气颗粒物污染的理由。

一系列重大事件促使公众逐渐认识到了中国大气污染问题的严重性，社交媒体发布的安装在美国驻北京大使馆屋顶的 $PM_{2.5}$ 测定仪的监测数据也使公众加深了这一认识。这一监测数据表明，$PM_{2.5}$ 的实际浓度明显高于中国政府公布的官方数据。公众立即对此表达了不满和批评，促使中央政府发布了《大气污染防治行动计划》（APPCAP）来解决这个问题。作为对此事的回应，在中国政府网站上公布实时 $PM_{2.5}$ 监测数据的城市数量增加了一倍以上。能否解决这个备受关注的问题将在很大程度上决定中央政府的权威和可信度。在公众意识中，大气污染带来的威胁明显高于气候变化的威胁。

中国已经采取了很多提高能源经济效率的政策措施。2006 年制定的"十一五"规划即提出，到 2010 年国民经济的能源消耗强度［即单位国内生产总值（GDP）的能源消费量］要比 2006 年降低 20%。2009 年年底政府宣布了进一步的减排目标，即到 2020 年国民经济的碳排放强度（即单位 GDP 的 CO_2 排放量）要比 2005 年降低 40%～45%。2011 年发布的"十二五"规划提出，"十二五"期间的减排目标为能源强度下降 16%，碳排放强度下降 17%。规划还提出到 2015 年，非化石能源消费量应达到一次能源消费总量的 11.4%。

2014 年 11 月习近平主席在与奥巴马总统的北京会晤中宣布，到 2030 年非化石能源将占中国一次能源消费总量的 20%；这一目标只是"十一五"和"十二五"规划提出的减排目标的合理延续。最近中国又制定并公布了到 2020 年的发展规划，要求到 2020 年达成以下目标：将煤炭消费量控制在 42 亿吨以下；天然气达到一次能源供应总量的 10%；核电装机容量增加到 58 GW，另有 30 GW 的核电设施在建；水电装机容量增加到 350 GW；增加对风力发电的投资，并使风电装机容量达到 200 GW；太阳能光伏发电的装机容量增加到 100 GW；以及非化石能源占一次能源消费总量的比例增加到 15%。假设这些雄心勃勃的短期目标均可以实现，那么完成习近平主席在北京协议中提出的到 2030 年的长期目标就不是难事。美国能源部劳伦斯·伯克利国家实验室的科学家们也曾对中国能源经济的发展前景进行过综合分析，其得出的结果与上述结论是一致的（Zhou et al., 2011）。他们研究了中国到 2050 年的发展前景，探讨了中国未来能源使用和碳排放的多种潜在发展路径，并详细分析了这一时间跨度下预期的人口、经济和社会变化对中国的影响。

伯克利实验室的研究表明，当前中国正在经历从发展中经济体向发达经济体转变的过程，在这一阶段能源需求量非常高。目前的投资重点主要是能源密集型行业（如铁矿、钢铁和水泥业等），这些行业的产品大多是建设道路、桥梁、建筑物、铁路、港口和机场等关键基础设施的原材料，而这些基础设施是否完备将决定这一阶段的经济发展是否成功。伴随着工业的快速发展，中国的社会结构也发生了重大变化，具体表现为从农村到城市的大规模人口迁移。这导致对能源的需求增加，具体包括新的城市住宅的供热和制冷、冰箱和节省劳动力的新设备的能耗，以及交通能源使用。另一个同样重要的社会变化是中国人口的老龄化，这意味着在未来的几十年内，中国的总人口可能会达到峰值。图 15.5 展示了农村和城市居民人口的历史变化情况以及对未来的预测。

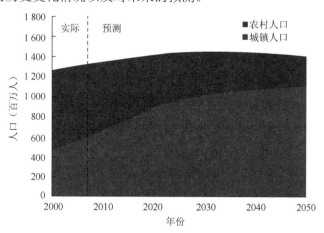

图 15.5　农村和城市居民人口数量的历史变化和对未来的预测（Zhou et al., 2011）

Zhou 等（2011）提出了中国未来能源发展的两个模型，一个是作为基准的持续改进情景（CIS），另一个是可供选择的加速改进情景（AIS）。假设两种情景的GDP 增长率相似，即从 2010～2020 年为每年 7.7%，2020～2030 年为每年 5.9%，

2030～2050 年为每年 3.4%。中国政府提出的目标是到 2020 年水电、风电和太阳能发电的总装机容量达到 650 GW，事实上这一数字明显高于伯克利实验室模型中预期的到 2050 年装机容量：CIS 情景中为 535 GW，AIS 情景中为 608 GW。

图 15.6 和图 15.7 展示了伯克利模型分别按能源种类和部门种类预测的一次能源消费总量。在 AIS 情景下，煤炭占一次能源消费总量的比例将从基准年（2005年）的 73%降低到 2030 年的 50%，到 2050 年进一步降低到 30%。值得注意的是，在所有情景中，工业部门的能源消费量都超过了能源消费总量的 50%；其中在 AIS 模型中，住宅、商业和交通运输部门的能源消费量之和在 2030 年占能源消费总量的 41%，到 2050 年将上升到 48%。

图 15.8 展示了 CO_2 排放量的预测值。在 CIS 模型和 AIS 模型中，CO_2 排放量都将在 2030 年左右达到峰值。这一预测与习近平主席的承诺一致。需要注意的是，即使在更乐观的 AIS 模型情景下，2030 年中国的排放量也会比 2005 年高出 50%以上，且排放量约为美国 2025 年排放量预测值的两倍。与两个国家绝对排放量的差异不同，目前美国的人均排放量是中国的 2.7 倍，并且这种差异很可能会持续。

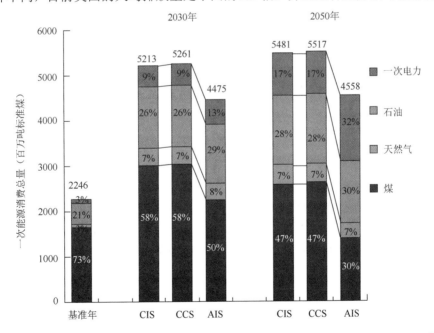

图 15.6 中国分能源种类一次能源消费量预测。CCS 指利用碳捕集和封存技术减少 CO_2 排放，但是同时需要使用更多的煤来运输所需的能源供应（Zhou et al., 2011）

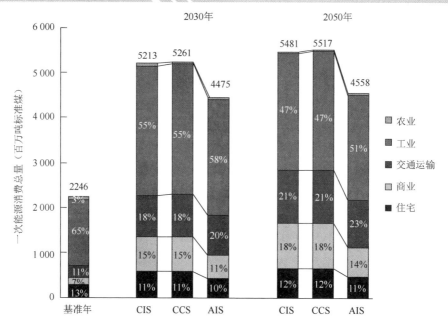

图 15.7　中国分部门一次能源消费量预测（Zhou et al., 2011）

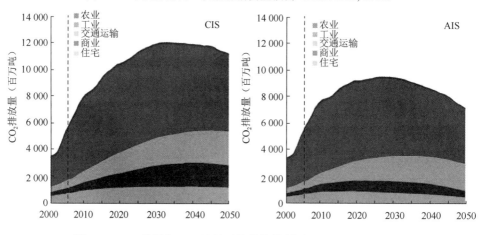

图 15.8　CIS 情景和 AIS 情景下的碳排放预测（Zhou et al., 2011）

要　点

（1）2014 年 11 月，奥巴马总统和习近平主席在北京达成中美减排协议。协议中承诺到 2025 年，美国 CO_2 排放量比 2005 年减少 26%～28%。

（2）根据 2005～2013 年间的排放量变化趋势推断，这一目标设定相对合理且较容易实现。这段时期电力部门的排放量有所下降，原因在于天然气价格较低，发电系统使用天然气替代煤炭。运输部门的排放量也呈下降趋势，主要原因有以下几点：一方面是由于企业平均燃料经济性（CAFE）标准更加严格，车辆的燃料效率提高；另一方面由于汽车燃料价格升高，行驶里程也相应下降。自 2014 年后半年开始，汽油的价格急剧下降；故为了保持排放量的下降趋势，需要妥善考虑并应对油价下降带来的影响。

（3）美国汽油平均零售价从 2014 年 7 月 4 日的 3.76 美元/加仑下降到了 2014 年 12 月 31 日的 2.30 美元/加仑，在 2016 年年初进一步下降到 2 美元/加仑以下。如果价格持续下降，美国人的驾驶习惯可能会改变，人们会倾向于选择体积更大、燃料效率更低的车辆，并且会更多地驾车出行。交通运输部门的 CO_2 排放量可能会相应增加。

（4）政府可以通过调整汽油税来缓和油价下降对车辆拥有者驾驶行为的影响。为了使这一措施起到实际效果，税收额度需要提高到 1 美元/加仑的水平。这项税收可以用于抵消政府其他的收入来源，并按照税收中性的原则进行管理。然而，在美国当前的政治环境下，提高汽油税的可能性不大。尽管 CAFE 标准变得更加严格，但过去十年美国交通运输部门排放量的下降趋势不太可能会延续下去。

（5）为达到美国总统奥巴马在北京协议中提出的减排总目标，电力部门需要做出更大的贡献。这就要求电力部门使用更多的天然气和/或零碳排放能源（如风能和太阳能等）替代煤炭进行发电。若想仅通过减少电力部门的排放量来实现整体的减排目标，则必须有效减少燃煤发电的占比。长期来看，更明智的方案是用零碳排放能源替代煤炭，而不是建设新的天然气发电设施。投资建设新的天然气发电系统将会对未来的排放量产生长期影响，也很难以一种具有成本效益优势的方式实现奥巴马总统提出的到 2050 年美国排放量比 2005 年减少 83% 的长期目标。

（6）习主席在北京协议中承诺，中国将于 2030 年达到碳排放峰值，并将努力早日达峰，且到 2030 年，非化石能源占中国一次能源总消费量的比例将达到 20%。考虑到在 2020 年之前中国将加大对核电、水电、风电和太阳能发电的投资力度，预计这两个目标都可以实现。

（7）中国在 2007 年超过了美国成为世界上最大的 CO_2 排放国。随着排放量的持续增长，在 2030 年达峰时，中国的排放量可能至少会比美国多 50%，即中国每年排放 90 亿吨 CO_2，而美国每年排放 40 多亿吨。然而，中国的人均排放量将比美国的人均排放量低 2.7 倍。

参 考 文 献

BP. 2014. BP statistical review of world energy: 48. http:// www.bp.com/ content/ dam/ bp- country/ de_ de/ PDFs/ brochures/ BP- statistical- review- of- world- energy- 2014- full- report.pdf.

CAAC. 2013. *Air pollution prevention and control action plan* (English translation). Edited by State Council of China. Beijing, China: Clean Air Alliance of China.

Davis, S. C., S. W. Diegel, and R. G. Boundy. 2014. *Transportation energy data book*. Oak Ridge, TN: Oak Ridge National Laboratory.

US EIA. 2013. *Annual energy outlook 2013*. Washington, D.C.: U.S. Energy Information Administration.

Zhou, N., D. Fridley, M. McNeil, N. Zheng, J. Ke, and M. Levine. 2011. *China's energy and carbon emissions outlook to 2050*. Berkeley, CA: Lawrence Berkeley National Laboratory.

16 低碳能源前景

本章将讨论为实现温室气体（由煤炭、石油以及天然气等化石能源燃烧产生）减排的长期目标所应采取的措施，并将主要论述在未来几十年内，美国为实现这一目标而可能推行的政策，这些重要措施同样也将适用于中国以及其他碳排放大国。正如本书最开始提到的，本书重点关注美国与中国这两个世界上温室气体排放量最大的国家，同时侧重探讨两国在发展程度与发展重点上的差异。本章中概述的美国低碳能源的前景也同样适用于其他国家，但由于经济、社会和环境方面的具体条件以及发展侧重点的差异，各国实行这些措施的时间可能有所不同。

第 3 章列出的数据（图 3.1 和图 3.2）为探讨未来能源的发展前景提供了基本背景（US EIA，2015）。美国能源信息署（EIA）确定了当前美国经济中能源使用情况以及各部门的温室气体排放量，表 16.1 汇总了其中的主要数据。2013年美国电力生产部门的 CO_2 排放量为 20.5 亿吨，其中燃煤发电排放 15.8 亿吨，燃气发电排放 4.42 亿吨，燃油发电的排放量最低，仅为 3470 万吨。住宅、商业和工业部门排放分别占美国经济系统电力消费排放 CO_2 总量的 38%、36% 和26%，而电力部门 CO_2 排放量占全国排放总量的 38%。此外，交通运输部门 CO_2排放量为 18.26 亿吨，占全国排放总量的 34%，其中，有 98% 来源于石油产品（汽油、柴油和航空燃油）燃烧，其余部分由天然气燃烧产生。住宅和商业部门中，天然气是供暖和热水供应的主要能源之一，二氧化碳排放量分别为 2.68 亿吨和1.78 亿吨。此外，石油也被用于建筑物的冬季供暖及热水供应，由此导致的二氧化碳排放量为 9300 万吨，其中住宅排放 6000 万吨，商业建筑排放 3300 万吨。工业部门中，天然气、石油和煤炭燃烧产生的碳排放量分别为 4.6 亿吨、3.69 亿吨和 1.4 亿吨。总体而言，2013 年美国电力生产排放的 CO_2 占美国总排放量的38%，交通运输部门占 34%；此外，住宅、商业和工业部门直接燃烧的化石燃料（石油、天然气和煤炭）产生的排放量分别占排放总量的 6%、4% 和 18%。

表16.1　2013年美国各部门能源消费及二氧化碳（CO_2）排放构成

1. 住宅		
	能源消费（10^{15} BTU）	CO_2排放量（百万吨）
电力	4.75	785.3
煤炭	0	0
燃气	5.05	268
石油	0.893	59.9
生物质	0.42	0
2.商业		
电力	4.57	755.5
煤炭	0.0454	4.28
燃气	3.36	178
石油	0.477	33.4
生物质	0.112	0
3.工业		
电力	3.26	538.9
煤炭	1.50	140
燃气	9.08	460
石油	8.58	369
生物质	2.25	0
4.交通运输		
电力	0.0257	4.2
煤炭	0	0
燃气	0.795	42.2
石油	24.9	1780
生物质	1.24	0

　　正如第 15 章中论述的，美国的长期减排目标是到 2050 年温室气体净排放量相对于 2005 年减少 83%。而美国实现这一目标所面临的挑战是，在减排的同时，还应保证当前 3.25 亿以及未来更多人口享受的能源服务和生活质量不受影响（到 2050 年，美国人口将超过 4 亿）。如果我们要限制温室气体浓度日益增加对未来气候的影响，就需要大幅降低用于电力生产以及交通运输（汽车、卡车、火车、船舶和飞机等）的化石燃料燃烧所产生的碳排放量，同时我们需要研究在住宅和商业部门中，用非化石能源替代天然气和石油的措施。

　　我们可以为未来描绘这样一幅景象：电能将逐渐成为能源服务的主要方式，可以在建筑物供暖、烹饪、热水供应以及其他各种领域中替代天然气和石油，也可以作为汽油和柴油的补充燃料来驱动汽车和轻型卡车。另外，在各种工业应用中，电能还可以替代化石燃料，为生产蒸汽提供能源。尽管坚持节约用电可以最大限度地减少未来电力总需求，但为了满足不断扩大的电力消费市场，电力生产量必须得到提高，或需高达50%。而其中的关键在于必须将电力生产中的CO_2排放控制到最低。

如果我们坚持以燃煤发电与燃气发电作为主要发电方式，那么为了控制CO_2排放，发电厂需要加大设备投入，将电力生产排放的CO_2在进入大气之前捕获，并将其封存在安全场地或投入生产性应用以完成最终处置。如前所述，对化石燃料发电厂尾气中的CO_2进行处理（捕获、浓缩、净化）将不可避免地带来能源损耗，这意味着碳捕集技术的应用将导致电力生产对煤和天然气的需求增加。因此我们认为，减少电力系统对化石能源的依赖是控制碳排放更好的选择。

核电可以作为基荷电力（电力负荷中的恒定部分）的一个重要来源。但第9章中已经谈到，至少在可预见的未来，美国新建核电设施的投资前景并不乐观。因此目前美国核电发展面临的主要挑战是延长现有核电站的使用寿命，从而尽可能维持当前核电的装机容量。未来地热能发电可能会得到大力发展，并用于满足基荷电力需求与峰值电力需求。正如第13章中讨论的，地热能发电的巨大潜力能否实现，取决于研究和开发地热能发电技术的投资以及研究成果。如果将来地热能发电的开发成本合理，那么它将成为电力生产的主要能源。第12章中提到，美国水力发电发展潜力有限。未来美国无碳电力将主要由显著增长的风能发电和太阳能发电提供，但问题在于风能发电与太阳能发电的输出功率具有波动性：风不会一直吹，太阳也不会一直照耀。下文讨论的大部分内容将是如何充分开发利用以上提到的各种非化石能源。

我们将在本章中依次讨论以下问题：①电力传输系统的扩建需求；②在住宅和商业建筑中增加电力使用并节能降耗；③在交通运输部门增加电力需求并寻找化石燃料的替代品（通过生物质产生的零碳甚至负碳燃料）[①]。之后我们将继续探讨，如果未能采取促进能源系统转变的措施，应采取哪些对策将温室气体对气候系统的破坏程度（正如第4章中讨论的）降到最低。可能的对策包括：通过积极干预来改变地球气候，最大限度地降低人类活动对气候变化的影响（即所谓的地球工程学）；直接从大气中去除CO_2，从而有效抵消化石燃料的碳排放。本章结尾将总结要点。

21 世纪电力传输系统规划

如前几章所述，美国在可再生能源方面拥有得天独厚的自然条件，风能、太阳能、水能和地热能资源十分丰富。与其他发电方式相比，风能发电的成本已具有较强的竞争力，但尚无法与天然气发电相抗衡：由于天然气的大宗商品属性，其发电成本极为低廉。此外，分布式光伏（PV）发电（其设备安装在住宅和商业建筑的屋顶）的成本正在下降，对发电厂规模的聚光太阳能发电（CSP）设施的投资不断增长。风能和太阳能发电所面临的挑战是，资源丰富的地区往往远离电力需求最大的地区（尤其是美国东部和西部的都市圈）。美国中部的风能资源最为丰富，而西南部的太阳能资源最为丰富。为将资源丰富的地区与高电力需求的地区连接起来，当前的首要任务是扩展现有的电力传输网络。

过去一个世纪的大部分时间内，美国的电力生产和调配由大量小型垂直一体化的电力公司控制，这些公司通常是服务于当地市场的单个电厂。随着时间的推移，这些公司会选择将它们的配电网（至少是局部的配电网）连接起来，以确保为客户提供更稳定可靠的电力。如果一家电力公司的发电设备出现故障而不得不关闭，通过配电网与之相连接的其他发电设备就可以填补供电缺口。如图 16.1 所示，目前美国电网与加拿大相连接，有三个相对独立的配电网络，分别是东部电网、西部电网和得克萨斯州电网 （ERCOT）。

联邦能源管理委员会（FERC）对州际电力销售和区域市场运作有监管权。北美电力可靠性协会（NERC）建立于 1965 年美国东北部大规模停电之后，下设八个地区性组织（如图 16.1 所示），并在 FERC 监督下确保全国电力系统的有序运行。值得注意的是，其中有六个可靠性组织位于东部电网区域，西部电网区域和 ERCOT 区域均通过单个可靠性协调组织进行集中管理。一些地区性可靠性协调组织（WECC、MRO 和 NPCC）的管辖范围延伸到了加拿大。图 16.1 还标明了目前东部电网、西部电网和 ERCOT 电网之间交流—直流—交流连接的所在位置。

1992 年，美国颁布的能源政策法案同意开放电力输送系统，随后，包括独立系统运营商（ISO）与区域输电组织（RTO）在内的各种组织相继成立，负责监管当地电网运行，并与当地电力生产商的输电服务进行公平竞争。在电力批发市场和独立电力生产商所在地区，输电规划很大程度上是由 RTO 或 ISO 负责的。而在其他一些地区，尤其是在美国西部和得克萨斯州，垂直一体化的电力公司仍在整个电力系统中发挥着重要作用，这些地区的电力输送组织结构更为复杂。图16.2为RTO和ISO在美国的分布情况。这些组织中有五个位于东部电网区域［包括西南电力联营体（SPP）、中西部独立系统运营商（MISO）、宾夕法尼亚州—新泽西州—马里兰州（PJM）互连、纽约独立系统运营商（NYISO）和新英格兰独立系统运营商（ISO-NE）］，还有两个分布在西部电网区域［加利福尼亚州独立系统运营商（CAISO）和得克萨斯州电力可靠性委员会（ERCOT）］。中西部独立系统运营商（MISO）的管辖范围延伸到了加拿大。如图所示，在加拿大还有三个独立电力系统运营商［阿尔伯塔省电力系统运营商（AESO）、安大略省电力系统运营商和新不伦瑞克系统运营商（NBSO）］。

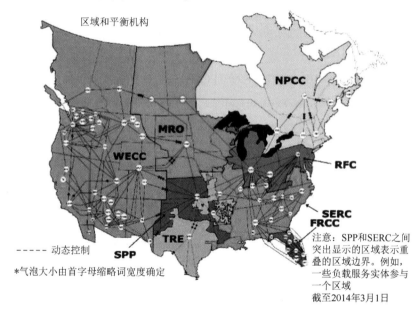

图16.1 北美电力可靠性协会（NERC）负责的区域和平衡机构

资料来源：http://www.nerc.com/comm/OC/RS%20Agendas%20Highlights%20and%20Minutes% 20DL/B A_Bubble_Map_20140305.jpg

东部电网：FRCC，佛罗里达可靠性协调委员会；MRO，中西部可靠性组织；NPCC，东北电力协调委员会；RFC，可靠性第一公司（PJM）；SERC，东南电力协会；SPP，西南电力联营体。

西部电网：WECC，西部电力协调委员会。

得克萨斯州互连：TRE，得克萨斯州地区实体或ERCOT（得克萨斯州电力可靠性委员会）

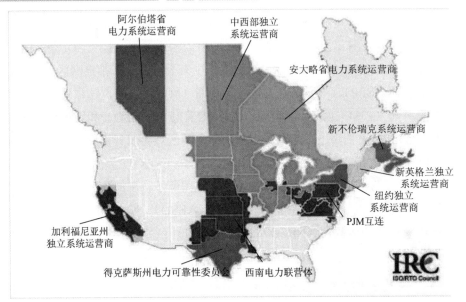

图 16.2　美国和加拿大独立系统运营商（ISO）和区域输电组织（RTO）的管辖区域

资料来源：http://www.opuc.texas.gov/images/iso_rto_map.jpg, February 1, 2015

为了充分利用美国丰富的风能和太阳能资源，国家电网体系需要进行一体化发展。由于美国输电网络的碎片化演变过程，当前电网系统运行较为分散。而投资建设交流—直流—交流连接，可以实现电力在三个独立电网之间的自由传输（东部电网、西部电网和 ERCOT）。将交流电转换为直流电然后再转换为交流电这一过程，可确保电力传输能够精确匹配其所连接电力系统的频率、相位和电压（Masters，2004）。Mai 等（2012）估计，未来美国电力系统需要新建 2 亿兆瓦-英里容量的输电网，其中高达 90% 的电力将由可再生能源（主要是风能和太阳能）提供。如图 16.3（图中假定 80% 的电力由可再生能源提供）所示，这项投资大部分将集中于美国中部和西南部区域。大约 60 GW 的新建传输容量将被用于交流—直流—交流线路，为目前美国东部电网、西部电网和得克萨斯州电网的大部分独立异步区域之间提供电力无缝连接。扩建该系统的成本可能高达 3000 亿美元，这是一个惊人的数值，但并非过分高昂，因为这是一项长期投资。图 16.4 为美国现有输电系统 16 年来的投资情况。

目前美国新建输电系统的选址权和许可权限仍属于各州。想要规划和实现图 16.3 中设想的电力传输网络的扩展，需要多个州在协调和合作方面作出更大努力。但毫无疑问，各州的电力系统监管机构更倾向于维护自身利益。因此，至少

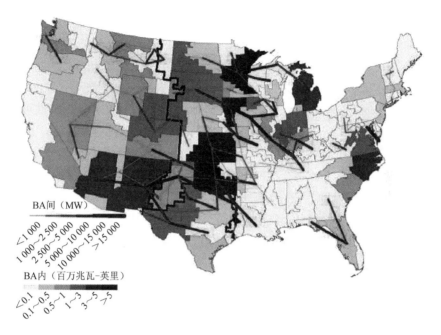

图 16.3　Mai 等（2012）假定 80%电力由可再生能源提供，该方案所需的新建传输容量。红色线表示各平衡区域间的新建传输容量，红色越深表示新建传输容量越大；平衡区域内的新建传输容量（容量×长度为单位）由深色阴影表示，阴影越深表示其传输容量越大、传输长度越长

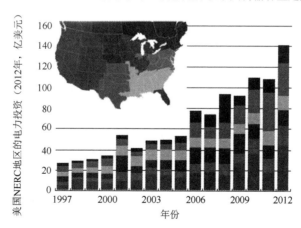

图 16.4　美国输电系统的年度投资。不同颜色区分不同 NERC 管辖地区的投资

资料来源：http://www.eia.gov/todayinenergy/detail.cfm?id=17811#

在某些情况下，各州的监管机构很难完全共享管理权力和利益，导致地区或全国

的输电网络扩建难以得到积极响应。但归根到底，如果美国能源部声明建设跨州电力输送系统的提案符合国家利益，联邦能源管理委员会（FERC）就有权无视地方的反对而实施该提案。然而，迄今尚未有此先例。

如第 10 章所述，由特定风力涡轮机或风力发电厂生产的电力在几分钟或更短的时间内就会发生变化，这是由局部小规模湍流引起的风速波动导致的。Huang 等（2014）的研究成果表明，在美国中部的 10 个州，这种高频率波动性可以通过均匀分布的风电场（5～10 个）耦合输出进行有效消除。这种情况下，超过 95% 的剩余风电的波动周期将大于一天，使电网运营商能够至少提前一天预测风能供电量并制定相应的发电计划。与风电类似，来自特定光伏设备的太阳能发电输出功率也会因当地云层变化发生高频率波动，并会因过境的气象系统在数日内发生较低频率的波动，这些气象系统的空间维度高达数百甚至数千公里。与风力发电一样，将分布在较大区域中的太阳能发电输出进行耦合，这一集成复合能源的波动性将大大降低，从而能够提供更可靠、更可预测的电力。

实施国家电力传输系统一体化更大的优势在于，可以优化由于昼夜峰值和需求延迟导致的用电效率低下。电力需求表现出典型的昼夜周期变化：当人们早晨醒来开始一天的工作和晚上回家时，电力需求均达到峰值。由于美国东西部存在时差，西部用电达峰的时间相对于东部会延迟三个小时。实施全国电力传输系统一体化，会减少由电力需求的昼夜峰值以及间歇性变化导致的使用低效问题。基于全国范围分析，由于空调使用对电力需求较大，美国电力需求在夏季达到高峰。风电和太阳能发电是互补的，前者在冬季和夜晚达到供电峰值，而后者在夏季和白天达到供电峰值。将风电和太阳能发电纳入全国一体化电力系统可以有效地利用这种协同互补效应。但有时也会出现风能和太阳能供电能力无法满足用电需求的情况，这种情况下需要通过备用发电系统来填补供电缺口。

当前电力系统中，天然气发电系统为主要的备用发电系统，这一系统能够根据电力需求的变化而快速调整输出功率。天然气联合循环（NGCC）系统发电效率较高，并且可以根据每小时的电力需求进行供电调整。燃气涡轮机（GT）发电效率虽然较低，但可以进行实时供电调整。假设未来风电和太阳能发电得到快速发展，那么备用发电量的需求将大幅增长，预计可达总发电容量的三分之一。由于夏季的风力发电量在一年中最低，而电力需求却达到最高值，因此夏季的电力缺口可能最大（Mai et al.,2012）。从燃气发电厂尾气中捕集 CO_2 可以减少碳排放，由于 NGCC 设备的效率较高，应用将更加广泛，因此捕集 CO_2 具有更高的实用价值。下文将会讲到，存储过剩电力和调整用电需求能够适当降低对备用发电设施的依赖，但无法完全消除。

住宅和商业部门的能源使用

表 16.2 根据最终用途列出了美国住宅部门的能源消费构成。2012 年，空间供暖占住宅部门能源消费的 39%，之后是热水供应（17%）、空间制冷（8%）、照明（6%）、冷藏（4%）、烹饪（3%）、电视（3%）和电脑（1%）。表中还统计了能源供给形式的构成，包括电力、天然气、燃油和丙烷等。其中，电力占能源消费总量的 45%，之后是天然气（41%），燃油（5%）和丙烷（5%），其余能源主要由木材供应。空间供暖、热水供应和烹饪中消耗的天然气分别占各自能源消费量的 61%、67% 和 62%。燃油和丙烷主要用于空间供暖和热水供应。

表16.2　2012年美国住宅部门的能源使用（单位：10^{15} BTU）

功能	总计	电力	天然气	燃油	丙烷
空间供暖	4.07	0.29	2.5	0.44	0.37
热水供应	1.79	0.45	1.2	0.05	0.07
空间制冷	0.88	0.85	—	—	—
照明	0.64	0.64	—	—	—
冷藏	0.38	0.38	—	—	—
烹饪	0.34	0.11	0.21	—	0.03
电视	0.33	0.33	—	—	—
电脑	0.12	0.12	—	—	—
总计	10.42	4.69	4.26	0.51	0.51

资料来源：US EIA. Annual Energy Outlook 2014. http://www.eia.gov/forecasts/aeo/

表 16.3 总结了商业部门的能源消费构成。这里的商业部门中包括各种不同功能的建筑物，如私人和公共办公室、酒店、零售商店、学校和医院等。空间供暖、照明、热水供应、空间制冷和通风共占商业部门能源消费总量的 54%，其中 50% 由天然气供应，45% 由电力供应。在"其他"这一分类中涵盖了多种能源消费用途，包括医院设备和各种实验室应用设施。电力和天然气分别占商业部门能源消费总量的 45% 和 41%。

过去几十年中，在提高各种常用电器（包括冰箱、空调、电视机、洗衣机、电脑和照明设备）的能源效率方面，美国国家层面的举措取得了很大成功。美国能源部和环境保护局的管理计划规定，达到使用效率最低标准的电器产品将获得"能源之星"的认证。当购买的产品满足规定的最低效率标准时，消费者就可以很容易地通过附带标签清楚地了解到该产品将消耗多少能源。该计划在减少家庭和工作场所的电力消耗方面取得了显著成功。

表16.3 2012年美国商业部门的能源使用（单位：10^{15} BTU）

功能	总计	电力	天然气	燃油
空间供暖	1.82	0.15	1.54	0.13
照明	0.94	0.94	—	—
热水	0.60	0.09	0.48	0.03
空间制冷	0.60	0.55	0.04	—
通风	0.52	0.52	—	—
冷藏	0.38	0.38	—	—
办公室设备	0.33	0.33	—	—
其他	2.88	1.53	0.90	0.23
总计	8.29	4.52	2.96	0.42

资料来源：US EIA. Annual Energy Outlook 2014. http://www.eia.gov/forecasts/aeo/

对于照明电器，也有类似的提高能源效率的举措：《能源独立与安全法案》（EISA）于 2007 年 12 月生效，该法案规定，应逐渐淘汰低能源效率的灯泡，并替换为更高效的产品。以往的标准白炽灯发光时，钨丝必须加热到至少 2500℃。即使在如此高的温度下，灯泡消耗的能量中只有 2%能够转化为可见光波段的光子，即我们看到的光；而其余大部分能量是以波长较长的红外辐射，即以热量形式发散。如今市场上的灯泡和灯管将电能转化为可见光的效率有明显的提高：紧凑型荧光灯（CFL）的能量转化效率比以往的白炽灯高3~5 倍，发光二极管灯泡（LED）的能量转化效率比 CFL 更高。虽然这些新型照明设备的成本较高，但是它们的使用寿命较长（这是因为它们发光时温度较低），同时节省了电费，因此其收回成本的时间比传统灯泡短。

空间供暖和热水供应中的节能措施

供暖和制冷以及热水供应的成本占住宅和商业建筑运行费用的很大一部分。鉴于此，我们认为对建筑物外层（窗户、门、地下室、墙壁、阁楼和屋顶）保温隔热和改进设计方面进行投资可以产生双重红利：在降低运行费用的同时减少 CO_2 排放。在示范和响应节能行动方面，加利福尼亚州的住宅与商业部门在美国处于领先地位，并能够在节能降耗的同时不影响建筑的基本服务功能。1975 年，加利福尼亚州首次于全州范围内建立了建筑物的能源标准,此后每2～3年更新一次。1975～2005年间,加利福尼亚州住宅部门的人均天然气消费量下降了近50%,几乎是同期其他州减少量的两倍多(Harper et al.,2011)。加利福尼亚州采取的大部分节能措施都是通过日益严格的建筑规范来实现的,这些规范主要适用于新建建筑项目。显然,推进既有建筑的节能改造更为困难。既有建筑是否进行节能改造最终取决于业主,他们做出决定时,可能会更多地考虑个人财务利益而非全球的环境状况。

几年前,我们委托一家公司对我们在剑桥的房屋进行能源审计。该审计工作由当地燃气发电厂提供资助。承接这项任务的公司非常专业,他们密封了门窗,测定了房屋内的空气交换时间,拍摄了内墙的红外照片,并撰写了一份出色的报告,记录他们的工作和结论。简而言之,他们发现我们的房屋密封性相当好,但可以通过增设保温层进一步提高能源使用效率。我向该公司追问,试图了解应该在房屋何处投资增设保温层,并试图确认增设保温层的花费以及需要多长时间能收回投资。遗憾的是,他们无法提供相关信息,更确切地说是没有确认这些信息的能力。更令人忧心的是,我得知他们并不知道有哪家公司或机构可以提供这种有针对性的建议。如果我们要鼓励关注经济利益的建筑物(无论是住宅还是商业建筑)业主投入个人资金以提高建筑物的能源效率并减少CO_2排放,这一服务显然是必要的。就这一服务如何操作,我有如下设想:

假设存在一个机构可以利用红外成像技术提供建筑物的能源审计工作,例如在无人机上安装红外成像装置,这些数据可以准确地定量描述建筑物特定部位泄漏的能量大小(单位时间损失的热量),并且可以覆盖整个街区。利用这些信息,综合性能源公司就可以向建筑物业主提供其房产中能量损失的准确大小及位置、由此带来的经济损失、堵塞泄漏所需成本以及投资收益等信息。在我看来,这将可能成为一个受到广泛支持的共赢举措:对于投资者而言,这是一个新的商业机会;对于技术人员而言,他们有可能从事该领域的工作并获得丰厚的报酬;对于建筑物业主而言,可以节约建筑的运行成本;此外,这项投资不仅具有经济效益,还能够显著减少CO_2排放量,在当前全球变暖的背景下具有更加重要的意义。

热泵在空间供暖和热水供应中的应用

为达到2050年美国温室气体净排放量相对于2005年减少83%的长期减排目标,住宅和商业部门除节约能源外还需要推行其他减排措施。其中,通过利用非化石燃料发电来代替一部分基于化石燃料的电力供应就是重要举措之一。如前所述，发展风电和太阳能发电是一种可行的方案。此外，还必须减少建筑物供暖和热水供应中天然气及燃油的使用，基于低化石燃料电力驱动的热泵是一种很好的替代品。热泵系统从外部环境（大气或地面）中吸收能量，并以热量的形式将能量输送到建筑物内部。

热泵有多种运行模式，其中一种工作原理如下：热量通过循环流体从建筑物外部传递到建筑物内部。流体在建筑物外部吸收热量并发生相变，即从液态过渡到气态。随后通过压缩提高循环气体温度，压缩过程所需能量由电动泵提供。接着高温气体通过一系列盘管式热交换器，将空气或水注入热交换器，即可使高温气体携带的热量传递到建筑物内部。在热交换过程中流体冷凝回到液态，继续沿循环路径流动并返回外部热交换单元，然后再次从外部环境吸收热量，并不断重复上述过程。在这一循环过程中，流体最初从外部环境介质（大气或地面）中获得能量，并在压缩机的作用下得到额外的能量输入，最后通过热交换器将一部分获得的能量传递到建筑物内部。

我们将热泵的效率定义为运行过程中消耗的电能与最终传递给建筑物的能量的比值，称为性能系数（COP）。理想热力学系统（一种极限情况下的基本理论模型）的性能系数可表示为系统从外部吸热时的温度与系统将热量传递到内部时的温度的比值。因此外部温度越高或传热时温度越低，对应性能系数的值越大。目前市场上用于空间供暖的热泵的性能系数会随外部环境温度的不同而发生改变：室外温度为 $0°F$ 时性能系数降至 2 左右，室外温度为 $32°F$ 时性能系数升高至 3 左右，室外温度高于 $45°F$ 后性能系数会升高至 4 以上。如果驱动热泵的电力由天然气提供，并且能够在燃气锅炉或者电动热泵这两种供暖方案中进行选择，则当热泵的性能系数为 3 时，两种供暖方案消耗的能量相同（如第 2 章所述，美国电力生产消耗能量的 68%以废热形式排入环境）。从成本角度来看，两种供暖方案的保本价格取决于电力和天然气的价格差异，而电力与天然气的价格不仅在全国不同地区间存在较大差异，还会随着时间发生显著变化。

就我们所在的马萨诸塞州剑桥市而言，2014 年 12 月电力的能源成本比天然气高 4.8 倍。但马萨诸塞州的这一情况在美国是特例，其电力和天然气成本都较高，主要是由于天然气的运输瓶颈（该州与天然气供应地之间缺少足够的连接管道）以及该州的电力主要由燃气发电提供。与马萨诸塞州不同的是，2014 年 11 月华盛顿州（全国电价最低的州）的住宅用电价格仅比天然气的能源调整价格高 2.4 倍。仅就预期的日常费用而言，华盛顿州的家庭使用电动热泵供暖比使用天然气供暖更加合理。如果纯粹从经济学角度考虑，在马萨诸塞州很难得出类似结论。但在这两个州，从燃气锅炉供暖转变为热泵供暖都将减少能源需求（这两个州的冬季平均温度都足够高，使得热泵的性能系数一般大于3），并且这一结论适用于美国的大部分地区。假设用于驱动热泵的电力主要来源于非化石能源，从燃气供暖和燃油供暖转变为电动热泵供暖将有望大幅减少 CO_2 排放。

减少交通运输的排放：电动汽车的机遇

交通运输部门的 CO_2 排放量约占美国总排放量的三分之一（参见第 3 章）。该部门 CO_2 排放主要由交通工具的燃油驱动所导致，包括用于汽车和轻型卡车的汽油，用于部分汽车（以重型卡车为主）、船舶和火车的柴油，以及用于民用和军用飞机的喷气式发动机燃料等。减少交通运输部门的碳排放所面临的挑战，是寻找合适的非化石能源以代替目前在交通运输中占主导地位的化石燃料。

从能源效率和经济学的角度分析，使用电力代替汽油驱动汽车和轻型卡车是有利的。在通过燃烧汽油驱动汽车的过程中，大约80%的能量转化为废热，只有20%的能量能够用于驱动车轮。相比之下，利用电池存储电能并驱动车辆更加高效，其能量损失将减小至10%。假设利用 100 单位的能量生产了 30 单位的电能，则其中90%（共 27 单位）可以用于驱动汽车或卡车。与之相比，如果将 100 单位能量的汽油用作机动车燃料，则最终仅有20%的能量（共 20 单位）能够得到有效利用。因此从能量利用的角度来看，电力驱动的效率比汽油高 25%。而从成本角度来看，电力驱动也更具吸引力。

1 加仑汽油所含能量相当于 33.7 kWh 的电力，假设汽油 20% 的能量（相当于 6.7 kWh 的电力）可用于驱动内燃机（IC）汽车，则 1 加仑汽油驱动内燃机车辆的能力与 7.4 kWh 的电力相当（假设电力驱动效率为 90%）。考虑到 2014 年 12 月马萨诸塞州剑桥市的零售电价为 19.8 美分/千瓦时，则电动车辆使用 1.46 美元电力产生的驱动能力与常规内燃机车辆使用一加仑汽油产生的驱动能力相同，即便是在目前汽油价格较低的背景下，用电力替代汽油也可以节省大量成本。如果是在华盛顿州，电力和汽油的成本差异则更加明显。如前所述，该州电费低至每千瓦时电约 9 美分（见图 2.1），这表明只需 67 美分的电力即可提供相当于 1 加仑汽油所能产生的驱动能力。

与使用燃油相比，交通运输中电力的使用在 CO_2 排放方面的相对优势取决于电力来源的性质。如果来源于燃煤发电，则碳排放量反而更大，因此应优先使用汽油；如果来源于天然气发电，则排放量会大大减少（燃气发电中每单位能量产生的 CO_2 约为燃煤发电的一半）；如果电力是由风能或太阳能产生的，则碳排放可以忽略不计。

过去几年中，美国电动汽车与电辅助汽车市场发展迅速。截至 2015 年年初，消费者可以选择购买来自于 15 家左右不同制造商的约 25 种不同型号的电动汽车（http://www.plugincars.com/cars）。其中包括只能使用电网供电的纯电动车型以及能够共同使用电网电力和车载内燃机的混合动力车型，混合动力汽车的汽油发动机能够提供备用电力或直接驱动车辆。纯电动汽车的续驶里程取决于其内部安装的电池组容量，从约 60 英里到高达 265 英里不等。然而，电动汽车的电池沉重且昂贵，因此电动汽车的价格也相对较高。目前最受欢迎的纯电动汽车是日产聆风（Nissan Leaf），售价为 29 000 美元，巡航里程达 84 英里。此外，插电式混合动力汽车［如丰田普锐斯（Toyota Prius）或本田雅阁（Honda Accord）］同样配备了能够利用电网充电的电池，其纯电巡航里程可达 10～13 英里，并可以切换为标准的汽油/电力混合驱动系统。增程式电动汽车是另一类电动车，其纯电巡航里程从 20 英里到超过 80 英里不等，并且，为了能够行驶更远的距离，还可通过汽油发动机来提供备用电力。例如，宝马 i3（BMW i3）的 22 kWh 电池能够提供 80～100 英里的纯电动巡航里程，而使用备用汽油发电机续航后，行驶里程可达约 190 英里。与之相比，售价较低的雪佛兰沃蓝达（Chevy Volt）甚至具有更强的续航能力（高达 300 英里），但其纯电动巡航里程只有 38 英里左右。

目前市场份额最大的纯电动汽车是特斯拉 S 型（Tesla Model S），其巡航里程取决于电池容量：60 kWh 规格的电池能够提供 208 英里的巡航里程，而 85 kWh 规格的电池能够提供 265 英里的巡航里程。特斯拉 S 型的基础售价为 64 000～81 000 美元，电池容量规格越小的车型对应的售价越低。与其他电子产品（如笔记本电脑）的供电情况类似，特斯拉 S 型电动汽车采用数千块独立的锂离子电池供电。电池组位于汽车底部且温度受到严格控制，以确保即使在车辆发生剧烈碰撞时也能保证电池系统的安全性（主要目的是防火）。

截至 2014 年 11 月，特斯拉在全球范围内已安装了 268 个快速充电站，其中北美地区有 132 个。快速充电站能够在短短 20 分钟内为 85 kWh 规格的特斯拉 S 型车提供 150 英里的续航里程。该公司首席执行官 Elon Musk 的目标是：通过在充电站或其附近建筑物屋顶安装太阳能电池板，最终使所有充电站的电力均来自太阳能。为了达到这一目标，他创建了"太阳城市"（Solar City）公司，也就是为我们在科德角的房屋屋顶上安装太阳能电池板的那家公司（见第 11 章）。Musk

专业知识丰富并且兴趣广泛,他除了在特斯拉担任首席执行官外,还是"太阳城市"公司的联合创始人之一,并担任该公司的董事长。

目前美国的汽车和轻型卡车保有量约为 2.5 亿辆,而其中电动汽车仅占一小部分。假如未来电动汽车的比例大幅增加,达到车辆保有量的一半甚至更多,按照当前标准(约 0.3 kWh/英里)的电力消耗速度及 10 000 英里的年行驶里程计算,1 亿辆电动汽车每年将消耗约 $3×10^{11}$ kWh 的电力,接近目前美国电力总需求的 10%。如果电动汽车的普及过程符合上述假设,则每年可节省 200 亿加仑汽油(假设汽油驱动汽车的平均燃料效率为 50 英里/加仑),同时每年可减少高达 1.76 亿吨的 CO_2 排放(假设电动车辆的电力来源主要是非化石能源)。电池供电是电力分布式存储的重要手段,这也是电动车辆大规模普及的一个重要作用。

美国的电力消费在炎热的夏季傍晚达到峰值,最大电力负荷高达 770 GW。冬季的电力需求峰值较低,约为 620 GW。而电力需求通常在夜间人们入眠时达到最低,夏季和冬季分别会降至约 400 GW 和 300 GW。如果上文中设想的新增电动汽车都在夜间利用电网为电池充电 5 小时,则夜间电力需求将增加约 160 GW。而如果电动车辆和电网之间的电力传输能够双向进行,那么在白天不行驶的部分电动汽车就可以在出现供电缺口时向电网供电。假设 30% 的电动汽车能够在白天向电网供电,供电量将高达 50 GW。如果以上设想均能够实现,那么白天和夜间的电力需求差异将相应降低,对发电设备数量的需求也会相应减少,从而促使整个电力系统效率提高。如前所述,电力需求通常在夜间达到最低,同时夜间电价也较低;而在早晨和傍晚电力需求最高,对应电价也最高。因此电动汽车车主可以利用这一价格差异,在夜间电价低时充电,在白天电价高时供电。电动汽车存储和获取电力的能力能够为电力系统带来较大的灵活性,电力企业也将因此受益,从而能够有效缓解由太阳能发电和风电的内在变动性造成的挑战。

减少交通运输的排放:重型车辆、火车和飞机的减排

2012 年,以汽油为动力的汽车和轻型卡车的碳排放量占美国交通运输部门排放总量的 60%,而以柴油为动力的交通工具排放量占总量的 31%(重型卡车占 23%,船舶占 5%,火车占 3%),此外,航空飞行中,喷气式发动机燃料燃烧产生的 CO_2 排放量则占 9%。如第 8 章所述,美国一些主要的铁路公司计划用液化天然气(LNG)代替柴油作为火车燃料,这一举措将使相关 CO_2 排放量减少 25%。而对于长途卡车运输业,用天然气大规模地替代柴油是不太现实的,因为这意味

着需要为大量货车服务站供应压缩天然气，从而需要大规模投资建设基础设施，以满足对天然气的需求。如第 14 章所述，2013 年生物柴油产量相比 2012 年增加了 35%，这在很大程度上是因为美国政府对掺混的生物柴油实行 1 美元/加仑的税收抵免政策。尽管产量有所增长，但 2013 年美国生物柴油的供应量仍不到 13 亿加仑，而重型卡车柴油总需求量接近 400 亿加仑。按照目前生物柴油的生产配置情况，未来其产量不太可能显著增加。尽管实行了税收补贴政策，美国还是在 2013 年被迫首次从国外进口生物柴油，以满足可再生燃料标准（RFS）规定的产量要求。因此，为减少未来柴油的使用，更好的方案也许是利用费-托（F-T）合成工艺。约 90 年前，该工艺由德国化学家 Franz Fisher 和 Hans Tropsch 开发，能够以植物材料为原料合成一种柴油的替代品，这种生物质产品还可以替代喷气式发动机燃料用于航空领域。

减少交通运输的排放：由费-托合成工艺生产低碳或负碳生物质燃料

　　费-托合成工艺的原料为一氧化碳（CO）和氢气（H_2）的混合物，这一混合物也被称为合成气。合成气可以由多种原料（如煤、天然气或生物质）制得，在煤炭资源丰富的南非，合成气多年前就已用于工业生产，而在同样盛产煤的德国其应用时间更早。合成气主要用于将煤转化为各种液体燃料的过程中，包括汽油、柴油和喷气式发动机燃料。煤炭几乎全部由碳元素组成，为了生产费-托合成工艺所需的氢气，需要将由煤炭制取的 CO 与水反应，这一反应过程被称为水煤气变换反应，反应产物除 H_2 外还有 CO_2。反应中作为中间产物产生的 CO_2 总量几乎是液体燃料（最终产物）燃烧后排放的 CO_2 的两倍。假设作为中间产物的 CO_2 也排放到大气中，则使用煤制取液体燃料的工艺对 CO_2 净排放会产生明显的负面作用。

　　费-托合成工艺过程中会形成高浓度 CO_2 排放源，这使得捕获和隔离 CO_2 的成本相对较低，并能够将其封存在长期稳定的地质储层中，有效保证这部分 CO_2 从大气中永久去除。捕获和封存费-托合成工艺中产生的 CO_2 的成本估计只有 10～20 美元/吨（Kreutz et al., 2008; Tarka, 2009; Schrag, 2009），而捕获和封存传统燃煤电厂和燃气电厂产生的 CO_2 的成本至少为 100 美元/吨（IPCC, 2005）。如果将碳捕集和封存技术应用于以煤炭为原料的费-托合成工艺，那么由该工艺生产的液体产物燃烧产生的 CO_2 与燃烧传统液体化石燃料的排放相比将没有显著差异：最终煤炭中 52% 的碳将被捕集并有效地从大气中永久去除（Kreutz et al., 2008）。因此，使用生物质代替煤作为费-托合成工艺的原料可能更具吸引力。

在利用费-托合成工艺制备液体燃料时,如果仅使用生物质作为原料,那么在生产过程中消耗的碳和液体产物最终燃烧时释放的碳都将来自大气。如果在此基础上应用碳捕获和封存技术,则这一生产过程将导致大气中 CO_2 的净吸收。但该生产过程的缺点在于植物生物质所含能量要小于相等质量的煤所含的能量,这导致单位质量生物质生产的燃料市场化潜力较小。Kreutz 等(2008)提出了一个更实际的方案,即仍然使用煤作为原料,但将一部分生物质混入原料中,同时捕获和封存中间产物 CO_2,Schrag(2009)也赞成这个提议。

Kreutz 等(2008)对费-托合成工艺生产液体燃料的多种原料以及操作过程进行了实验,结果表明 CBTL-RC-CCS 组合工艺在当前全球变暖背景下具有重要的实践意义,该组合工艺是指通过费-托合成工艺将煤炭和生物质转化为液体燃料(CBTL),并循环利用未转化的合成气(RC),结合碳捕集和封存技术(CCS)对尾气进行处理。在该组合工艺中,他们假定每天投入 2441 吨干燥煤炭和 3044 吨干燥生物质(因此在原料中,54% 的碳来自煤炭,剩余 46% 来自生物质)。每天可生产加工 10 000 桶当量的液体燃料。整个生产过程是碳平衡的,即燃料产物燃烧时的碳排放与原料中生物质的含碳量相等,而原料中剩余约 54% 的碳(来自煤炭)被捕集和封存。从能量角度来看,原料中 44% 的能量转换为液体燃料(最终产物)的能量,另外有 5% 的能量用于生产 75 兆瓦的无碳电力并接入电网,因此整个生产过程的整体能量转化效率为 49%。根据 Kreutz 等(2008)的分析,当原料中干生物质比例达到约 56% 时,将达到碳中和的平衡点。随着生物质比例的进一步增加,从原料加工到产品燃烧的整个过程将对大气中的碳造成净吸收。简而言之,以生物质为原料的费-托合成工艺能够生产低碳交通运输燃料(汽油、柴油和喷气燃料),也是潜在的大气 CO_2 吸收汇,其最终发展潜力将取决于生物质的供应是否充足。

生产乙醇和传统生物柴油都需要使用特定的碳氢化合物作为原料,前者的原料包括玉米、甘蔗、纤维素,后者的原料包括大豆、油菜籽、动物脂肪、回收的烹饪油脂等。相比之下,以生物质为原料的费-托合成工艺可利用任何还原性碳源进行生产,包括农业废弃物和城市生活垃圾、造纸废渣和专门种植的农作物。柳枝稷是一种极具吸引力的原料,这是一种多年生的自播作物,能够在贫瘠的土地上生长,并且对肥料的需求量适中。如果以混作的方式种植柳枝稷,一英亩土地可以收获多达 4 吨的干生物质,还能将更多的碳储存在土壤中(Mitchell et al.,2013)。目前美国闲置耕地面积约为 4 000 万英亩,假设这些土地全部用来种植柳枝稷，则每年可以持续提供高达 1.6 亿吨的干生物质。这些生物质与煤炭按一定比例混合后足以满足多达 155 家工厂的原料需求（假设这些工厂均按照上文描述的碳平衡费-托合成工艺进行生产，每天各自生产 10 000 桶液体燃料）。这 155 家工厂能够生产的汽油、柴油和喷气式发动机燃料分别相当于 2012 年美国国内消费量的 18%、50% 和 150%。其他生物质原料包括速生树木（如杨树和柳树），以及各种富含有机物质的工业废物、农业废物和城市生活垃圾。

毫无疑问，以煤炭和生物质的混合物为原料，辅以碳捕获和封存技术，利用费-托合成工艺生产的液体燃料，可作为汽油、柴油和喷气式发动机燃料等传统燃料的低碳排放替代品。在生物质占原料比例较高的情况下，还可能导致大气中 CO_2 的净吸收。另外，将煤炭和生物质混合以生产低碳排放的液体燃料，也有助于煤炭市场的可持续发展，否则，在未来全世界限制化石能源使用的背景下，煤炭市场的发展前景将非常有限。另外，使用天然气代替煤炭添加到生物质中，并进行低碳排放燃料的生产，这种方式也具有相似的效果（Liu et al., 2011）。对生产过程进行综合经济效率分析，应考虑获取原料（煤、天然气和生物质）的成本、相关加工设备的投资和运行成本以及液体燃料产品的销售收入。当前（2015 年 3 月）美国天然气的价格处于较低水平（低于 3 美元/MMBTU），从能源角度来看，目前天然气和煤炭的成本相当。而天然气比煤炭更加清洁，这表明天然气可以替代煤炭，成为费-托合成工艺中更加经济可行的原料。然而，这一趋势不可能一直持续。对于将煤或天然气混合生物质作为原料并利用费-托合成工艺来生产液体燃料这一过程，在预测未来生产成本时，必须认识到这种性质的预测本质上是具有不确定性的。特别是这种预测难以考虑未来的技术进步，而这种技术进步将可能导致生物质材料成本降低，并使未来生产中出现效率更高的费-托合成工艺设备。

对低碳能源未来发展前景的总结评述

本章概述的低碳能源未来的发展前景，是建立在电力将逐渐成为未来的主要能源这一前提上。更重要的是，这种电力应由非化石能源提供。为此，我们在前文中强调了风能发电和太阳能发电的巨大潜力。为了充分发挥这些可再生能源的发电潜力，需要解决两大问题：第一，必须升级电力传输系统，使电力能够从风能和太阳能资源丰富地区有效传输至高电力需求地区；第二，需要适应风能和太阳能的内在波动性。这两项目标可以通过投资建设全国一体化的电力输配系统来实现。

在电力系统的转型中，电力公司不仅要能够对电力需求做出及时响应，还要具备调节电力需求的能力，这将有助于缓解由风能和太阳能的波动带来的挑战。大规模电池储能技术的进步也有助于解决这一问题。就像之前讨论的，电力设施与未来大量新增的电动车电池之间的双向连接也能够在调整电力需求中起到重要作用。

如果美国想要在 2050 年实现既定的减排目标，那么政府的引导作用将至关重要。五年前我出版上一本有关能源的书时（McElroy, 2010），我认为美国需要投资建设新的能源系统，不仅是因为人类引起的气候变化所带来的威胁，也是为了保障国家的能源安全。而现在的情况则完全不同。页岩气革命为美国提供了充足的石油和天然气，使得这两种能源的价格大幅降低。低效的燃煤发电厂正在被更高效且运行成本更低的燃气发电厂所取代。为解决气候变化问题，我们需要为向低碳未来转型进行投资，但在目前这种情况下，鼓励这类投资变得十分困难。然而这么做仍然是非常有利的，加大对低碳未来的投资不仅能够减少对气候系统的破坏，还可以带来相关经济利益：使用风能或太阳能发电的平准化成本几乎完全由初始投资决定（风能或太阳能是免费的，且运行成本极小）。这意味着一旦投入初始资金，则至少在未来 20 年内的电力成本都是完全可预测的。相比之下，化石燃料的发电成本则较难预测。

过去化石燃料行业的发展得益于政府部门对化石燃料的补贴政策，而这一现象仍将继续存在。为了解决全球气候变化问题，低碳排放的非化石能源应该得到同样的政策支持。鉴于此，税收减免和上网电价补贴政策都是可行的方案。但这些政策必须具有一定的可预测性和连续性，并且不应像过去几年那样被频繁废除与恢复。

其 他 观 点

奥巴马总统提出，到 2050 年，美国温室气体排放量要比 2005 年减少 83%，为实现这个承诺，Williams 等（2014）讨论了一些可行的方案。他们的研究是国际合作项目"深度脱碳道路项目"（DDPP）的一部分，该项目涉及来自 15 个国家的研究团队，这些国家的碳排放占当前全球温室气体排放总量的 70%。DDPP 项目旨在寻找各国减少温室气体排放的对策，并最终实现将全球地表平均气温增幅限制在 2℃以内这一目标。为此，Williams 等（2014）为美国提出了四项方案：集中发展可再生能源、集中发展核能、大规模投资发展碳捕获和封存技术（CCS）以及综合发展前三项方案。其中集中发展可再生能源这一方案最接近本章概述的低碳能源的发展前景。该研究强调，要想实现 2050 年的减排承诺，所面临的挑战在于要控制温室气体的排放总量，而不仅仅是控制来自能源部门的 CO_2 排放。Williams 等（2014）认为，为实现这一减排承诺，应在 2050 年之前将与化石燃料燃烧相关的 CO_2 排放量限制在每年 7.5 亿吨以内。他们认为有几种途径可以实现这一目标，并为这些途径建立了明确的模型。模型中的基本假设包括：2015～2050 年间，电气照明设备的库存将更换四次，空间供暖系统需要更换两次；相比之下，现有的工业锅炉和发电厂在这 35 年的大部分时间内仍将继续运行，除非特殊情况下更新一次。

与本章阐述的低碳能源未来前景一致，Williams 等（2014）认为在集中发展可再生能源这一方案中，电力在未来美国能源系统中应发挥比现在更加重要的作用。他们预计到 2050 年全国发电总容量将从目前（2014 年）的 1 070 GW 增加到超过 3 600 GW，并且其中大部分增长将出现在 2030 年后，到那时现有的大部分燃煤电厂都将被淘汰。2050 年美国电力系统将由可再生能源主导，其中风电和太阳能发电分别占总发电量的 62.4% 和 15.5%。未来电力系统的规模将显著扩大，以确保满足绝大部分情况下的电力需求。当电力生产过剩时，过剩部分将被用于生产氢气。氢气的生产是通过电解水进行的，电解过程中一分子水被分解为两分子的氢气和一分子的氧气。他们建议将电解水生产的 H_2 直接通入天然气输配管网中，或通过与 CO_2 反应来生产合成天然气（即甲烷），该反应过程中，四分子的氢气与一分子的 CO_2 反应，生成一分子的甲烷和两分子的水[②]。生产过程中，假设原料中的 CO_2 由生物质生产，并且得到的合成天然气产品是无化石能源碳的 [Williams 等（2014）在研究报告中称之为"脱碳的"（decarbonized）]。这一生产工艺被称为电转气技术（PtG），其产品为脱碳天然气，可替代传统的化石基天然气。特别是，它还可以作为柴油的补充燃料来驱动重型卡车。

Williams 等（2014）的研究成果表明，到 2050 年，美国温室气体排放总量相比 2005 年减少 83% 的目标可以在相对较小的增量成本下实现：到 2050 年，美国能源系统成本净增量的预期中值为 GDP 的 0.8%，并且净增量成本介于 GDP 的 -0.2% 与 +1.8% 之间的概率为 50%。他们在报告中进一步指出："未来十年的技术进步和市场转型可能会导致今后的预期成本大幅降低。"Williams 等（2014）提出的目标以及本章阐述的理想情景能否成功实现，很大程度上取决于眼下政府的态度。如果我们认真应对气候变化带来的挑战，就可以迎来能源的可持续发展；如果我们忽视它，就要准备好承担相应的后果。

可以对气候系统进行人为控制以减少气候变化造成的危害吗？

针对这一问题，目前已经提出两种可能的解决方案。第一种方案是改变地球的行星反照率（即反射率），减少太阳光吸收，从而抵消由于温室气体浓度上升导致的地球冷却能力下降和全球变暖；第二种方案是从大气中去除 CO_2，并将其封存在一个合适的长期稳定的储层中，从而有效地消除这部分 CO_2 对气候的影响。

通过主动干预冷却地球的建议并不是最近才提出的。早在四十年前，俄罗斯气候学家 Mikael Budyko 就已提出可以将硫黄注入大气层中以延缓全球变暖（Budyko,1974），其作用与火山爆发喷射硫黄时产生的自然冷却效应相似。1991年菲律宾的皮纳图博火山爆发，估计大约有 1400～2600 万吨 SO_2 进入平流层，并在距地表约 25 千米的高空达到最高浓度（Read et al.，1993）。经过了几个月的时间，气态 SO_2 转化为硫酸，并形成了硫酸盐气溶胶（即悬浮颗粒物）。硫酸盐气溶胶的颗粒直径很小，且对太阳光具有反射作用。这次火山喷发导致了高达-3 W/m^2 的瞬时负辐射强迫，其大小与温室气体浓度升高产生的正辐射强迫相当（IPCC，2007）。如第 4 章所述，辐射强迫是指在地球向宇宙辐射能量以及吸收能量的净速率。由于平流层大气与对流层大气在数年内能够完成质量交换，因此火山喷发对大气能量平衡的影响是相对短暂的。观测数据表明，皮纳图博火山喷发后的第一年，地球低层大气温度降低了约 0.4℃；而在五年后，低层大气温度基本恢复到喷发之前的一般水平（Soden et al.，2002）。

温室气体浓度增加将引起全球变暖，对人类的生存发展具有潜在危害，因此最近人们开始考虑向平流层中注入硫黄以抵减全球变暖的进程，这并不令人感到意外。该方案也被称为太阳辐射管理（Royal Society,2009）、反照率修正（NAS,2015）或气候工程（Keith,2013）。美国国家科学院（NAS）的研究结论为："目前还不应该实施足以改变地球气候的反射率修正工程。"相反地，Keith（2013）认为："应当有意识地主动加速实施地球工程。"他设想了一个初步计划：每年向平流层中注入 25 000 吨硫酸，并在十年后将注入量提高到最初的 10 倍。他认为当项目进入成熟阶段后，可由少量湾流商务喷气机实施，每年费用约为 7.5 亿美元。

我同意 NAS 的研究结论：未经事先细致评估就承诺实施大规模的反照率修正工程是不明智的。主要问题在于这一工程可能会使情况变得更糟。

温室气体浓度上升导致了地球能量净增加：目前地球从太阳吸收的能量要多

于其向太空辐射的能量。向大气中注入反射物质将使地球吸收太阳辐射的速率降低，从而缓解地球能量输入和输出的不平衡。但问题在于，这种方式并没有从根本上减少造成初始不平衡的来源，而是通过引入完全不同的干扰物实现。造成的后果是，能够被地球吸收的来自太阳的可见光将减少，因此地球反照率的改变不仅会使全球平均温度降低，还会使地球的水文循环和全球生物圈的新陈代谢产生变化。不过，向平流层注入反射物质引起的干扰是短期的，因此我们将有机会了解其实时影响情况，并决定是否继续进行干预。

作为一种主动干预手段，通过反照率修正来减缓全球变暖的另一个好处可能是：大气温度的降低将很可能伴随着大气中水蒸气含量减少。如第 4 章所述，近年来观测到的各种极端天气（洪水、干旱频发，风暴更加猛烈）表明，温室气体浓度增加导致水蒸气浓度上升。我建议应有针对性地控制地球反照率，以减轻极端天气造成的危害，但只有经过仔细审议并通过广泛、集中的研究进行证明和支持，才可以实施这一计划。

我认为，如果要减轻人类引起的气候变化造成的危害，不应通过引入另一个干扰全球环境的因素来实现，本节开头提出的第二个方案也许更合适：直接从大气中去除温室气体，尤其是温室效应的罪魁祸首 CO_2，并将其封存在安全的地质储库中。

从大气中捕获 CO_2 的方法

人们已经提出多种从大气中捕获 CO_2 的方案。CO_2 可以通过与氢氧化钠（NaOH）等溶剂发生化学反应来去除，CO_2 与 NaOH 反应后被转化为碳酸钠（Na_2CO_3）。向反应产物碳酸钠溶液中投加生石灰（CaO）可以改变其化学性质，生成高浓度的 CO_2 气流。经过进一步处理后 CO_2 将被转移到指定的储库中，例如地下的深层盐水层（IPCC, 2005）。

使用氢氧化钠捕获 CO_2 的方案由 Keith 等（2005）、Baciocchi 等（2006）和 Zeman（2007）提出。Lackner（2009）提出了另一种利用商用塑料捕获 CO_2 的替代方法，这种塑料在干燥状态下能够有效吸附 CO_2。由于 H_2O 分子能够取代塑料吸收的 CO_2 分子与该塑料结合，因此完成 CO_2 吸收后，将塑料浸入水中即可释放 CO_2。

根据热力学定律，为便于处理和最终运输到指定封存处，需将大气中低浓度的 CO_2 浓缩为高压状态，这一过程将不可避免地消耗一定的能量。假设从大气中

捕获分压为 4×10^{-4} atm 的 CO_2，并将其转化为压力 1 atm[③]的高浓度气流，这一过程最少需要消耗的能量大约为 0.42 MMBTU/吨 CO_2；为使 CO_2 适于转移到地质储层中进行封存，需进一步浓缩，使 CO_2 的压力达到 100 atm，每吨 CO_2 还需要额外消耗 0.25 MMBTU 的能量，因此总能量消耗为 0.67 MMBTU/吨 CO_2。而实际碳捕获与封存系统的能量需求可能会显著高于理论上的最低值。

在 Lackner 推荐的利用塑料捕获和浓缩 CO_2 的方法中，相较于 NaOH 方法中复杂的化学反应，其所涉及的转化过程本质上更加简单。相应地，根据 House 等（2011）的推算，这种方法的能耗将比 NaOH 方法至少降低 75%。Lackner 表示他提出的方法可以从大气中有效去除并隔离 CO_2，且每吨 CO_2 的处理成本只有 100 美元（Lackner et al.，2012）。与之相比，House 等（2011）根据现有大规模除气系统的运行经验，认为实际系统的运行成本将高达 1 000 美元/吨 CO_2。Broecker（2015）承认这些估算的数值之间存在巨大差距，并建议"应当尽力缩小目前较大的估算区间"。

结合现实背景考虑运行成本，从大气中捕获并封存 1 吨 CO_2 成本为 100 美元，相当于 1 加仑汽油价格增加了 88 美分，或相当于煤和天然气价格分别增长为目前的 5 倍和 1.3 倍，即煤的价格从 50 美元/吨上涨到 256 美元/吨，天然气的价格从 4 美元/MMBTU 上涨到 5.3 美元/MMBTU。如果碳捕获和封存的成本远高于 Lackner 等（2012）的估值，而更接近 House 等（2011）给出的成本上限［哪怕只是接近 APS（2011）提出的中间值（600 美元/吨 CO_2）］，那么采用市售能源通过化学反应捕获大气 CO_2 的前景都将十分有限。因此，开发利用绿色植物通过光合作用获取的太阳辐射能量，将是未来捕获 CO_2 更加可行的方案。

利用生物圈作为能源辅助手段去除大气中 CO_2 的方法有很多：生物质可通过燃烧产生电力，并应用碳捕获和隔离技术处理尾气中的 CO_2（Keith et al.，2005；House et al.，2011）。CO_2 也可以通过生产乙醇进行捕获和隔离，或用于生产 H_2（Keith et al.，2005）。但是这些方法的成本都存在不确定性，以生物质发电为例，每吨 CO_2 捕获及封存的估计成本为 150～400 美元（House et al.，2011）。除了以上方法外，我们还可以考虑应用费-托合成工艺。如前所述，这一方案是指以生物质和煤炭（或天然气）的混合物为原料，利用费-托合成工艺生产高价值的液体燃料。假设生物质组分占与煤炭相关的原料干质量的比例超过 56%，则这一生产过程与碳捕获及封存技术的结合将能够从大气中净吸收 CO_2（Kreutz et al.，2008）。考虑到作为主要产品的液体燃料中所含能量以及作为副产品产生的电力，原料（即生物质和煤）中高达 50%的能量将被转化为产品（液体燃料和电力）中的可用能量；

相比之下，如果只是简单地通过生物质燃烧生产电力，能量效率则会低得多，只有 20%左右；而如果将生物质燃烧发电与碳捕获和封存技术结合，能量效率甚至会更低。

我在本章中论述了低碳能源未来的发展前景，即与化石燃料燃烧相关的 CO_2 排放应如何在几十年内显著减少或有效去除。如果想要成功实现这一目标，政府必须在能源转型方面发挥重要的指导作用。由于美国当前化石燃料（煤、石油和天然气）价格较低，因此实现低碳未来的目标仍面临严峻的挑战。碳排放税或碳交易制度可以平衡价格差距，使可再生能源在价格上能够与化石能源竞争。实施税收减免或上网电价补贴政策以鼓励可再生能源投资也能达到类似的效果。如 Williams 等（2014）所述，实现向低碳未来过渡的代价不必太高。事实上，如果充分发挥创造力，这一目标可以通过较小的代价实现。要想实现本章提出的气候友好、低碳排放的未来发展前景，公众支持也是至关重要的，人们必须认识到气候变化对人类的威胁是真实存在的，并且必须共同面对这一威胁。

要　　点

（1）2013 年，美国 CO_2 排放量中有 38%来自电力生产，34%来自交通运输，其余来自工业（18%）、住宅（6%）和商业（4%）。

（2）奥巴马总统宣布，到 2050 年美国温室气体排放量相比 2005 年将减少 83%，这要求未来能源服务需要更多以电力形式提供。风能和太阳能是未来电力的主要来源，另外也可能包括来自地球内部的热量。

（3）核能将为实现未来的低碳排放目标做出重要贡献。目前由于公众反对和成本问题，至少在短期内美国的核能发展前景有限；而中国的核能发展前景更为乐观。

（4）非化石能源提供的电力在环境和经济方面具有很大优势，可以替代汽油和柴油为汽车和轻型卡车提供动力。

（5）新增电动车辆中的电池可以为电力的分布式存储提供重要的发展机遇。这些电动车辆的电池可以在夜间电力需求低时充电。假设电池和电力设施是双向连接的，则在常规电力供应无法满足需求的情况下，一部分电池可用于向电网传输电力。这种电力分布式存储能够在一定程度上缓解由于太阳能和风能供电不稳定而导致的问题。

（6）通过对国家配电系统进行投资，可以缓解风能和太阳能发电的波动性带来的挑战。优化当前美国电力系统中三个高度独立的电网之间的连接，能够使电力从风能资源丰富的中西部地区及太阳能资源丰富的西南部地区更高效地传输至西部和东部的高电力需求地区。

（7）电力驱动的热泵可以代替天然气和石油（至少作为天然气和石油的补充），为住宅和商业建筑供暖。假设热泵的电力来自非化石能源，则可以为减少将来CO_2的排放提供额外的机遇。

（8）对现有建筑的保温隔热进行有针对性的投资，并完善建筑规范以鼓励更节能的设计，能够减少建筑物供暖的能源需求。

（9）费-托合成工艺能够以生物质与煤或天然气的混合物为原料，有效转化为液体燃料，包括合成汽油、柴油与航空燃油。当原料中生物质的比例超过一定限度时，则捕集并封存该生产过程的副产物CO_2可导致大气中CO_2的净吸收。

（10）实现未来低碳排放的目标需要付出的代价未必是高昂的，而且实现这一目标能够为提高就业率、更新基础设施、保障能源安全和提高国际领导力方面带来一系列好处。成功实现这一目标需要政府的承诺，并需要制定相关的教育计划，使人们就实现低碳未来的重要性达成广泛共识。

【注释】

① "负碳"概念中，假定使用生物质衍生品排放的CO_2均被捕获并长期封存在稳定的储层中，与大气永久有效隔离。

② Melaina 等（2013）的研究表明，在氢气体积浓度小于 15% 时，将其通入天然气输配系统中是安全的。但他们也提出警告，应根据具体情况来评估安全和可接受的氢气浓度水平。

③ 本章中压力以大气压（atm）为单位。1 atm 的压力与海平面处的大气压力相等。

参 考 文 献

Baciocchi, R., G. Storti, et al. 2006. Process design and energy requirements for the capture of carbon dioxide from air. *Chemical Engineering and Processing* 45, no. 12: 1047– 1058.

Broecker, W. 2013. Does air capture constitute a viable backstop against a bad CO2 trip? *Elementa: Science of the Anthropocene* 1: 000009.

Budyko, M. I. 1974. *Climate and life*. New York: Academic Press.

House, K. Z., A. C. Baclig, et al. 2011. Economic and energetic analysis of capturing CO2 from ambient air. *Proceedings of the National Academy of Sciences of the United States of America* 108, no. 51: 20428– 20433.

Huang, J., X. Lu, et al. 2014. Meteorologically defined limits to reduction in the variability of outputs from a coupled wind farm system in the Central US. *Renewable Energy* 62: 331– 340.

IPCC 2005. *Special report on carbon dioxide capture and storage*. Edited by B. Metz, O. Davidson, H. d. Coninck, M. Loos, and L. Meyer. Geneva, Switzerland: Intergovernmental Panel on Climate Change.

IPCC. 2007. *Climate change 2007: Mitigation of climate change.* Contribution of Working Group III to the Fourth Assessment Report of the Intergovernmental Panel on Climate Change. Edited by B. Metz, O. Davidson, P. Bosch, R. Dave, and L. Meyer, 251– 322. Cambridge: The Intergovernmental Panel on Climate Change.

Keith, D. 2013. *A case for climate engineering.* Cambridge, MA: MIT Press.

Keith, D. W., M. Ha- Duong, et al. 2005. Climate strategy with CO2 capture from the air. *Climatic Change* 74, no. 29: 17– 45.

Kreutz, T. G., E. D. Larson, et al. 2008. *Fischer- Tropsch fuels from coal and biomass.* 25th Annual International Pittsburgh Coal Conference. Pittsburgh, PA: Annual International Pittsburgh Coal Conference.

Lackner, K. S. 2009. Capture of carbon dioxide from ambient air. *European Physical Journal- Special Topics* 176: 93– 106.

Lackner, K. S., S. Brennan, et al. 2012. The urgency of the development of CO2 capture from ambient air. *Proceedings of the National Academy of Sciences of the United States of America* 109, no. 33: 13156– 13162.

Liu, G. J., R. H. Williams, et al. 2011. Design/ economics of low- carbon power generation from natural gas and biomass with synthetic fuels co- production. *10th International Conference on Greenhouse Gas Control Technologies* 4: 1989– 1996.

Mai, T., R. Wiser, et al. 2012. Volume 1: Exploration of high- penetration renewable electricity futures. In *Renewable electricity futures study,* edited by M. M. Hand, S. Baldwin, E. DeMeo, et al. Golden, CO, National Renewable Energy Laboratory.

Masters, G. M. 2004. *Renewable and efficient electric power systems.* Hoboken, NJ: John Wiley & Sons, Inc.

McElroy, M. B. 2010. *Energy perspectives, problems, and prospects.* New York: Oxford University Press.

Melaina, M. W., O. Antonia, et al. 2013. *Blending hydrogen into natural gas pipeline networks: A review of key issues.* Golden, CO: National Renewable Energy Label 131.

Mitchell, R., K. Vogel, et al. 2013. Switchgrass (Panicum virgatum) for biofuel production. Lexington, KY: eXtension 11. http:// www.extension.org/ pages/ 26635/ switchgrass- panicum- virgatum- for- biofuel- production#.VQiSe809qPU.

NAS 2015. *Climate intervention: Reflecting sunlight to cool earth.* Washington, DC: National Academy of Sciences.

Read, W. G., L. Froidevaux, et al. 1993. Microwavelimb sounder measurement of stratospheric SO2 from the Mt. Pinatubo volcano. *Geophysical Research Letters* 20, no. 12: 1299– 1302.

Royal Society. 2009. *Geoengineering the climate science, governance and uncertainty.* London: The Royal Society.

Schrag, D. 2009. Coal as a low- carbon fuel? *Nature Geoscience* 2, no. 12: 818– 820.

Soden, B. J., R. T. Wetherald, et al. 2002. Global cooling after the eruption of Mount Pinatubo: A test of climate feedback by water vapor. *Science* 296, no. 5568: 727– 730.

Tarka, T. J. (2009). *Affordable, low- carbon diesel fuel from domestic coal and biomass.* Washington, DC: Department of Energy.

US EIA. 2015. *Monthly energy review.* Washington, DC: US Energy Information Administration.

Williams, J. H., B. Haley, et al. 2014. *Pathways to deep decarbonization in the United States.* San Francisco: Energy and Environmental Economics (E3).

Zeman, F. 2007. Energy and material balance of CO2 capture from ambient air. *Environmental Science & Technology* 41, no. 21: 7558– 7563.

索　引

A

阿尔伯塔省电力系统运营商　213
艾文帕太阳能发电系统　155
爱达荷州国家实验室　178
爱因斯坦质能方程　19
安大略省电力系统运营商　213
安培　158
氨气　38

B

巴奈特页岩层　102
坝式水电站　160
白垩纪　62
白令海峡　4
百万吨油当量　73
板块构造　3
薄膜碲化镉技术　152
暴风雨　2
北大西洋涛动　40
北极涛动　40
北京协议　195
北美电力可靠性协会　212
钡　113
比热容　33
变暖效应　30
变性处理　185
标准温度和压力　98
宾夕法尼亚州—新泽西州—马里兰州互连
　213

C

残余燃料油　88
柴油　81
柴油税　200
产量分成合同　109
长波（红外）辐射　30
长程力　112
潮汐能　179
成品油　88
持续改进情景　204
臭氧　32
传动带　63
传送带式循环　71
催化转化器　78

冰雪地球　8
丙烷　101, 217
伯吉斯页岩　3
伯努利定律　128
铍　113

D

大冰期　9
大陆冰川　8
大气CO_2吸收汇　225
大气污染防治行动计划　203
大西洋多年代际振荡　40
大西洋环流　9
带隙能量　144
单闪蒸方法　176

单细胞生物 3

单乙醇胺 78

氮 3

氮循环 54

氮氧化合物 38

氘 21, 112

导带 144

得克萨斯州电力可靠性委员会 213

得克萨斯州电网 212

低品位煤 77

低压系统 1

地核 172

地幔 172

地壳 3

地球反照率 31

地球辐射收支实验系统 39

地球工程 229

地热发电 174

地热能 174

地下热储层 172

地月引力 172

缔约国会议 29

电池技术 137

电磁辐射（光） 21

电动汽车 221

电荷 112, 144, 145, 158

电力传输系统规划 212

电力公司规模 152

电力购买协议 152

电流 158

电势 158

电势差 145

电转气技术 228

电子 112

电子伏 158

淀粉 184

定向运动 160

东部电网 212

东英吉利大学气候研究中心 60

动能 128, 158

独立系统运营商 212

短程力 112

对流层 53

多孔岩 172

E

厄尔尼诺 41

厄尔尼诺-南方涛动 40

二分点岁差 9

二氧化硅 146

二氧化硫 38

二氧化碳 32

二氧化铀 113

F

发电板 144

发光二极管 144

发光二极管灯泡 218

发酵 184

反射率修正工程 229

反应堆压力容器 114

反照率 52

放射性物质 111

"肥沃月湾" 4

沸水反应堆 114

费-托合成工艺 224

丰度 113

风化作用 3

风力涡轮机 19, 128

风能 128

伏特 158

辐射强迫 34

福岛核事故 118

负幅射强迫 38

负碳　233

富汞煤　76

G

盖帽碳酸盐　8

盖沙斯　173

甘油三酯　191

甘蔗乙醇　190

干沉降　76

干旱　2

干类沉积　101

干蒸汽技术　176

高速气流　67

戈达德地球观测系统数据同化系统第五版
　132

戈达德太空研究所　60

格兰峡谷大坝　166

格陵兰冰盖　1

隔热层　30

隔夜投资成本　122, 127

工业革命　4

公共电力事业　135

汞排放　73

共价键　144

供电缺口　216

光伏　143

光伏发电系统　143, 157

光合作用　231

光热发电　143

光速　112

光子　52

硅原子　144

国际单位制　12

国际核事件分级量表　117

国际能源署　174

国际原子能机构　117

国内生产总值　26

H

哈得来环流　9, 47

还原态　158

海内斯维尔页岩层　102

海啸　7

海洋沉积物　8

海洋环流　64

海洋热含量　43

氦原子核　21

寒武纪　3

合成气　224

核电　120

核反应　112

核反应堆　120

核废料处理计划　116

核工业　124

核管理委员会　117

核聚变　112

核扩散　116

核力　112

核裂变　112

核能　111

核事故　111

核素　116

核子　113

褐煤　20

黑肺　77

黑碳　38

黑烟　76

痕量金属元素　80

痕量气体　32

洪水　2

胡佛大坝　160

化石能源　2

化学惰性　54

化学键　54

缓发中子 114
黄赤交角 9
混合动力 222
混合氧化物燃料 116
火山带 172

净辐射强迫值 40
静电斥力 112
静电力 112
聚光太阳能发电 154

J

基斯顿输油管道 91
基载电力 125
极端天气 1
极小期 56
季内振荡 40
加利福尼亚州独立系统运营商 213
加仑 13
加速改进情景 204
甲醇 191
甲基汞 76
甲基叔丁基醚 189
甲烷 32, 101
钾 21
价电子 144
焦耳 12
焦炭 80
焦油砂 89
介质 114
"今日乙醇" 186
紧凑型荧光灯 218
经合组织 72
经济合作与发展组织 72
经济合作与发展组织核能署 117
晶核 146
晶片 146
晶体硅 144
晶型硅技术 152
精馏 184
径流量 166

K

卡特里娜飓风 7
颗粒物 77
可再生能源配额制 139
可再生燃料标准 183, 188
可再生燃料识别码 183
克卡 13
氪 113
空间分辨率 132
空气污染 76
空穴 144
孔隙率 172
库德 23
库仑 158

L

拉尼娜 41, 55, 64, 68
蓝绿藻 3
劳伦斯·伯克利国家实验室 204
冷却效应 30
沥青 20, 80
联邦能源管理委员会 212
联合国气候变化框架公约 28
联合国政府间气候变化专门委员会 28
裂隙多孔介质岩体 178
磷 3
磷原子 144
零碳 180
硫化氢 173
硫酸盐气溶胶 73
柳枝稷 188

罗斯福新政　162

绿色革命　70

氯氟烃　35

M

慢化剂　113

贸易净逆差　88

贸易逆差　88

煤　2, 72

煤层气　109

煤基污染　77

煤烟　38

煤油　81

美国地热能协会　174

美国复苏与再投资法案　138

美国国家科学院　229

美国环境保护局　69, 78, 183, 188

美国能源部　188

美国能源信息署　94

美国输电系统　215

美国页岩气革命　100

蒙特利尔议定书　36

木炭　80

木质素　187

N

能量净输入　35

能量收支　30

能量速率　32

能量学　31

能量盈余　114

能源　12

能源独立和安全法案　183, 188

能源结构　23

能源经济　23

能源密集型产业　185

能源强度　27

能源消耗强度　203

能源效率　72

能源政策法案　183

"能源之星"　218

泥炭　20

逆温　77

凝结核　54

纽约独立系统运营商　213

纽约商品交易所　98

O

耦合动力系统　60

P

帕克大坝　163

硼　145

平流层　9, 53

平准化成本　122

葡萄糖　184

蒲式耳　183

Q

企业平均燃油经济性　87

气候变化　1

气候变暖　1

气候敏感度　33

气候模型　60

气溶胶　38

气体输配系统　37

汽油　81

汽油税　200

千瓦时　13

切尔诺贝利核事故　117

轻水　113

氢聚变　21

氢氧化钠　230

清洁空气法案　195

清洁能源　139

区域输电组织 212
全生命周期排放 92

R

燃气涡轮机 216
热泵 219
热传导 172
热带风暴"黛比" 50
热电联产 131
热对流 172
热含量 39
热力学定律 230
热力学系统 220
热能 31
人口迁移 204
人为因素 30
人质危机 173
容量系数 141
熔融盐 154
软（烟）煤 77

S

三里岛核事故 116
三氯硅烷 146
三峡大坝 169
桑迪飓风 1
森林火灾 2
沙漠阳光发电项目 153
上网电价补贴制度 139
深度脱碳道路项目 227
生产税收抵免 138
生石灰 230
生物柴油 191
生物圈 36
生物质 182
"十二五"规划 203
"十一五"规划 203

石墨 113, 118, 125
石油 2, 80
石油焦炭 88
实时电价 137
世纪风暴 1
势垒区 145
衰变 21, 114
双流系统法 173
双闪蒸方法 176
水解 184
水力压裂 100
水力资源 80
水能 160
水热系统 172
水文循环 61
水蒸气 32
水蒸气冷凝 67
瞬发中子 114
酸雨 76

T

太平洋年代际振荡 40
太阳极大期 56
太阳计划 148
太阳能 143
太阳能可再生能源指标项目 150
探明储量 85
碳 3
碳捕获和封存 78
碳化合物 77
碳排放 195
碳酸钠 230
碳循环 54
逃逸层 32
天然气 2, 97
天然气联合循环 20
天然气联合循环系统 201

《天然气之地》　102
烃　80
同位素　113
投资税收抵免　139
钍　21

W

瓦特　13
微弱太阳悖论　8
微生物　37
温暖地球悖论　7
温室气体　32
涡轮机　19
无定形硅技术　152
无碳电力　211
无烟煤　20
戊烷　101
雾霾　203

X

西部电网　212
西南电力联营体　213
吸收性气体　32
细胞融合　3
细菌　3
下地幔　3
纤维素　187
纤维素乙醇　187
线粒体DNA　4
小冰期　9
新不伦瑞克系统运营商　213
新核电　125
新仙女木期　9
新英格兰独立系统运营商　213
信风　55
性能系数　220
鳕鱼岬海上风电场　134
巡航里程　222

Y

压强　128
压水反应堆　114
亚烟煤　20
厌氧　37
氧化还原反应　137
氧化剂　79
氧化态　158
氧原料　79
叶绿素　18
页岩　100
页岩采油　87
液化石油气　88
液化天然气　99
液流电池　137
一体化煤气化联合循环　79
一氧化二氮　32
伊朗人质危机　23
乙醇　184
乙烷　101, 184
异丁烷　173
引力　112
引力场　21
英国热量单位　13
英国石油公司　72
铀　21
铀原子　112, 113
有机物　37
玉米乙醇　183
原核生物　3
原核祖细胞　3
原位开采技术　89
原子　111
原子核　111
云层与地球辐射能量系统　39

Z

增强型地热系统　177

斋月战争　23

真核生物　3

蒸发/降水循环　52

蒸馏　81

蒸馏燃料油　88

蒸汽发动机　5

整体煤气化联合循环发电系统　199

正辐射强迫　39

质量亏损　19

质子　21, 112

中西部独立系统运营商　213

中亚天然气管道　107

中子　112

重力恢复和气候试验　51

重力势能　158

重水　113

重元素　112

重质原油　88

转化效率　128

装机容量　111

自然循环　62

自由电子　144

其　他

AIS　204

AMO　40

AO　40

APPCAP　203

ARGO　44

ARRA　138

BP　72

BTU　13

BWR　114

CAFE　87

CAGP　107

CBM　109

CBTL　225

CBTL-RC-CCS 组合工艺　225

CCS　78

CERES　39

CF　141

CFCs　35

CH_4　32, 101

C_2H_6　101

C_2H_7NO　78

C_3H_8　101

C_5H_{12}　101

CHP　131

CIS　204

CO_2　32

COP　220

COPs　29

CRU　60

CSP　143, 154

D_2O　113

DOE　188

EGS　177

EISA　188

ENSO　40

EPA　69,78,188

ERBE　39

ERCOT　212

FERC　212

FIT　139

GDP　26

GEA　174

GEOS-5 DAS　132

GISS　60

GRACE　51

GT　216

H_2O　32

IAEA　117

IEA　174

IGCC　79, 199

INES　117

INL　178

IPCC　28

ISEGS　156

ISO　212

ITC　139

LED　218

LNG　99

MBTE　189

MJO　40

MMBTU　98

MOX　116

mtoe　73

N_2O　32

NAO　40

NAS　229

NERC　212

NGCC　20, 201

NH_3　38

NO_x　38

N-P 复合材料　145

NRC　117

NYMEX　98

O_3　32

OECD　72

OECD/NEA　117

PAAs　152

PDO　40

$PM_{2.5}$　203

PSC　109

PTC　138

PtG　228

PV　143

PWh　141

PWR　114

quad　23

R/P　75

RFS　183, 188

RINs　183

RPS　139

RTO　212

$SiHCl_3$　146

SO_2　38

SREC　150

STP　98

The Geysers　173

Tohuko 地震　7

UNFCCC　28

UO_2　113

α 粒子　21